M. Odier und Y. Roussel

Trioker
mathematisch gespielt

Logik und Fantasie mit Dreiecken

Mit über 400 Bildern

Friedr. Vieweg & Sohn   Braunschweig/Wiesbaden

CIP-Kurztitelaufnahme der Deutschen Bibliothek

Odier, M.:
Trioker mathematisch gespielt: Logik u. Fantasie
mit Dreiecken / M. Odier u. Y. Roussel. [Übers.:
Barbara Friedl]. — Braunschweig, Wiesbaden:
Vieweg, 1979.
  Einheitssacht.: Surprenants triangles ⟨dt.⟩

NE: Roussel, Y.:

Titel der französischen Originalausgabe:

M. Odier — Y. Roussel
Surprenants Triangles
© Editions CEDIC, Paris 1976

Übersetzung: Dr. Barbara Friedl, Wien

Satz: Friedr. Vieweg & Sohn, Braunschweig
Druck: C. W. Niemeyer, Hameln
Buchbinder: W. Langelüddecke, Braunschweig

ISBN-13: 978-3-528-08394-6   e-ISBN-13: 978-3-322-84135-3
DOI: 10.1007/ 978-3-322-84135-3

Inhaltsverzeichnis

1 Vorwort

Diese „merkwürdigen Dreiecke" haben sich aus einem Spiel entwickelt, das bereits unter dem Namen „TRIO-KER" bekannt ist. Robert Laffont in Paris ist der Herausgeber dieses Spiels. Wir danken ihm an dieser Stelle, daß er uns ausnahmsweise ermächtigt hat, die Teile des Trioker, wie auch die Formen der Puzzles nachzudrucken.
In erster Linie ist Trioker ein Spiel — wir laden Sie zum Spielen ein! — Aber es ist noch viel mehr. Die 24 Steine des Trioker wurden nicht etwa zufällig gewählt; zwischen ihnen besteht ein logischer Zusammenhang, den Sie selbst entdecken werden.
Wir möchten Ihnen dabei durch verschiedene Gedankengänge und durch viele neue Anregungen helfen. Beim Schreiben dieses Buches haben wir sowohl an Kinder als auch an Erwachsene gedacht. Der Wortschatz ist so einfach wie möglich gehalten. Wenn ein junger Trioker-Spieler hin und wieder Begriffe und Formulierungen findet, denen er bereits in der Hauptschule oder im Gymnasium begegnet ist, wird er überzeugt sein, daß wir keinen anderen Ausdruck verwenden konnten. Aber dieses Werk ist kein strenges Lehrmittel — und vor allem ist es auch keine Abhandlung über ein Spiel im klassischen Sinn.
Wir hoffen, daß Sie nach den ersten Spielen beginnen, sich selbst Fragen zu stellen. Neue Möglichkeiten eröffnen sich Ihnen! Sie werden das Gleichgewicht entdecken, das zwischen den Freiheiten und Einschränkungen des Trioker herrscht. Unsere Freunde Jean und Simone Sauvy haben bereits betont, daß die Form des gleichzeitigen Dreiecks aller Steine die unterschiedlichsten Zusammensetzungen ermöglicht: allein schon durch die Freiheiten! Jedoch die Einschränkungen, bestimmt durch die „Werte an den Ecken", begrenzen diese Freiheiten. Zum Glück sind diese Einschränkungen logisch aufgebaut. In der Menge der 24 Steine sind die Symmetrien vielfältig. Sie werden sehen, daß die vorerst einfachen Problemstellungen, die schließlich immer raffinierter werden, zu logischen Lösungen führen.
Nebenbei werden die Jüngsten wahrscheinlich Gelegenheit haben, bedeutsame Grundbegriffe kennenzulernen. Es ist im besonderen unsere Absicht, den Wunsch nach selbständiger experimenteller Beweisführung zu wecken, um — wie es P. Roquelo [33] ausdrückt „ ... die faule Leichtgläubigkeit abzubauen."

Vielleicht werden Sie einen eigenen Beitrag zum einen oder anderen der zahlreichen Probleme leisten, die in diesem Buch aufgegriffen werden. Das Wesentliche ist, daß Sie selbst Ihre Intelligenz spielen lassen. Wir glauben, daß sich aus den von Ihnen durchgespielten Gedanken zu diesem einfachen Thema weitere Anregungen ergeben. In diesem Zusammenhang kann man auch an die bemerkenswerte Geschichte der „einfachen" magischen und der lateinischen Quadrate denken. Seit alters her wurden sie in allen Abhandlungen über Spiele beschrieben, ohne daß man ihr Wiederauftauchen in so verschiedenen Gebieten, wie der Statistik und der Theorie der Fehlerrechnung, vorhersah. Diese nützliche Verwendung ergab sich, ohne eigentliches Ziel gewesen zu sein. Um es noch einmal zu wiederholen: Wesentlich ist es, die eigene Intelligenz spielen zu lassen.

An dieser geeigneten Stelle wollen wir in alphabetischer Reihenfolge den Dank an unsere Freunde aussprechen. Wir danken Professor Claude Berge und seiner freundlichen „Montagsinformationsrunde"; Colonel Cullman, der bereitwillig sein Wissen über Zahlen für die Kodierung des Trioker einsetzte; Martin Gardner, der viel dazu beigetragen hat, daß die „Spiele" geistreicher wurden; Professor Solomon Colomb aus Los Angeles; Professor Kaufmann, dessen „Kombinatorik" uns sehr geholfen hat; Robert Laffont, dessen Spürsinn auf dem Gebiet des Spiels besonders geschätzt wird; Professor André Lichnérowicz, dessen Unterstützung uns wertvoll war; Professor Maurice Ponte, der „ANVAR" für Trioker und seine Abkömmlinge zugänglich machte; Jean und Simone Sauvy, deren Erfahrung unübertrefflich ist — fast ein ganzes Kapitel ist ihnen zu verdanken; Professor Stanislas Ulam von der Universität Colorado. Wir möchten auch unseren Freund Vissio nicht vergessen, der vorhatte, an diesem Buch mitzuarbeiten.

Zum Schluß möchten wir noch hervorheben, daß unsere Arbeit keinesfalls abgeschlossen ist. Wir haben den Entwicklungsgang niedergeschrieben, den wir kennen, andere Gesichtspunkte bleiben noch zu erforschen. Im vorhinein „Danke" für Ihre Anregungen, die Sie uns zukommen lassen, indem Sie an die Adresse unseres Verlegers schreiben. Dank ihnen wird eine zweite Auflage vielleicht vollständiger — oder weniger unzulänglich sein.

M. Odier & Y. Roussel

Im folgenden Text werden zahlreiche Fragen gestellt; sie sind innerhalb eines Abschnittes durchnumeriert. Die erste Ziffer gibt stets das Kapitel an, der Buchstabe an der zweiten Stelle den Abschnitt. Ist eine Frage mit einem „Stern" markiert, so bedeutet das, daß in Kapitel 17, dem Lösungsteil, ein Hinweis und manchmal auch eine vollständige Antwort gegeben wird.

Literaturstellen sind im Text durch eine Ziffer in eckigen Klammern gekennzeichnet. Das Literaturverzeichnis findet sich am Ende des Buches.

Wir begegnen gleich einem ersten Problem. Häufig wird von N Steinen, die auf ihren M Ecken einen numerischen Wert W tragen, die Rede sein. In aller Ausführlichkeit müßte man dann schreiben:

„Die *vierundzwanzig* Steine des Trioker haben *achtzehn*-mal den Wert *drei*." Diese schwerfällige Schreibweise wird oft, wenn auch nicht immer, folgendermaßen abgekürzt:

„Die 24 Triokersteine haben 18-mal den Wert „3."

Achten Sie darauf: die Werte auf den Steinen sind durch Punkte gekennzeichnet, im Text sind sie stets **fettgedruckt**.

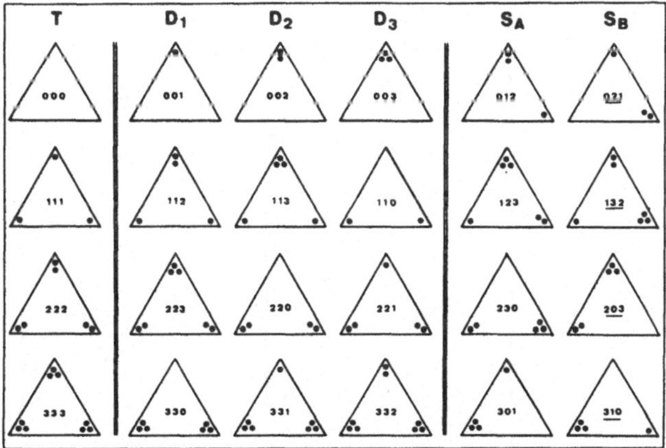

Tafel 1 (zum Ausschneiden)

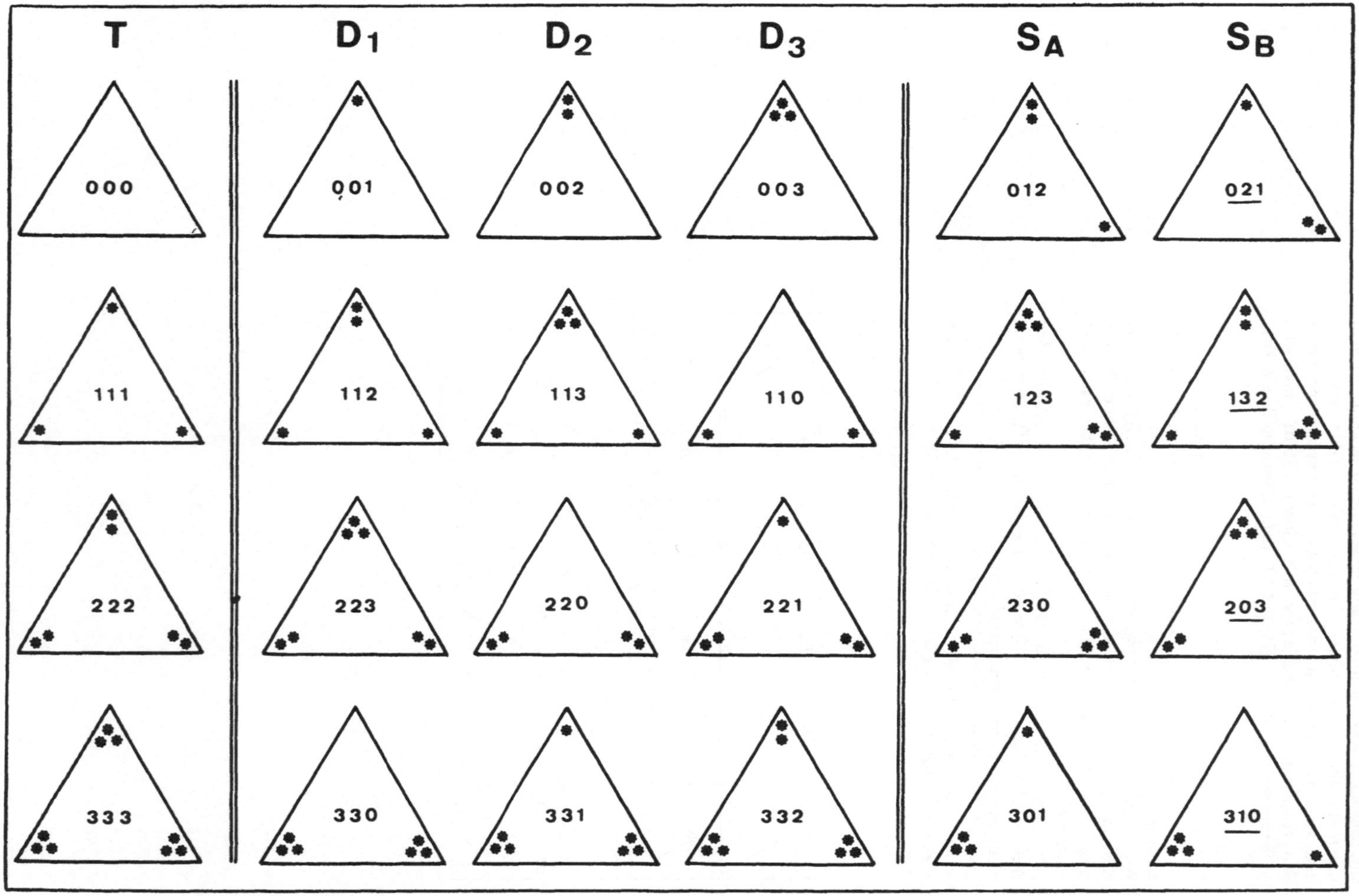

Logische Einteilung der 24 Steine des Trioker (mit freundlicher Genehmigung der Editions Robert Laffont, Paris)

2 Die 24 logischen Steine

Als erstes geben wir eine kurze Erläuterung zu Tafel 1 mit den 24 Triokersteinen. Sie können Sie sofort ausschneiden. Aber es ist auch kein Zeitverlust, sie einige Minuten zu betrachten.
Wieviele *Tripelsteine* (in allen drei Ecken sind gleich viele Punkte) sehen Sie? Wieviele *Doppelsteine* (zwei Ecken haben gleiche Punktezahl) können Sie entdecken? Wieviele *Einfachsteine* gibt es? Wie kann man einen solchen Monostein charakterisieren?
Warum wird eine Einteilung in Viererreihen verwendet?
Der *Name*, der im Inneren eines jeden Steines angegeben ist und aus drei Ziffern besteht, ist ein Kode. Er wird Ihnen zur exakten Angabe eines Steines sehr nützlich sein. Auf all diese Fragen der Anordnung[1] und Definition[2] wird man zurückkommen, wenn Sie gespielt haben werden.

Das Triokerspiel

Unabhängig davon, ob es sich um ein Gesellschaftsspiel oder einen „Kopfzerbrecher" handelt, gilt hier auf jeden Fall für die Zusammensetzung von Steinen folgende einzige Regel:

In einem Punkt zusammentreffende Ecken müssen gleiche Werte tragen.

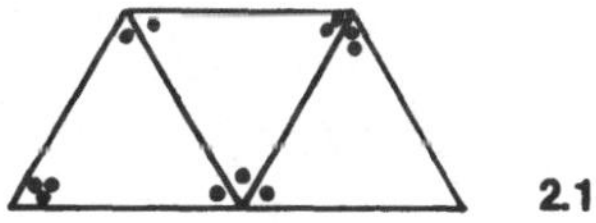

2.1

Zwei erste Beispiele für „richtiges" Zusammensetzen zeigen die Bilder 2.1 und 2.2. Bild 2.3 zeigt ein Gegenbeispiel.
Sie sehen, wie einfach die Spielregel ist. Mittlerweile gibt es unzählige Liebhaber dieses Spiels, die mit Begeisterung spielen und dabei auch bemerkenswerte Möglichkeiten zur Spielerweiterung entdeckt haben. Zwei französische Zeitschriften [35] und [03] und eine englische [13] widmen diesem Spiel bereits einen regelmäßigen Bericht. Die immer beliebter werdenden Puzzles sind auf den Seiten 12 bis 24 abgebildet. Die eigentlichen Gemeinschaftsspiele finden Sie auf den Seiten 25 bis 31. Viel Spaß!

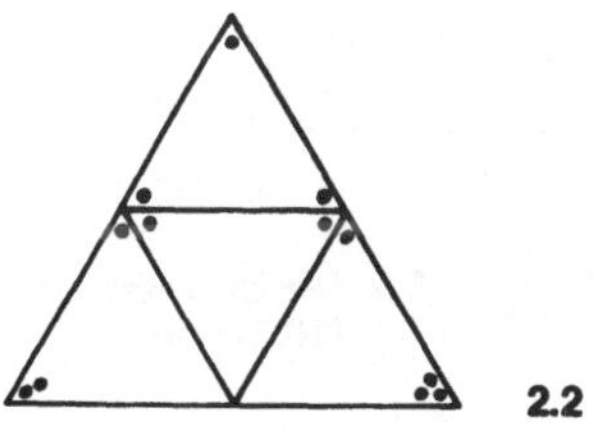

2.2

[1] Die logische Ordnung der Steine ist auf Seite 9 angegeben.
[2] Wenn Sie die Definition sofort kennenlernen wollen: die Triokersteine sind gleichseitige Dreiecke, paarweise verschieden auf Grund der Verteilung von vier ausgewählten Werten auf die jeweiligen Ecken. Es gibt 24 und nur 24 verschiedene Verteilungen: Ihr Trioker ist die Menge dieser 24 Möglichkeiten.

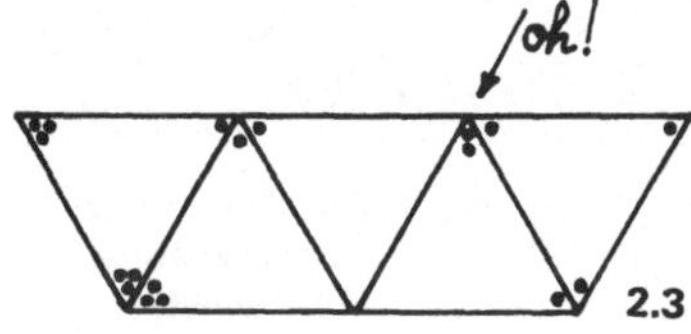

2.3

3 Puzzles und Formen

(Zusammensetzungen, Freiheiten und Einschränkungen)

Wiederholen wir die einzige Regel, die bei jeder Zusammensetzung erfüllt werden muß:
Zwei Steine dürfen dann und nur dann längs einer Kante zusammengefügt werden, wenn die aufeinandertreffenden Ecken gleiche Werte tragen.

3.A Ganz einfache Puzzles

Hier sind beispielsweise zwei Formen, die ganz leicht mit 6 Ihrer echten Steine verwirklicht werden können:

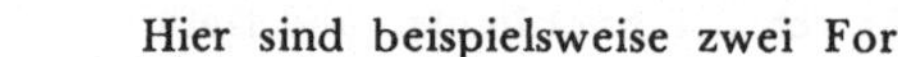

3.1 Das Schiff (6 Steine)   3.2 Das Diabolo (6 Steine)

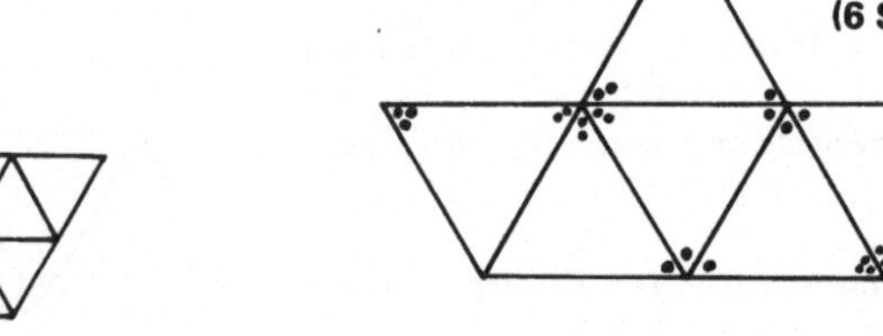

Um bei der Darstellung der Puzzles Zeit zu sparen, verwendet man eine Zahl, um den Wert aufeinandertreffender Ecken zu kennzeichnen (Bild 3.3 und 3.4).

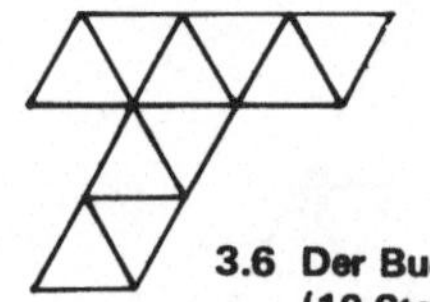

3.5 Der Rhombus (8 Steine)

3.6 Der Buchstabe T (10 Steine)

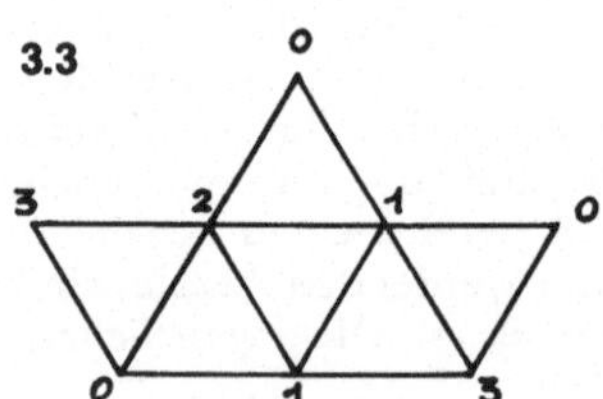

3.3

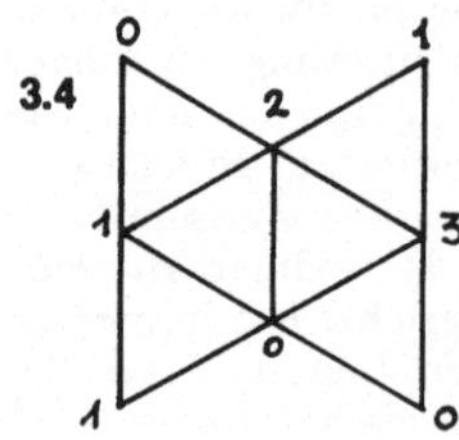

3.4

Bilden Sie selbst einige einfache Formen mit einer kleinen Anzahl Ihrer Steine!

Vergessen Sie niemals, daß zusammentreffende Ecken den gleichen Wert tragen müssen. Wenn eine Abbildung (wie 3.7) mit einem Sternchen versehen ist, werden Sie eine der möglichen Lösungen in Kapitel 17 finden. Aber ich hoffe, daß dies nicht notwendig sein wird.

* 3.7 Der Köter zerrt an seiner Kette (17 Steine)

3.B Einfache Puzzles

Auf dieser Seite finden Sie Puzzles, die 18 bis 21 Steine
erfordern. Sie werden lernen, den Schwierigkeitsgrad
einer Form abzuschätzen:

1. Vereinigung einer größeren Anzahl von Steinen.
2. Darstellung von „geballten" Formen mit wenig
   Spitzen (d.h. nur wenige Ecken sind isoliert).

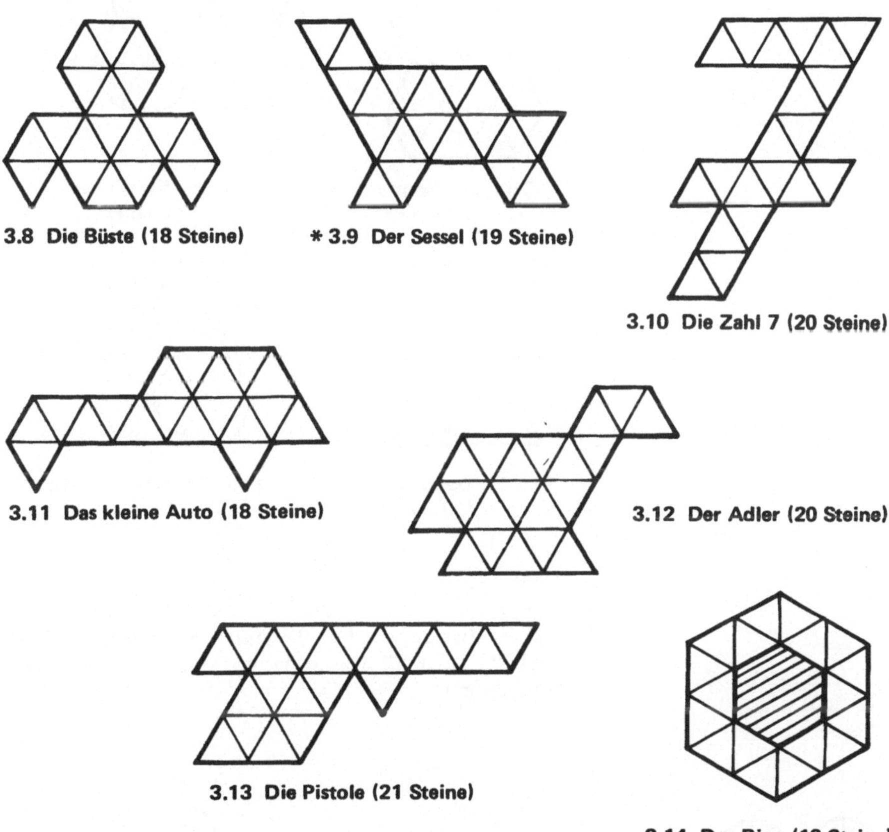

3.8 Die Büste (18 Steine)

∗ 3.9 Der Sessel (19 Steine)

3.10 Die Zahl 7 (20 Steine)

3.11 Das kleine Auto (18 Steine)

3.12 Der Adler (20 Steine)

3.13 Die Pistole (21 Steine)

3.14 Der Ring (18 Steine)

Sie können natürlich auch andere Formen erfinden!
Um diese zu zeichnen — aber auch um Ihre Ergebnisse
festzuhalten — verwenden Sie ein Blatt weißes Papier,
das Sie über das Gitter auf Seite 201 legen. Sie geben
durch eine einzige Zahl den Wert der jeweils zusammen-
treffenden Ecken an, auch dann wenn es 6 Ecken sind.
Betrachten Sie beispielsweise die Figuren auf Seite 156.

3.C Schwierige Puzzles

die 21 oder 22 Steine vereinigen.

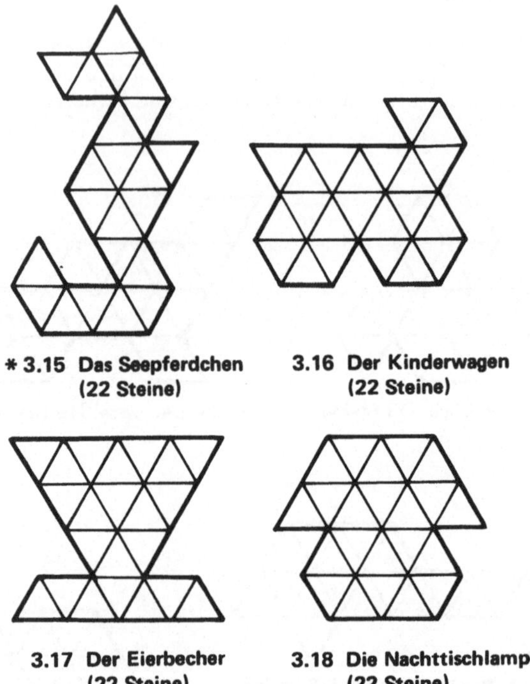

✻ 3.15 Das Seepferdchen
(22 Steine)

3.16 Der Kinderwagen
(22 Steine)

3.17 Der Eierbecher
(22 Steine)

3.18 Die Nachttischlampe
(22 Steine)

Hier sind die ersten Puzzles mit „Löchern"; obwohl sie auch 21 oder 22 Steine haben, sind sie doch bereits viel schwieriger.

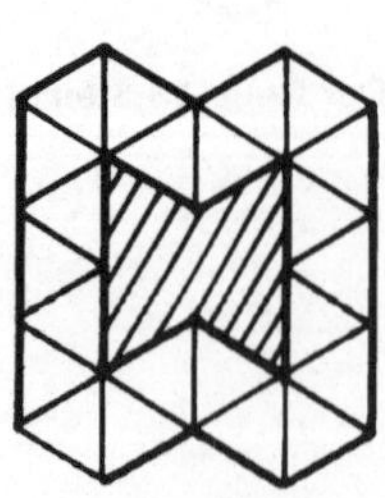

3.19 Die Seilrolle
(22 Steine)

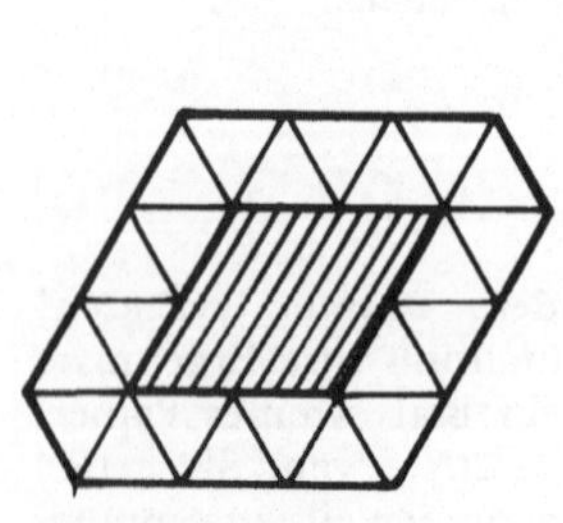

3.20 Der Buchstabe O
(22 Steine)

3.21 Das leere Dreieck
(21 Steine)

3.D Erste Puzzles mit 24 Steinen

Sie sind nicht besonders schwer. Falls Sie trotzdem
anfangs Mühe haben, schauen Sie auf Seite 156 nach.

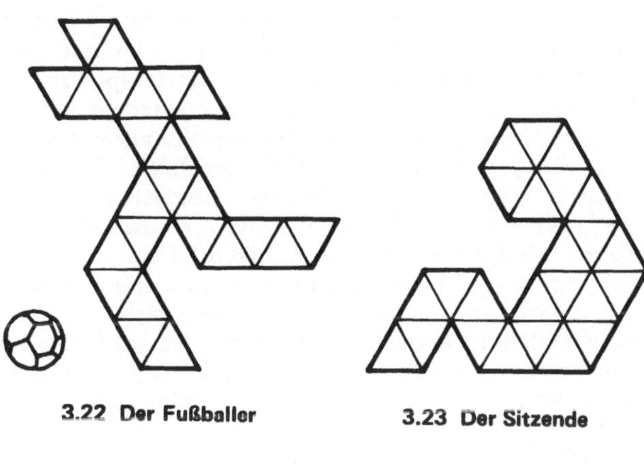

3.22 Der Fußballer

3.23 Der Sitzende

3.24 Der Gorilla

∗ 3.25 Der Stierkopf

3.26 Zwei Köter (2 × 12 Steine)

Von den Puzzles mit 24 Steinen gibt es bereits Hunder-
te, die bekannt sind. Vielleicht ist aber gerade jenes,
das Sie jetzt selbst entwickeln, völlig neu.
Notieren Sie sich Ihre Form samt Lösung, indem Sie
den Raster von Seite 201 benützen.

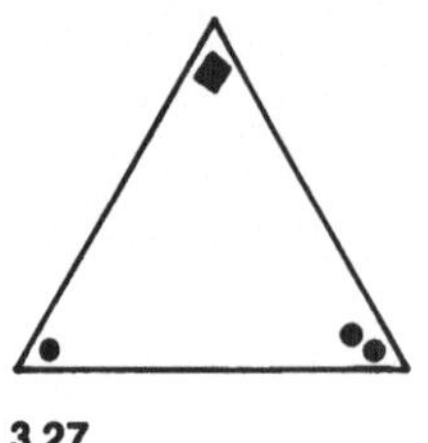

3.27

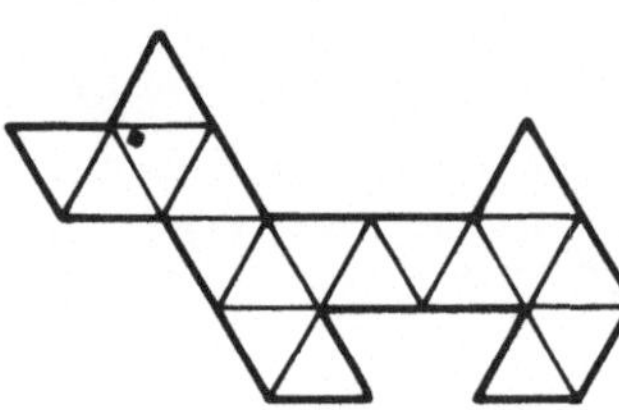

3.28

3.E Eine erste Freiheit

Sie lernen jetzt den 25. Stein kennen:
Eine Ecke hat den Wert 1
und eine Ecke den Wert 2.
Die dritte Ecke aber wird den Wert annehmen, den *Sie*
ihr zuordnen: 0, 1, 2, oder 3. Dieser Ecke kommt somit
dieselbe Rolle wie dem „Joker" beim Kartenspiel zu.
Dieser 25. Stein ist nicht *logisch* — trotzdem wird er
gelegentlich eine große Rolle spielen. Vor allem deshalb,
weil die Jokerecke ein deutlich sichtbares schwarzes
Quadrat trägt. In den Tierfiguren beispielsweise wirkt
die Jokerecke, geschickt plaziert, wie das Auge des
Tieres. Vergleichen Sie doch Bild 3.28 mit 3.27. Die
Jokerecke wird besonders bei den schwierigen Puzzles
mit 24 Steinen die Konstruktion erleichtern und einen
dazu verleiten, bequem zu werden! Am nächsten Tag
kann man das gleiche Problem wieder aufgreifen, ohne
die Jokerecke zu verwenden. Ein solches Spiel nennt
man dann:
„Puzzle mit freiem Joker".
Der 25. Stein führt schließlich auch zu Puzzles mit
25 Steinen wie das Riesendreieck (Bild 3.29). Die hohe
Kunst dabei ist, den Jokerstein zu verwenden, ohne die
Jokerecke zu benützen: das schwarze Quadrat muß an
die Spitze kommen, um „freier Joker" zu sein.
In den Lösungen wird der Buchstabe J verwendet, um
die Lage der Jokerecke zu markieren.

* **3.E.1** Eine heimtückische Frage: Unter den 24 logischen Steinen gibt es welche, die nicht mit dem 25. Stein,
dem Joker, zusammengefügt werden können. Wieviele?

3.29

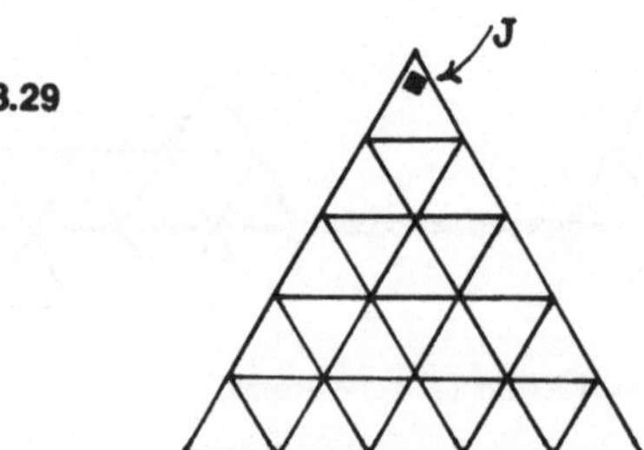

3.F Eine zweite Freiheit

Man kann bei bestimmten Puzzles eine zweite Freiheit
einführen: sie besteht darin, Steine lediglich durch ihre
Spitzen zu verbinden. Selbstverständlich müssen die so
verbundenen Ecken gleiche Werte tragen. Doch welch
heitere Formen ergeben sich nun; hier gleich einige
Beispiele.

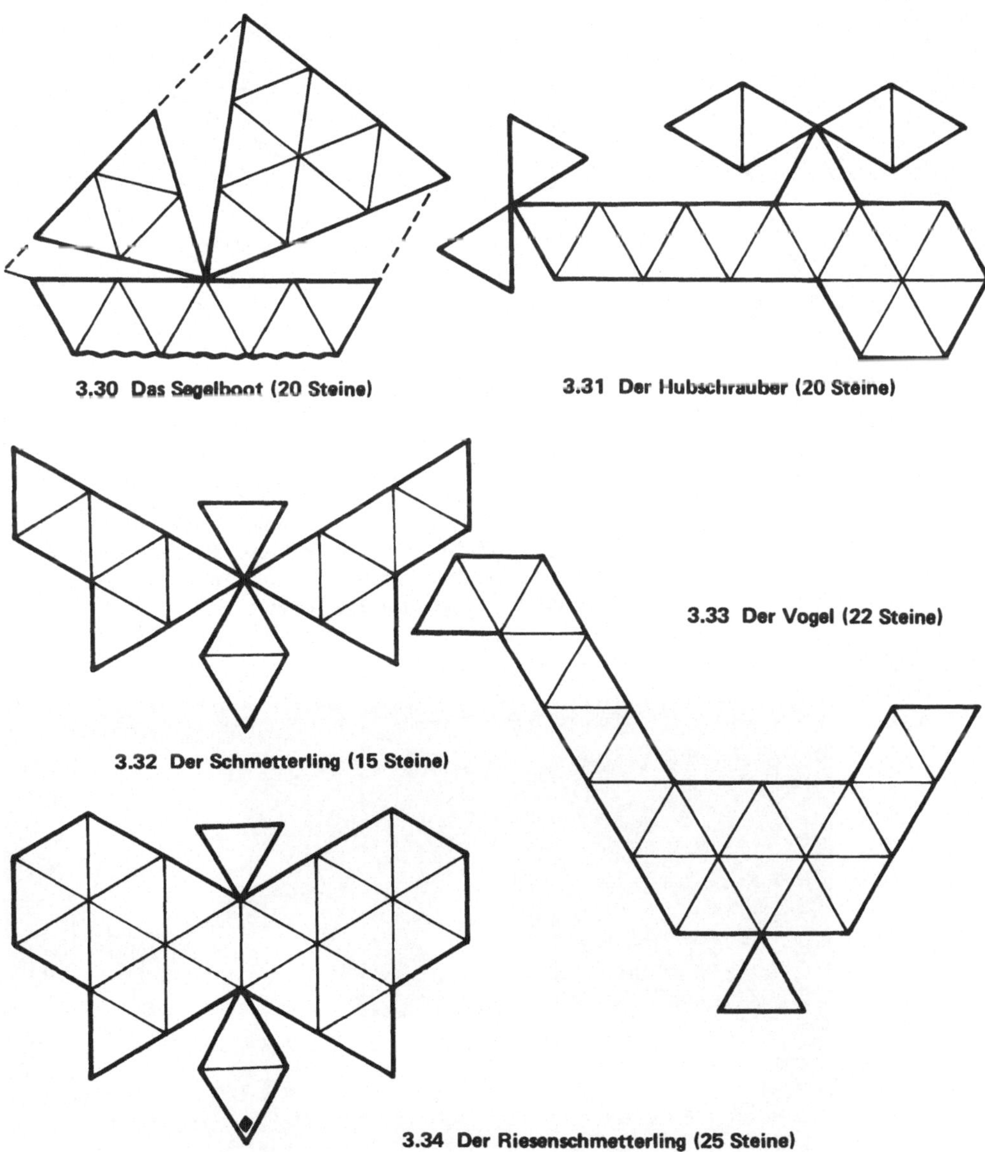

3.30 Das Segelboot (20 Steine)

3.31 Der Hubschrauber (20 Steine)

3.33 Der Vogel (22 Steine)

3.32 Der Schmetterling (15 Steine)

3.34 Der Riesenschmetterling (25 Steine)

3.G Zwei Freiheiten gleichzeitig

Wenn Sie gleichzeitig den Joker und die Möglichkeit, zwei Steine nur durch ihre Spitzen zu verbinden, benützen, können Sie eigenwillige Formen gestalten. Hierzu einige Beispiele.

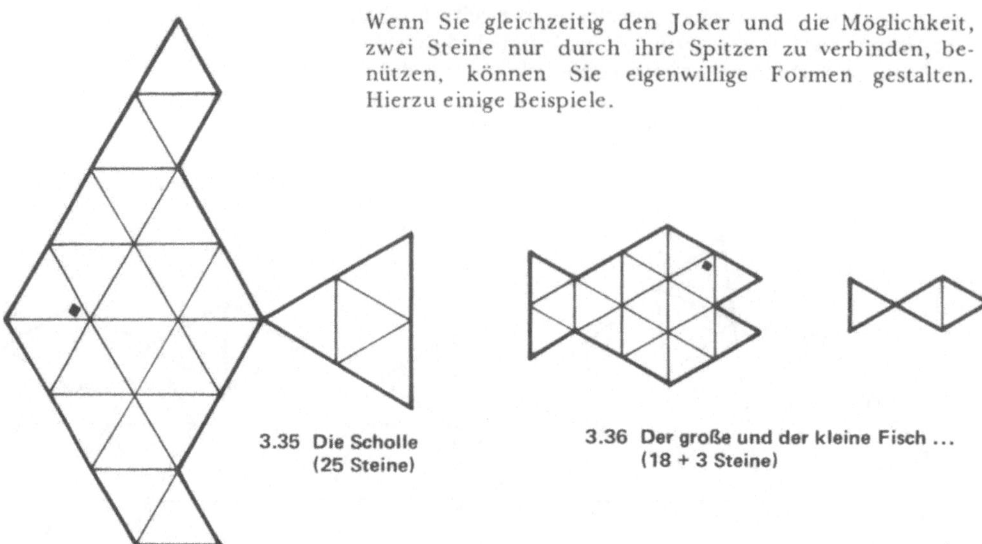

3.35 Die Scholle
(25 Steine)

3.36 Der große und der kleine Fisch ...
(18 + 3 Steine)

In Bild 3.37 ist „Der vergnügte, bäuchlings liegende Junge" (25 Steine) mit echten Steinen verwirklicht. Suchen Sie *eine andere* Lösung und vor allem auch andere Haltungen für den Jungen.

3.37

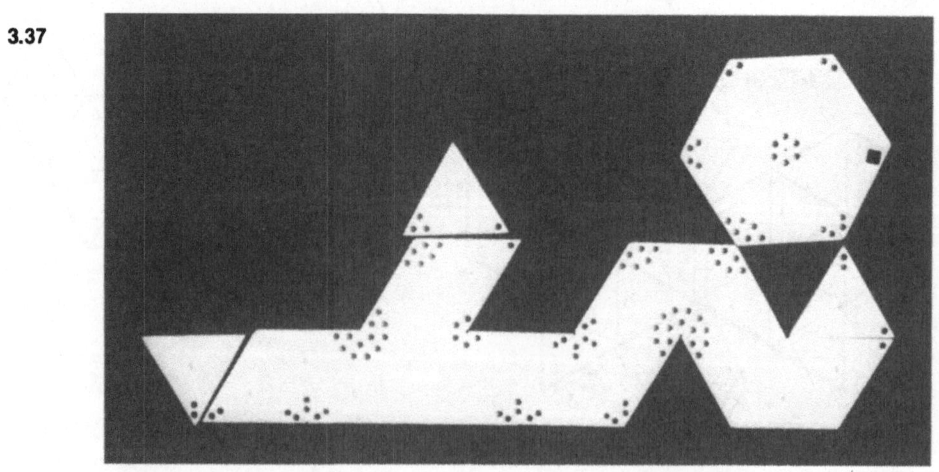

Nun gehen wir dazu über, einen kleinen Abstand zwischen zwei Ecken (die gleiche Werte haben) zuzulassen. Was halten Sie von dem „Riesenrad", für das alle 24 Triokersteine verwendet werden? (Bild 3.38) Wir geben einige Eckenwerte vor, aber vervollständigen Sie das Rad selbst!

Bei dem angegebenen Lösungsbeginn weisen die geschweiften Klammern auf die drei „fast" vereinigten Ecken mit gleichem Wert hin.

Und vor allem:

* 3.G.1 Können Sie über die Wertfolge am *inneren* und *äußeren* Rand des Rades etwas aussagen?

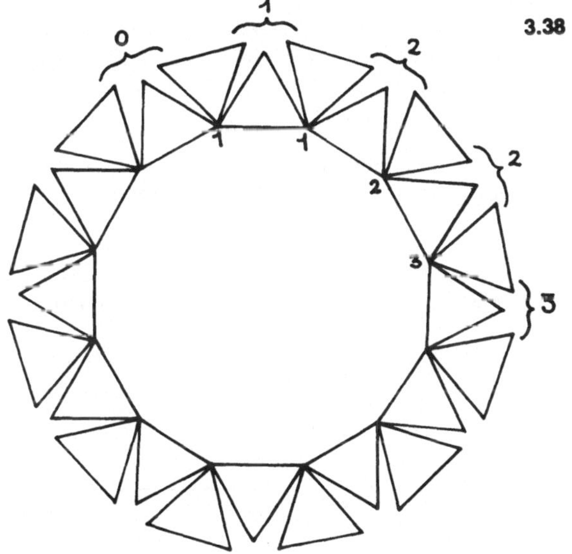

3.H Einschränkungen

Was kann man als *Einschränkung* bezeichnen? Die Form des Entchens (Bild 3.39) ist mit 6 Ihrer Spielsteine zu konstruieren. Doch wird gefordert, für den gekennzeichneten Punkt den Wert 3 zu verwenden. Der Wert 3 befindet sich folglich auf jeder der in diesem Punkt vereinigten Ecken. Sie können die 6 Steine auswählen, die Sie für dieses sehr einfache Puzzle verwenden wollen.

* 3.H.1 Dazu eine erste Frage: Es gibt einen und nur einen Stein in Ihrem Spiel, den Sie für das Feld A *nicht verwenden können.*

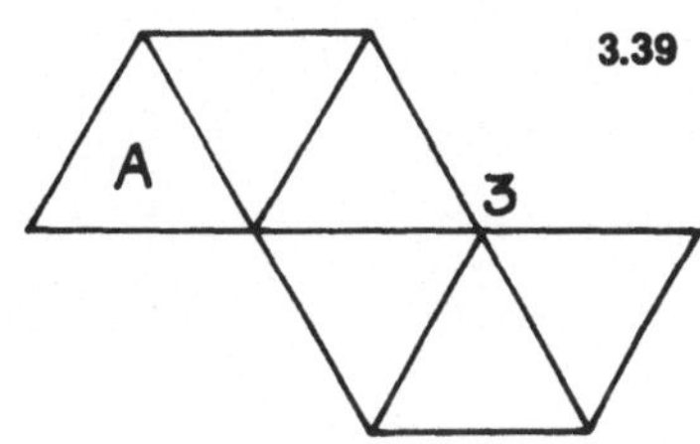

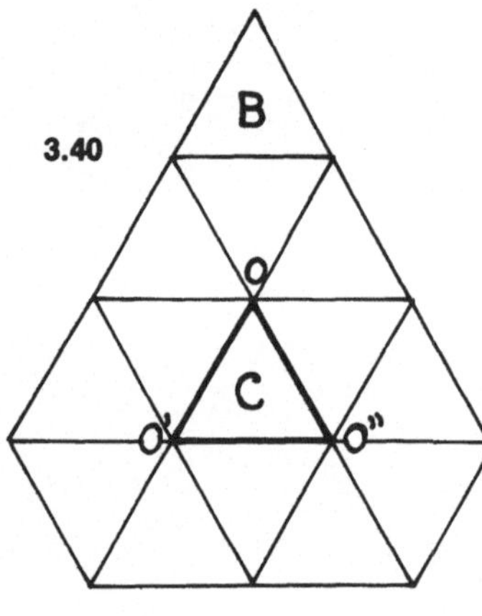

3.H.2 Finden Sie andere Beispiele mit anderen Formen: verwenden Sie zum Beispiel

  6 Steine (Sechseck, Diabolo etc., Seite 31)
  8 Steine (Rhombus)
12 Steine (Fische, Köter, s. Seite 52)

* 3.H.3 Ein anderes, etwas weniger einfaches Beispiel. Das Feld C wird mit einem Tripelstein (beispielsweise 000) belegt, 14 Steine werden entsprechend Bild 3.40 zusammengesetzt. Gibt es einen oder mehrere Steine, die genau den Platz B nicht einnehmen können?

3.I Verfeinerte Einschränkungen

Verwendet man jeden Triokersteintyp ein einziges Mal, so kann man für das Verbinden zweier „Reihen", die durch ein Intervall getrennt sind, Einschränkungen festlegen.

3.I.1 Enden die beiden Reihen mit AB bzw. CD und fehlt genau ein Zwischenstück, so erkennt man sofort, daß:

— der Wert A identisch mit dem Wert C sein muß,
— der fehlende Stein eindeutig bestimmt ist (ABD).

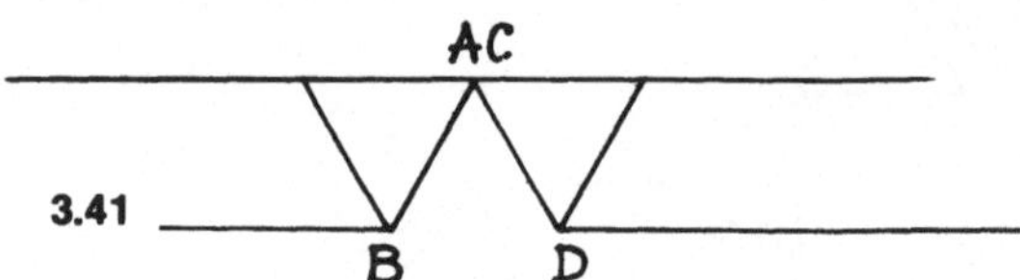

3.I.2.a Enden die beiden Reihen mit AB bzw. CD und fehlen zwei Zwischenstücke (Bild 3.42), so müssen die beiden erforderlichen Zwischensteine ABD und ADC sein. Mehrdeutigkeit ist auch im Fall vier verschiedener Werte ausgeschlossen.

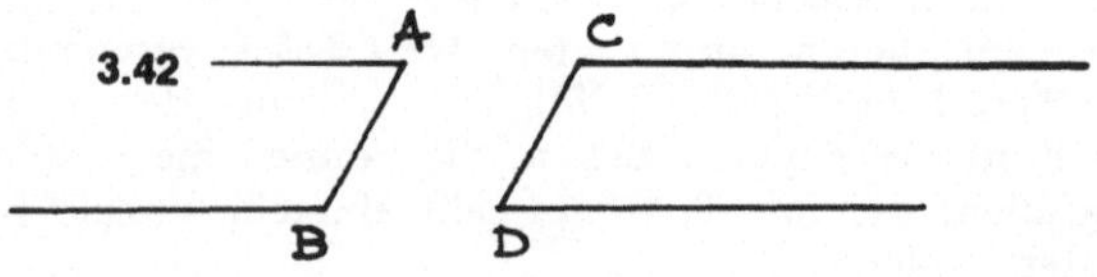

3.I.2.b Aber wenn A = D? Dann muß B ≠ C gelten usw.

*** 3.I.3** Enden die beiden Reihen mit AB bzw. CD
und fehlen drei Steine dazwischen wie in Bild 3.43,
so ...
Welche Einschränkungen ergeben sich auf Grund unterschiedlicher Annahmen, beispielsweise wenn A = B,
oder A = C? Was ist mit dem Wert von M?

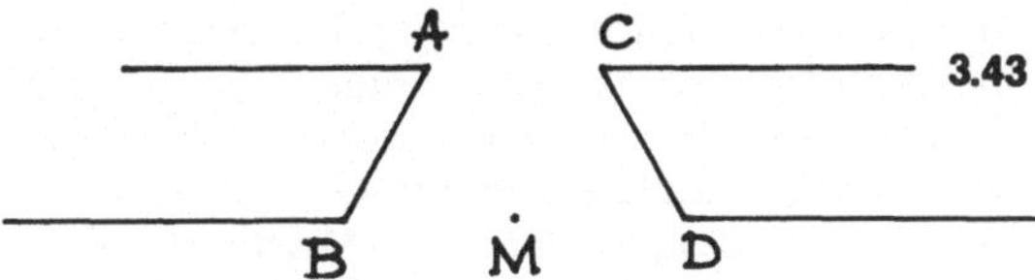

*** 3.I.4** Wiederholen Sie jede der besprochenen Voraussetzungen und legen Sie jetzt die Werte (X, Y) der
dritten Ecke der beiden Anschlußsteine fest: der Vor-
aussetzung 2.a entspricht Bild 3.44.

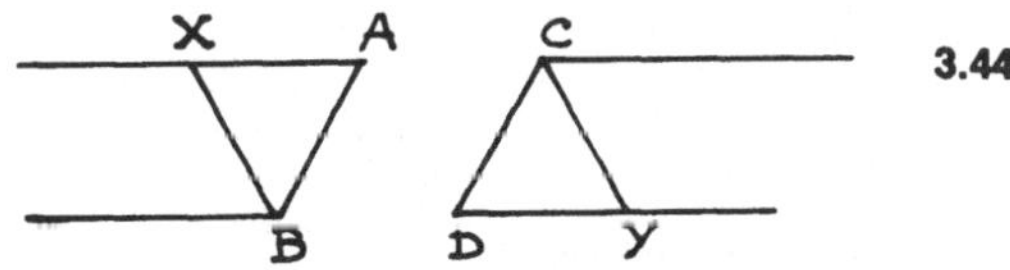

Welche Einschränkungen ergeben sich für A, B, C, D,
X und Y?

3.K Einander ergänzende Freiheiten und Ein-
schränkungen

Bei bestimmten Puzzles kann ein Stein auch etwas
entfernt von der restlichen Figur sein, wie zum Beispiel
der Kopf des Kosakentänzers in Bild 3.45.

3.45 Der Kosakentänzer

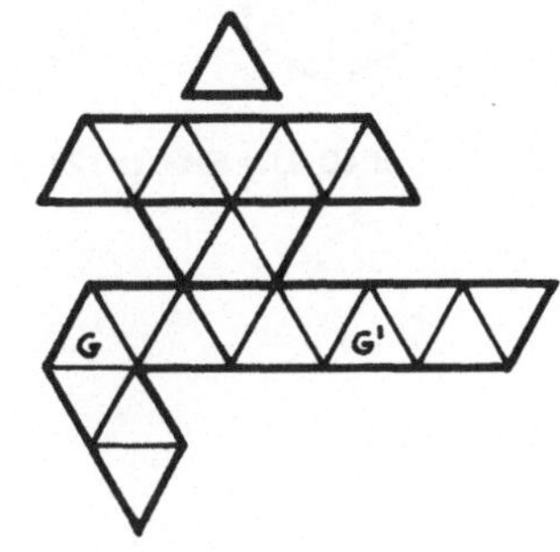

Bei der Betrachtung dieses „Tänzers" stellen Sie fest, daß es sich um eine ausgeklügelte Verfeinerung der Puzzles handelt, die nicht „Freiheit", sondern Einschränkung bedeutet: die drei möglichen Stellungen des Tänzers müssen stets mit der *gleichen* Steinkombination zu verwirklichen sein. So etwas nennt man ein „bewegliches" Puzzle. Machen Sie sich vor allem über die Steine Gedanken, die die Knie G und G' des Tänzers bilden, damit Ihre Triokerlösung gleichermaßen die drei aufeinanderfolgenden Formen erfüllt — und zwar bevor Sie auf Seite 158 ein Lösungsbeispiel nachschlagen.

Sie werden selbst andere verblüffende Formen, die Sie sich notieren sollten, finden. Die Abschnitte, die jetzt kommen, sind schrecklich!

3.L Puzzles, die besonders schwierig sind

Die folgenden Puzzles sind sehr schwierig herzustellen. Sie werden immer schwieriger und schwieriger. Wir warnen Sie!

3.46 Der Kochkessel (25 Steine)

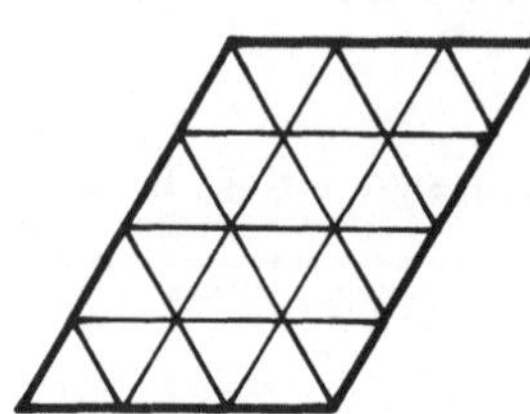

3.47 Das 4 × 3 × 2-Puzzle (24 Steine)

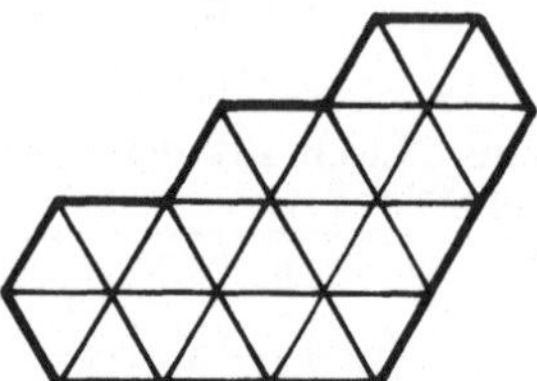

3.48 Der Vogelflügel (24 Steine)

3.49 Die Brücke (24 Steine)

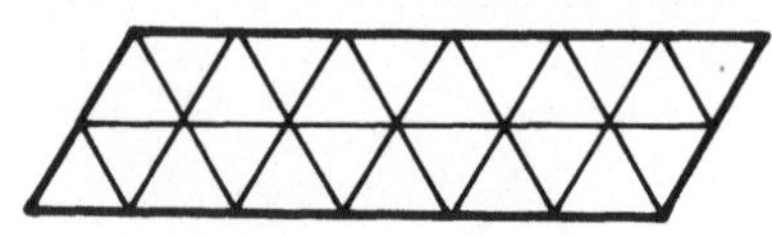

3.50 Das 6 × 2 × 2-Puzzle (24 Steine)

Besonders schwierig sind die 24-Stein-Puzzles mit
„Löchern"!

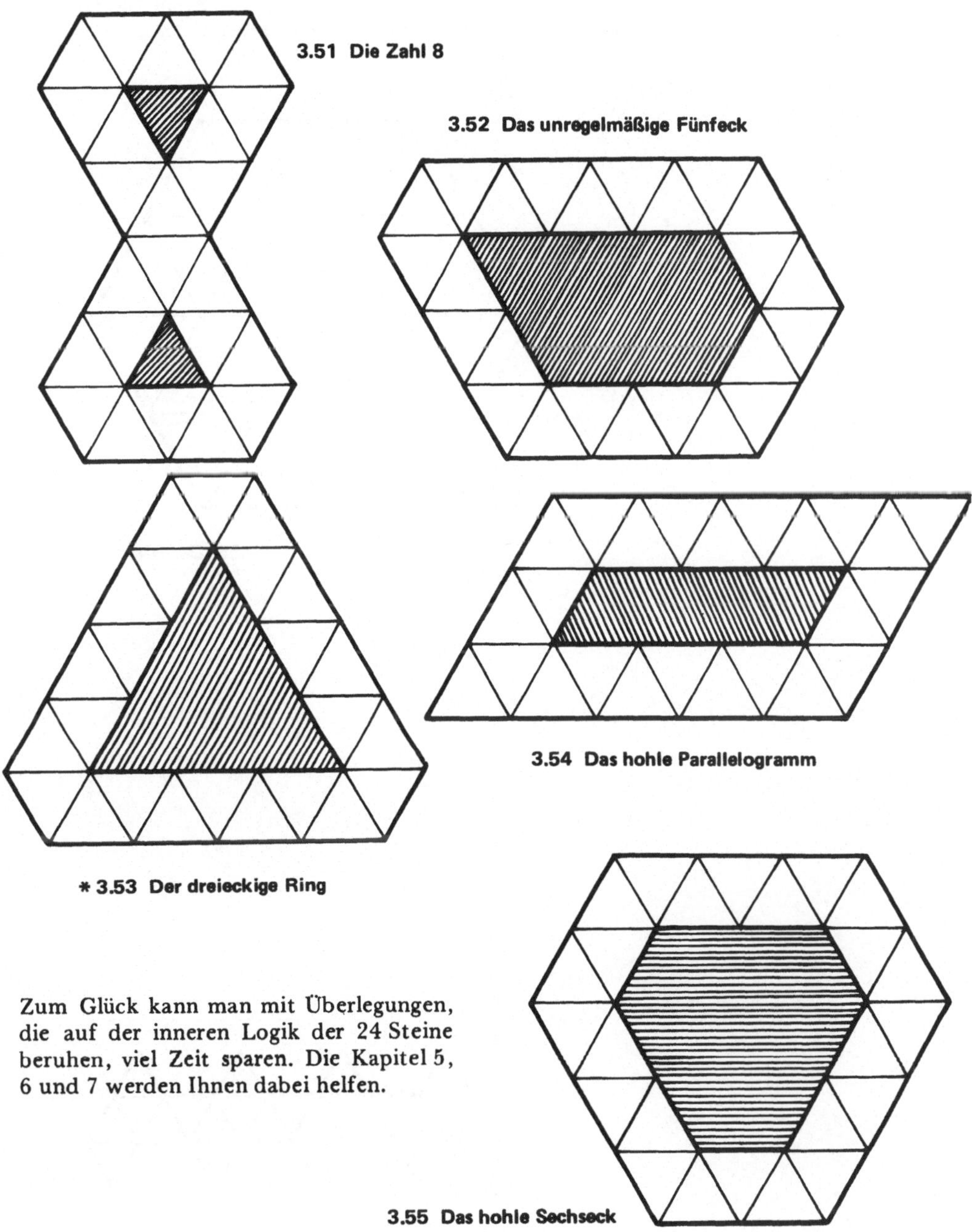

Zum Glück kann man mit Überlegungen,
die auf der inneren Logik der 24 Steine
beruhen, viel Zeit sparen. Die Kapitel 5,
6 und 7 werden Ihnen dabei helfen.

3.M Das Riesensechseck

Zum Abschluß eine einzige Seite für ein einziges Triokerspiel: sie wird dem Riesensechseck (Abb. 3.56) zur Verfügung gestellt. Warum wird eine ganze Seite einem 24-Stein-Puzzle gewidmet? Später werden Sie Hinweise finden, die Ihnen eine Antwort erleichtern.

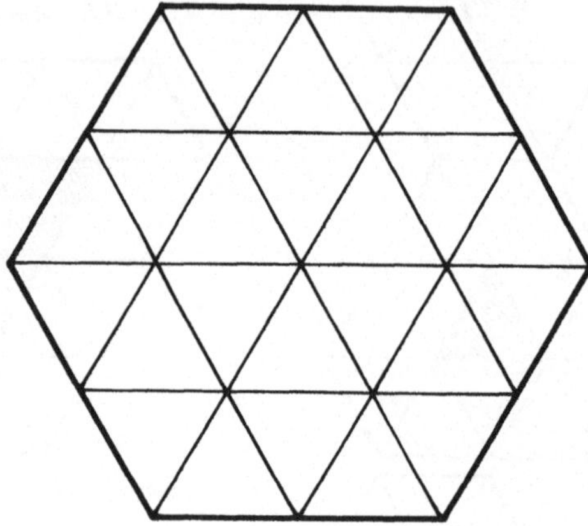

3.56 Das Riesensechseck

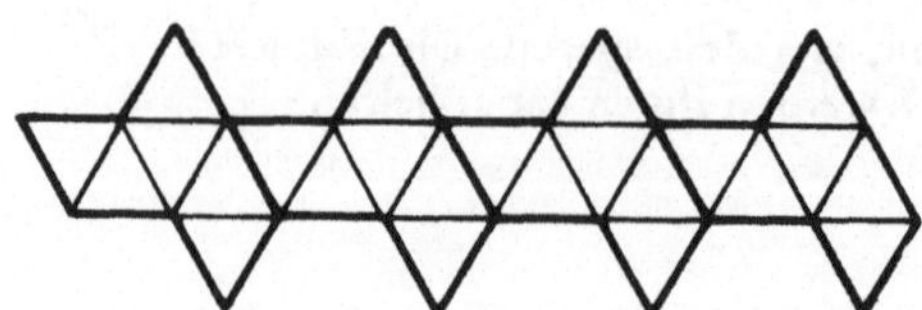

4 Gesellschaftsspiele

(Das symmetrische Duell, das Spiel für N-Spieler)

Mit den 24 Triokersteinen können Sie wie mit Dominosteinen spielen: jeder Spieler muß, wenn die Reihe an ihm ist, einen seiner Steine richtig anlegen. Vereinigte Ecken müssen gleiche Werte aufweisen. In dem Kurzbericht von Robert Laffont werden Sie eine Menge Einzelheiten zu diesen einfachen Spielen finden, doch hier werden Sie zum Nachdenken angeregt.

Wenn ein Spiel „chancengleich" sein soll, so muß zumindest zu Beginn jeder Teilnehmer eine gleiche Anzahl von Steinen erhalten. Das klassische Domino besteht aus 28 Steinen. Auf wieviele Teilnehmer können die Dominosteine gleichmäßig aufgeteilt werden? (Es gibt sechs vollständige Aufteilungen, Welche sind das?)

Wie ist das nun bei den 24 Triokersteinen? (Es gibt acht vollständige Aufteilungen, Welche?)

Beim klassischen Domino wird eine lineare Folge (Bild 4.1) gebildet; sie kann zum Beispiel folgendermaßen angeschrieben werden:

A.B → B.E → E.A → A.A → A.F
(1.2) → (2.5) → (5.1) → (1.1) → (1.6) ...

4.A Einfache Spiele

Auch mit Triokersteinen kann man in linearer Reihenfolge spielen, wobei stets die Triokerregel für richtiges Zusammensetzen gewahrt bleiben muß (Bild 4.2).

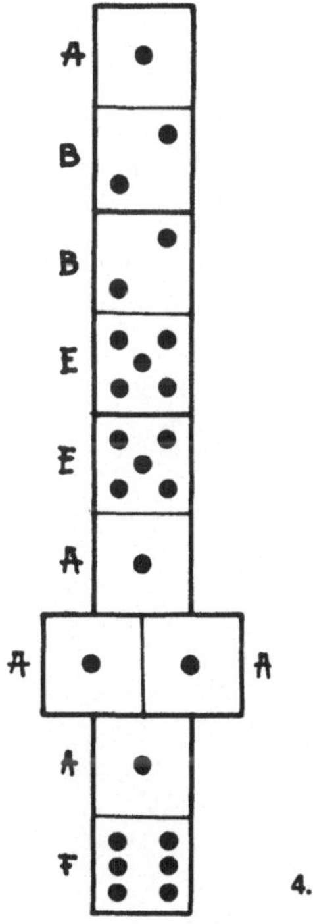

4.1

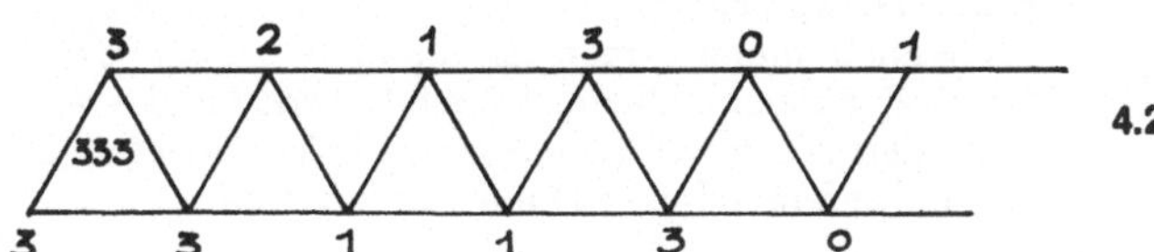

4.2

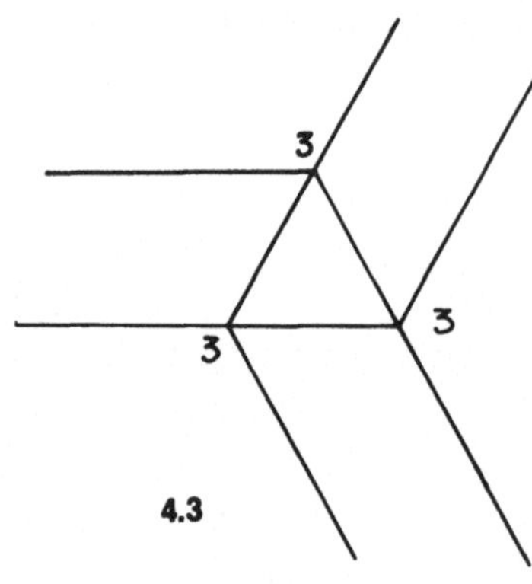

4.3

Es genügt, die Spielgerade und die Richtung, in welcher die lineare Folge entstehen soll, vom ersten gesetzten Stein 333 ausgehend, festzulegen. Achtung! Wenn man die *Gerade* und ihren *Durchlaufungssinn* festlegt, ist es ein schwieriges Spiel; es wird häufig vorkommen, daß ein Spieler aussetzen muß. Überhaupt kann das Spiel rasch blockiert sein, (Gewinner ist dann der Spieler mit der kleinsten Stückzahl). Wird nur die *Spielgerade* festgelegt, kann man diese ausgehend von 333 in zwei Richtungen durchlaufen.

Welche Vorteile ergeben sich daraus?

Dank der Form der Steine kann man sich auch dazu entschließen, drei mögliche Anlegerichtungen, ausgehend von 333, zu verwenden.

Jeder Spieler muß, wenn die Reihe an ihm ist, einen seiner Steine in einen der drei „Kanäle" legen — stets unter Beachtung der Triokerregel (Bild 4.3).

∗ 4.A.1 Man kann sogar festsetzen, daß in 6 Richtungen gespielt werden darf: welche sind das?

Mit den gleichseitigen Dreiecken kann man eine „Ebene pflastern". Somit ist das Bedecken einer ganzen Fläche möglich. Folglich kann man „wie mit Dominosteinen" spielen, ohne durch vorgegebene Richtung bzw. Durchlaufungssinn eingeschränkt zu sein.

Es können verschiedene Flächen festgelegt werden und jede hat ihre Vorteile:

— Auf einem Tisch, ohne Spielfeld, spielt man „unbegrenzt". Am Ende einer Partie denken Sie daran, die aus den Triokersteinen entstandene Form zu betrachten: vielleicht finden Sie dabei den Ansatzpunkt für ein neues Puzzle?

— Auf einem Tisch, auf dem sich eine gerade Linie in Form einer Rille, eines Lineals oder Buchrückens befindet, wird man den ersten Stein 333 an diese Linie anlegen, und man spielt dann ausschließlich in einer „Halbebene" weiter.

— Auf einem Tisch mit zwei geraden Linien, die einen Winkel von 60° einschließen, wird man den ersten Stein 333 in diese Winkelecke legen; das Spiel ist sehr schwer, wovon Sie sich selbst überzeugen können!

— In einem Spielfeld mit vorgezeichneten Feldern beschränkter Anzahl, wie in dem von Robert Laffont veröffentlichten Spielplan, kann man bestimmte Felder auswählen etc.

— Schließlich möchte man das Spiel so regeln, daß es für zwei Spieler „chancengleich" wird. Ist das möglich? Versuchen wir gemeinsam, die Voraussetzungen für ein „symmetrisches Duell" zu schaffen.

26

4.B Das symmetrische Duell

Beginnen wir mit den grundsätzlichen Regeln, die erfüllt sein müssen, damit beide Spieler in gleicher Weise beteiligt sind. Ein logisches Spiel muß folgende Eigenschaften aufweisen:

a) Chancengleich: Kein Spieler darf bevorzugt sein.

b) Jederzeit überschaubar: Jeder Spieler muß in jedem Augenblick sein eigenes und das Spiel seines Gegners überblicken können.

c) Widerspruchsfrei: Es darf nicht vorkommen, daß ein Spiel im Faustkampf endet, weil angeblich die Regeln ungenau ausgelegt wurden.

Es gibt klassische Spiele, die diesen Anforderungen genügen: das Damespiel, das Spiel Go und schließlich der König aller Zweierspiele, das Schachspiel.
Versuchen wir gemeinsam, ein logisches Duell auszudenken, das auf den 24 Triokersteinen aufbaut.

a) Jeder Spieler erhält so viele Steine wie sein Gegner, also 12. Die Steine müssen auf beide Parteien „äquivalent" aufgeteilt werden. Dies ist möglich, denn es gibt:
— 4 Tripelsteine: jeder Spieler wird 2 davon erhalten,
— 12 Doppelsteine: jeder Spieler wird 6 davon erhalten,
— 8 Monosteine: jeder Spieler wird 4 davon erhalten.
Auch der Spielplan selbst muß symmetrisch angelegt sein. Bild 4.4 zeigt Ihnen den, den wir für den besten halten: auf Seite 202/203, Tafel II, haben Sie einen naturgetreuen Spielplan. Es gibt 52 weiße Felder und $3 \times 7 = 21$ schraffierte an den Rändern: insgesamt sind es 73 Felder. Kennzeichnen Sie das Zentralfeld, den „Start"; dieses Feld wird mit GO bezeichnet.

b) Jeder Spieler wird stets
— sein eigenes Spiel,
— das Spiel seines Gegners,
— das Spielfeld
überschauen können.

c) Die Regeln müssen eindeutig festgelegt sein. Die Spieler setzen abwechselnd einen ihrer Steine gemäß der einzigen Triokerregel: zwei Steine dürfen nur dann längs einer Kante zusammengefügt werden, wenn die vereinigten Ecken den gleichen Wert tragen.

4.4

111-112-113
333-330-331
003-221
021-123-203-301

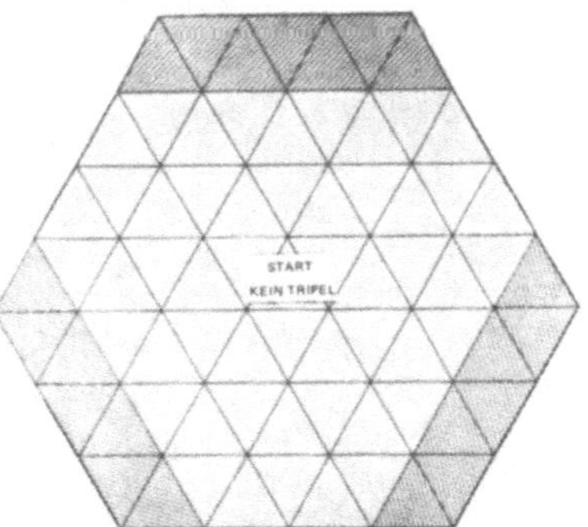

000-001-002
222-223-220
110-332
012-132-230-310

Es geht darum, daß jeder Spieler versucht, die größtmögliche Anzahl seiner Steine *vor* dem Gegner zu setzen, um letztlich den Gegner zum „Aufgeben" zu zwingen. Es versteht sich von selbst, daß die Hauptschwierigkeit für jeden Spieler darin liegt, seine Dreiersteine zu setzen. Der erste Spieler darf nicht durch Setzen des ersten Steines im Vorteil sein, folglich darf der erste Stein, der in das Startfeld gesetzt wird, *kein Tripelstein sein.* Sie sehen im Mittelfeld den Hinweis „Kein Tripel".

Ehrlich gesagt, wir haben viele verschiedene Aufteilungen zu Zweiergruppen mit je 12 Triokersteinen ausprobiert. Die folgende erschien uns als die beste; man verteilt:

● **2 Tripelsteine** an jeden Spieler:
  000 und 222 an Spieler X
  111 und 333 an Spieler Y

● **6 Doppelsteine** an jeden Spieler. Aber es darf keiner über alle 6 Doppelsteine, die an seine eigenen Tripelsteine angefügt werden können, verfügen: es wird unmöglich sein, den Gegner zu behindern. Nun, der Spieler X, der das „Null-Tripel" 000 hat, wird zwei „Nullerdoppel"-Steine erhalten, zum Beispiel 001 und 002. Der dritte Stein mit doppelter Null (003) wird dem Gegner gegeben, der damit sicher einmal die Taktik von X stören kann.

Umgekehrt verfügt Y über das „Einser-Tripel" und zwei der zugehörigen Doppelsteine: 112 und 113. Der dritte (110) wird X zugeteilt usw.

● **4 Monosteine** werden für jeden Spieler abwechselnd den Kolonnen A und B entnommen. Der Spieler X verfügt über die Steine: 012, 132, 230, 310 und der Spieler Y über die vier anderen Steine.

Probieren Sie diese Aufteilung aus. Vergessen Sie aber nicht, daß wir Sie zu aktiver Mitarbeit angeregt haben. Sie können andere symmetrische Teilungen finden; sie kennenzulernen, würde uns freuen.

Ausgehend von den beschriebenen Grundlagen wird es genügen, einige Einzelheiten festzulegen, um ein spannendes Duell zu entwickeln. Hier, auf einer einzigen Seite finden Sie die Regeln, die wir für die besten halten.

Das große symmetrische Duell (Seite 202/203)

1 Die zwei Gegner nehmen den symmetrischen Spielplan und teilen die 24 Triokersteine wie folgt auf: es gibt eine Partei der „geraden" Steine (mit dem Null-Tripel „000" und dem Zweier-Tripel „222" usw.) und eine ungerade Partei mit dem Tripel „111" und dem Dreier-Tripel „333" usw. Überzeugen Sie sich, daß Ihnen bei der Aufteilung der 24 Spielsteine auf zwei Parteien wirklich keine Fehler unterlaufen sind. Alle Steine sind stets sichtbar.

2 Die zwei Gegner nehmen auf gegenüberliegenden Seiten des „symmetrischen" Spielplans Aufstellung. Durch Werfen einer Münze, Kopf oder Zahl, entscheiden sie, wer die gerade Partei übernimmt und das Spiel beginnt. Dieser Spieler setzt einen seiner Steine auf das Startfeld (es trägt die Inschrift „GO"), aber er darf dazu auf keinen Fall einen seiner Tripelsteine (000 oder 222) verwenden. Er setzt zum Beispiel den Stein 001.

3 Der zweite Spieler muß einen seiner Steine (der ungeraden Partei) so hinzufügen, daß er mit dem ersten längs einer Kante triokergemäß verbunden ist. Vereinigte Ecken müssen gleiche Werte tragen.

4 Der erste Spieler setzt, wenn die Reihe an ihm ist, einen seiner Steine so, daß er mindestens längs einer Kante an einen anderen triokergemäß anschließt. Und so geht es in der Folge weiter: jeder Spieler muß versuchen, alle seine Steine vor dem Gegner zu setzen.

5 Ein Spieler, der ein Sechseck zu 6 Steinen **abschließt,** darf noch einmal setzen.

6 Kann ein Spieler keinen seiner Steine richtig anlegen, so muß er passen. Im Unterschied dazu muß jeder Spieler setzen, wenn er einen geeigneten Stein hat, auch dann, wenn er dazu keine Lust hat, weil sich daraus im folgenden Nachteile für ihn ergeben. Das kommt vor!

7 Der Spieler, der als erster seinen letzten Stein gesetzt hat, ist Sieger. Ist das Spiel blockiert, weil keiner der beiden Spieler Steine anlegen kann, so hat derjenige gewonnen, der am wenigsten Steine übrig hat. Sind beide mit gleicher Stückzahl blockiert, ist die Partie unentschieden und man beginnt von neuem, wobei die Parteien nun wechseln.

8 Für die ersten Spiele können die Spieler alle Felder des Spielplans, auch die schraffierten, verwenden; insgesamt stehen 73 Felder zur Verfügung.

9 Nach einigen Spielen werden sich die Meister entschließen, die 21 schraffierten Felder des Plans außer acht zu lassen. Der Spielplan bleibt symmetrisch, aber es stehen nur noch 52 Felder zur Verfügung. Seien Sie mit der Behauptung, daß 52 Felder für 24 Steine zuviel sind, nicht zu voreilig! Sie werden sehen!

<table>
<tr><td>Gerade Partei</td></tr>
<tr><td>000 - 001 - 002</td></tr>
<tr><td>222 - 223 - 220</td></tr>
<tr><td>110 - 332</td></tr>
<tr><td>012 - 132 - 230 - 310</td></tr>
</table>

<table>
<tr><td>Ungerade Partei</td></tr>
<tr><td>111 - 112 - 113</td></tr>
<tr><td>333 - 330 - 331</td></tr>
<tr><td>003 - 221</td></tr>
<tr><td>021 - 123 - 203 - 301</td></tr>
</table>

4.C Spiel für N Spieler

Man mischt die 24 Triokersteine in einer Schachtel oder einem undurchsichtigen Sack. Der jüngste der anwesenden Spieler zieht nacheinander 7 Steine aus dem Sack. Die 7 zufällig gezogenen Steine werden beliebig, aber gut sichtbar in die Mitte des Tisches gelegt: ein Beispiel einer solchen Ziehung ist in Bild 4.5 zu sehen.

Die Steine sind für jeden Spieler gut sichtbar; *keiner* hat das Recht, sie zu verschieben oder umzuordnen. Der jüngste Spieler wird die Zeit stoppen.

Genau innerhalb einer Minute muß sich jeder Spieler die Zusammensetzungen, die er mit allen oder einigen der 7 sichtbaren Steine verwirklichen könnte, vorstellen. Es geht darum, die „beste" der möglichen Formen entsprechend der folgenden Liste zu finden:

Sechseck . . . . 10 Punkte
Entchen (6 Steine) . . . . 9 Punkte
Schiff   (6 Steine) . . . . 8 Punkte
Diabolo (6 Steine) . . . . 7 Punkte
Sechser (6 Steine in einer Reihe) . . . . 6 Punkte
Fünfer (5 Steine in einer Reihe) . . . . 5 Punkte
Vierer (4 Steine in einer Reihe) . . . . 4 Punkte
Dreier (3 Steine in einer Reihe) . . . . 3 Punkte
Zweier (2 Steine in einer Reihe) . . . . 2 Punkte

Jeder Spieler

— sieht die Tafel von Bild 4.6,
— verfügt über ein Blatt Papier und einen Stift,
— entwirft eine rasche Skizze seiner „besten" Lösung.

Am Ende der Minute legt jeder Spieler seinen Entwurf offen auf den Tisch und gibt die Punktezahl an, von der er glaubt, daß er sie mit seiner Form (s. Bild 4.6) verdient. Glaubt ein Spieler, daß sich ein Gegner geirrt hat, fordert er ihn auf zu „überprüfen!" Wenn ein Fehler auftaucht, hat sein Urheber 0 Punkte zu verzeichnen.

Jeder Spieler notiert sich selbst die Zahl der Punkte (von 10 bis 0), die er erhält. Im Verlauf einer Partie können mehrere Spieler auf dieselbe Idee kommen, beispielsweise ein „Entchen" vorzuschlagen: jeder von ihnen notiert sich 9 Punkte. Die 7 Steine werden in den Sack zurückgegeben und man beginnt die nächste Partie.

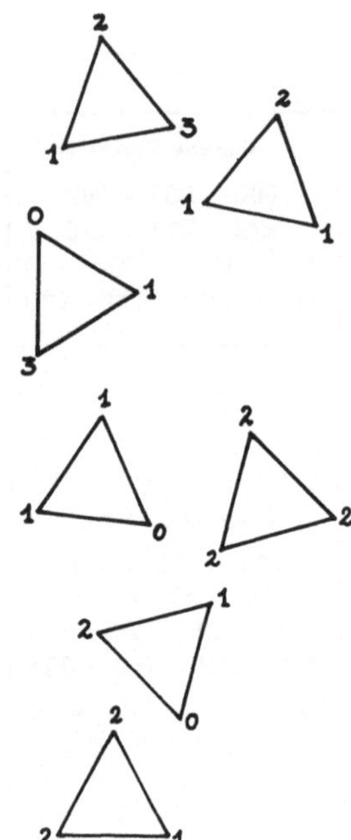

4.5 Beispiel für die Ziehung von 7 Steinen. Was läßt sich damit machen?

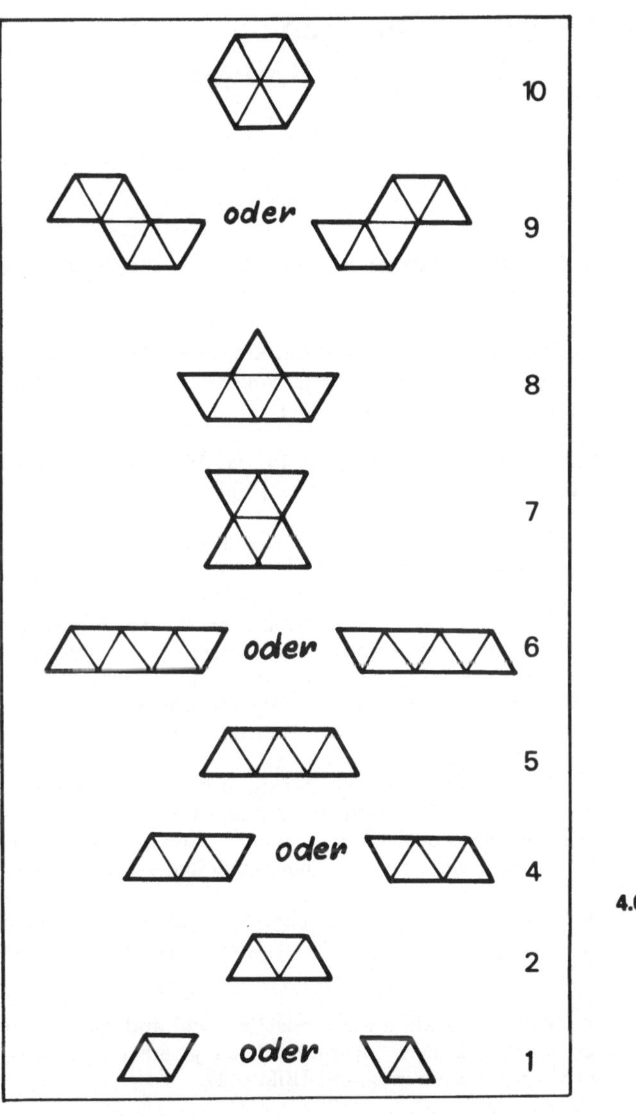

4.6

Sieger wird der Spieler sein, der als erster eine Gesamtsumme von 50 Punkten erreicht.

*4.C.1 Mogeln Sie nicht! Sie betrachten Bild 4.5
eine Minute lang: was kann man Ihrer Meinung nach
mit den 7 Steinen anfangen?

5 Erste Übungen und Fragestellungen

5.A Zuerst einige Übungen, die rasch erledigt sind

*** 5.A1** Die Summe der Punkte eines jeden Triokersteines ist zu bestimmen. Welche Werte kann diese Summe annehmen? (Bild 5.1)

5.A2 Dieselbe Frage, doch ist das Wort *Summe* durch das Wort *Produkt* zu ersetzen. (Bild 5.2)

*** 5.A3** Gibt es zwei Steine, deren *Summe* und *Produkt* gleich sind?

5.A4 Ordnet man die 24 Steine nach ihrer Summe, so erhält man eine Teilung der Menge. Es entstehen 10 Klassen, die total geordnet werden können. Die Anordnung nach dem Produkt erzeugt eine andere Teilung der gleichen Menge; es entstehen 11 Klassen.

5.A5 Gestalten Sie ein Puzzle mit vier Monosteinen und mit den vier restlichen Einfachsteinen ein weiteres mit gleicher Form (Bild 5.3). Es ist nicht schwer, viele Puzzles mit vier Steinen — nacheinander — herzustellen.

5.A6 Gelingt es Ihnen gleichzeitig, mehrere Dreiecke zu je vier Steinen entstehen zu lassen? Kommen Sie auf 6 Dreiecke? Es ist möglich!

*** 5.A7** Fügen Sie diese Dreiecke, zwei und zwei, so zusammen, daß drei „Rhomben" zu je 8 Steinen entstehen. Das ist auch möglich! (Bild 5.4).

*** 5.A8** Zeichnen Sie alle verschiedenen „Formen", die man mit vier Triokersteinen herstellen kann. Eine davon haben Sie bereits gesehen, (Bild 5.3).
Achtung! Keine darf vergessen und keine darf zweimal gezählt werden. Was halten Sie von diesem letzten Hinweis?

5.A9 Ersetzen Sie *vier* durch *fünf* und wiederholen Sie die vorangegangene Übung.

*** 5.A10** Es wird wesentlich schwieriger: ersetzen Sie *fünf* durch *sechs* in der vorausgegangenen Übung!

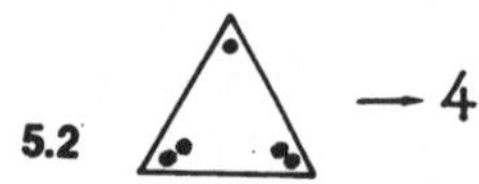

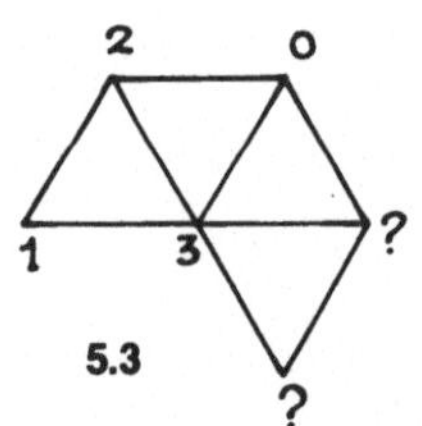

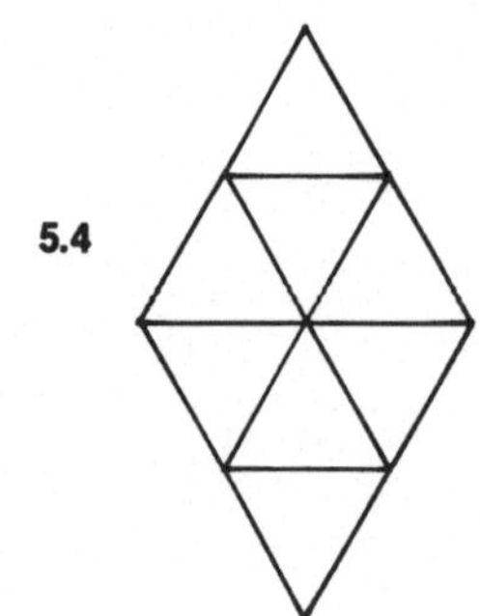

5.B Einiges zum Sechseck

5.B1 Konstruieren Sie ein Sechseck mit 6 Trioker-
steinen. Bilden Sie die Summe der äußeren Punkte
(am Rand).
Wie lautet der kleinste, mögliche Wert dieser Summe?
Wie lautet der größte? Kann diese Summe gerade sein?
Ungerade? Warum? (Bild 5.5).

✱ 5.B2 Versuchen Sie, mit Ihren 24 Steinen vier Sechsecke zu konstruieren. Es ist möglich; versuchen Sie,
durch Zusammenfügen dieser vier Sechsecke neue Figuren zu erhalten; betrachten Sie zum Beispiel Bild 5.6.

✱ 5.B3 Jede waagerechte Ordnungszeile (s. Bild auf
Seite 9) umfaßt 6 Elemente. Können Sie mit den Ele-
menten einer jeden Zeile jeweils ein Sechseck bilden?
Warum?

✱ 5.B4 Können Sie mit Monosteinen allein ein Sechseck
bilden? Was ist, wenn Sie nur Doppelsteine zur Verfügung haben? Ist das Sechseck möglich, wenn Sie einen
Tripelstein verwenden, und wenn Sie zwei nehmen?

5.C Wozu die Gleichheit dient

Sie sind der „Gleichheit" begegnet. Dieser Begriff ist
so bedeutsam, daß er sofort ein Beispiel verdient.

5.C1 Können Sie unter den 24 Triokersteinen 12 her-
ausfinden, die es ermöglichen, zu gleicher Zeit *zwei*
Sechsecke zu je 6 Steinen mit gleichem Zentrumswert
zu bilden (Bild 5.7)?
Wenn ja, wie?
Wenn nein, warum nicht?

5.C2 Die 12 Steine, die zu zwei Sechsecken zusammengefügt werden, müssen zumindest jeweils an einer Ecke
den gleichen Wert haben, um die Mitte zu bilden, beispielsweise den Wert „Null".
Sie müssen zwei Gruppen mit je 6 gleichen Werten und
zwölf Gruppen mit je 2 gleichen Werten vereinigen.
Sie verfügen über 13 Steine, die den Wert Null tragen.
Diese 13 Steine haben 39 Ecken, die folgendermaßen
aufgeteilt sind:
18 Ecken mit 0
 7 Ecken mit 1
 7 Ecken mit 2
 7 Ecken mit 3

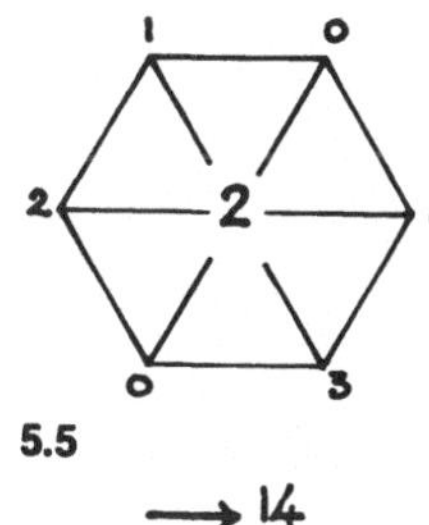

5.5

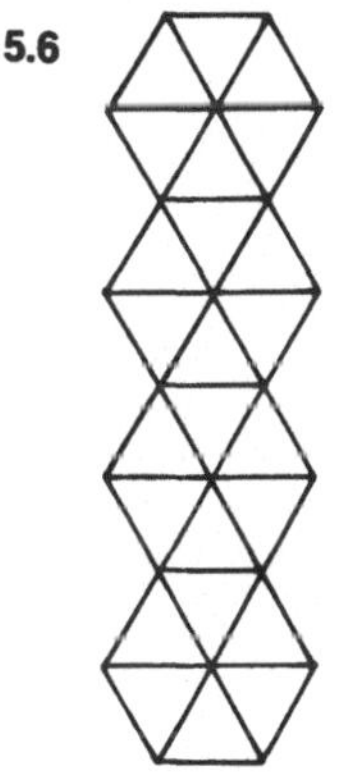

5.6

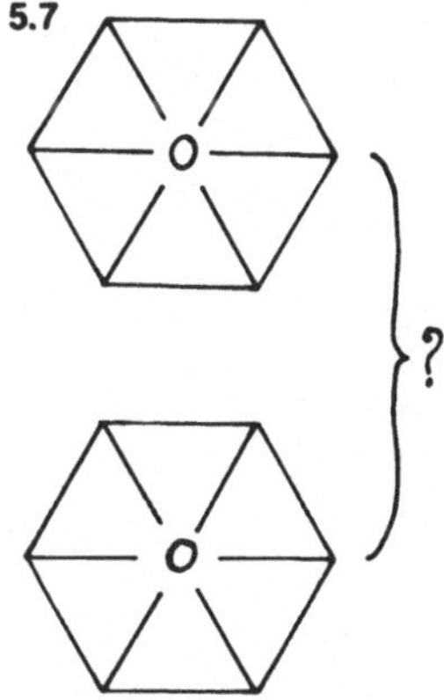

5.7

Durch ein einziges Element, das aus der Menge der 13 Steine auszuscheiden ist, muß es möglich sein, die Gleichheit der Eckenzahl mit 1, mit 2 und mit 3 wieder herzustellen. Folglich muß der Stein 123 oder 132 eliminiert werden: doch haben diese beiden keine Null und sind somit keine Teilmenge der 13 Steine. Hier liegt der Widerspruch!

5.C3 Wird der Begriff der Gleichheit auf Trioker angewandt, so führt er im Fall der Puzzles häufig zu einer raschen Beurteilung.
Selbstverständlich ist der Begriff der Gleichheit auf allen Gebieten von Bedeutung — auch auf erheiternde Weise.

Ein Treffen großer Physiker ist dafür berühmt: jenes, bei dem ein japanischer Theoretiker (Nobelpreisträger) Tafel um Tafel mit kompliziertesten Formeln füllte. Schließlich gelangte er zur endgültigen Formel, bei der ihm ein „bedauerliches" Vorzeichen fehlte. Der Theoretiker sprach zu seinen Kollegen: „Freunde, verzeihen Sie mir, ich bin etwas rasch vorgegangen, an irgend einer Stelle muß mir ein Vorzeichenfehler unterlaufen sein." Der dänische Physiker Niels Bohr (ebenfalls Nobelpreisträger) erwiderte darauf: „Lieber Freund, Sie haben nicht einen Vorzeichenfehler gemacht, sondern eine ungerade Anzahl von Vorzeichenfehlern."

∗ 5.C4 Um ganz sicher zu gehen, daß Sie auch alles verstanden haben: Können Sie mit 12 Spielsteinen, von denen jeder mindestens 5 Punkte hat, zwei Sechsecke bilden? An die Werte der Mitte stelle ich hier keine besonderen Anforderungen.

5.D Beschreibung der Steine durch Fragespiele

Können Sie diese „kurzen" Fragen hier beantworten:

∗ 5.D1 Wieviele Steine gibt es unter den 24 Triokersteinen, die jeweils folgende Werte aufweisen:
— genau einen Wert 0
— mindestens einen Wert 0
— genau einen Wert 1
— mindestens einen Wert 1
— genau einen Wert 2
— mindestens einen Wert 2
— genau einen Wert 3
— mindestens einen Wert 3

∗ 5.D2
— Drei ungerade Werte
— Zwei ungerade Werte
— Keine ungeraden Werte

Suchen Sie anschließend die kürzeste Definition, mit deren Hilfe Sie einen Stein beschreiben können.

Beispiele: Der Stein von Bild 5.8 kann durch „ausschließlich 2" oder durch „Tripelstein, Summe = 6" beschrieben werden.

Jener von Bild 5.9 kann folgendermaßen definiert werden:

„Kein Wert 2, Summe = 5"

Bis jetzt wurden „leichte" Steine zur Beschreibung ausgewählt. Aber probieren Sie doch, den Stein von Bild 5.10 zu bestimmen:

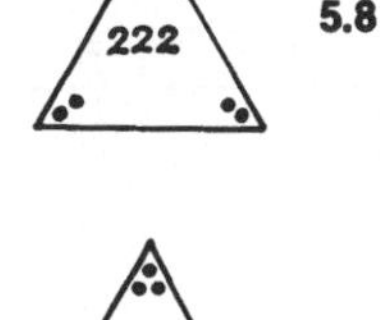

Was halten Sie davon?

5.D3 Fragespiele:

Sie kennen sicherlich die Spiele, bei denen auf Fragen mit „Ja" oder „Nein" zu antworten ist, um etwas zu aufzufinden.

Im Fall eines Kartenspiels werden Sie folgendermaßen vorgehen:

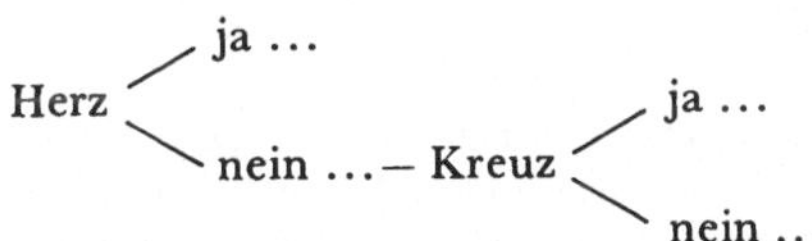

Sie wissen, daß für ein Spiel mit 32 Karten in *jedem* Fall fünf *geschickt gestellte* Fragen ausreichen, die gesuchte Karte zu finden.

∗ 5.D4 Sie wissen aber auch, daß es möglich ist, die Seite eines Lexikons mit 2000 Seiten durch maximal 11 genau überlegte Fragen, die mit „Ja"-„Nein" zu beantworten sind, exakt zu bestimmen.

(Zehn werden im allgemeinen nicht ausreichen). Warum?

5.D5 Mit der gleichen Überlegung (die durchzudenken ist!) läßt sich auch für die 24 Triokersteine beweisen, daß man mit fünf geschickt gestellten Fragen auskommt. Können Sie selbst ein solches Fragespiel angeben? Sie werden hier nicht die vollständige Lösung finden, aber Lösungselemente in Kapitel 6. Erscheint Ihnen diese Übung zu schwer, dann gehen Sie ruhig zum nächsten Abschnitt über.

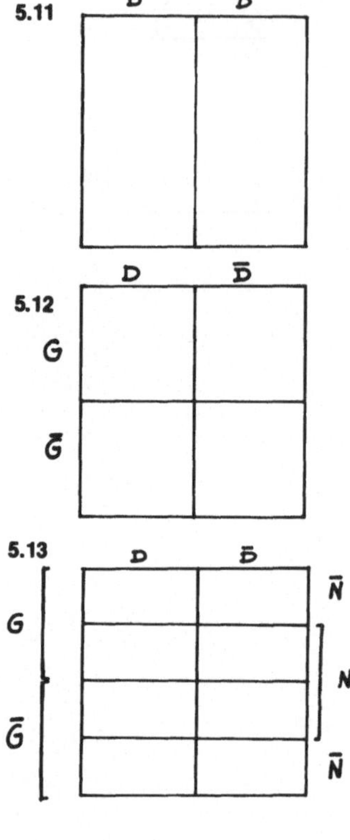

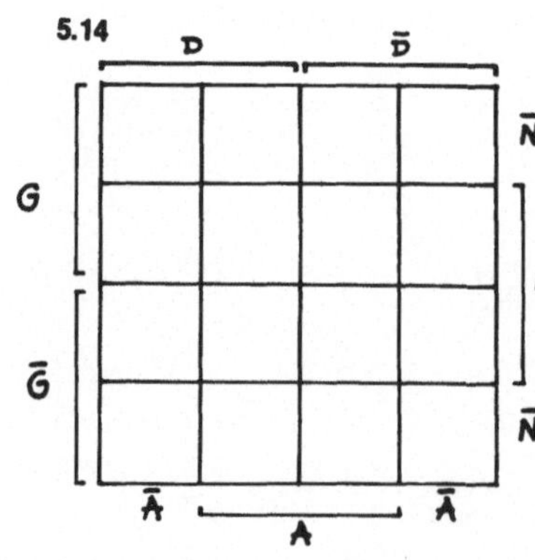

5.E Erste Zuordnungen

5.E.1 Teilen Sie die Menge Ihrer Triokersteine (nach *einem* Kriterium).
Beispielsweise: Doppelsteine (D)
Nicht-Doppelsteine ($\overline{\text{D}}$),
wie das Schema (Bild 5.11) zeigt.

5.E.2 Ordnen Sie nach *zwei* Kriterien.
Beispielsweise: gerade Eckenwertsumme (G)
ungerade Eckenwertsumme ($\overline{\text{G}}$)
Aus dem Schema 5.11 entsteht 5.12. Das ist weiter nicht schwer, doch bilden Sie die nächste Anordnung.

5.E.3 Hinzufügen eines dritten Kriteriums.
Beispielsweise: Nullwert kommt vor (N)
Nullwert kommt nicht vor ($\overline{\text{N}}$)
Auch das ist nicht weiter schwer. Doch sind offensichtlich die vier Felder der Zeichnung (Bild 5.13), die $\overline{\text{N}}$ bilden, nicht zusammenhängend. (Im weiteren wird sich zeigen, daß diese Wahl gut war.)

5.E.4 Sie vermuten richtig, daß der nächste Schritt folgendermaßen vor sich geht: „Durch Hinzufügen eines vierten Kriteriums erzeugen Sie eine Anordnung, wie Sie im Schema (Bild 5.14) angegeben ist. Wobei ich mit A die Menge der Steine bezeichnet habe, die diesem vierten Kriterium genügen."

5.E.5 Sind die 4 Kriterien gut ausgewählt worden, (möglicherweise ist die vorausgegangene Auswahl nochmals zu überprüfen?) so werden Sie sicher in jedem Kästchen des Schemas Steine vorfinden; (natürlich, denn es gibt ja 16 Felder und Sie haben 24 Steine!).
Aber was wir wollen (siehe: Fragespiel im vorigen Abschnitt) ist, daß durch Wahl eines fünften Kriteriums auf jedem der 32 Felder des Schemas (Bild 5.15) nicht mehr als ein Stein liegt oder anders formuliert, daß nur 8 Felder ohne Stein sind! Also an die Arbeit! Treffen Sie die richtige Wahl für die fünf Kriterien, um das geforderte Resultat zu erhalten — und Sie haben einen Schlüssel zum letzten Fragespiel. Diese Auswahl ist schwierig, besonders dann, wenn man kuriose Kriterien vermeiden will.
Was die vorangegangenen Diagramme betrifft, so sieht man sofort, daß sie wesentlich besser als die gewohnten Mengendiagramme zur Untersuchung von 6, 7 und mehr Variablen geeignet sind.

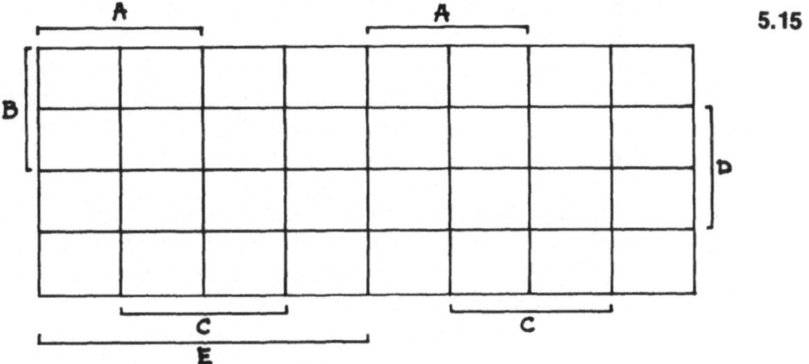

5.F Drei Pfeiltypen

Wir werden hier drei Pfeiltypen verwenden:

(man könnte die Pfeile auch durch verschiedene Farben charakterisieren).

5.F1 Vergleichen Sie zwei Ihrer Steine. Wir definieren, daß zwischen ihnen N Unterschiede bestehen, wenn die Anzahl unterschiedlicher Eckenwerte gleich N ist (Bild 5.16).

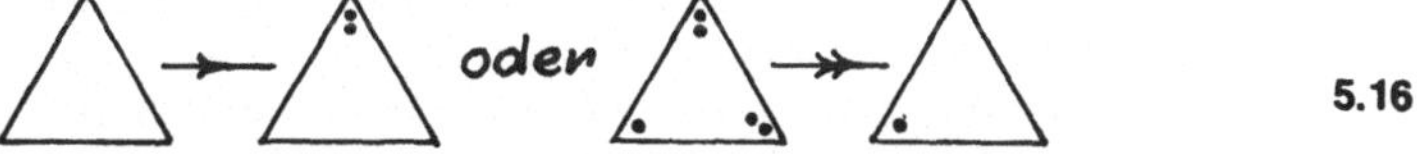

5.16

Es ist möglich, mit einem einzigen Pfeiltyp Ketten zu bilden (Bild 5.17)

5.17

* 5.F2 Kann man z.B. eine Kette mit allen Triokersteinen bilden, wenn nur der ⟶ Pfeil verwendet wird? Kann diese Kette mit einem beliebigen Stein beginnen?

5.F3 Kann eine solche Kettenbildung wiederholt werden, wenn man nur ⟶⟩ Pfeile, oder nur ⟶⟩⟩ Pfeile verwendet?

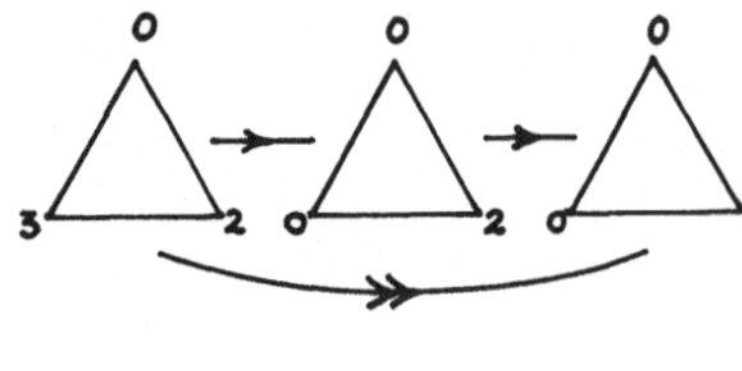

5.18

5.F.4 Kann man stets „ $\longrightarrow$ " gefolgt von „ $\longrightarrow$ " durch „ $\longrightarrow\!\!\!\!\rightarrow$ " ersetzen? (Bild 5.18).
ACHTUNG: *Wir bilden hier Ketten mit Triokersteinen (ein Stein, der bereits verwendet wurde, darf nicht noch einmal vorkommen), wobei je nach Bedarf die Pfeile* $\longrightarrow$ *oder* $\longrightarrow\!\!\rightarrow$ *oder* $\longrightarrow\!\!\!\rightarrow\!\!\!\rightarrow$ *verwendet werden.*

5.F5 Ein Spiel zu Ihrer Entspannung: sind Sie zu zweit, so nimmt sich jeder 8 Steine, (bei drei Spielern erhält jeder 6). Der Joker wird nicht verwendet. Die restlichen Steine bilden die „Hacke".
— Willkürlich wird der erste Spieler bestimmt und bei mehr als zwei Spielern auch die Reihenfolge.
— Der erste Spieler setzt einen seiner Steine.
— Der nächste setzt, ohne auf eine mögliche Zusammensetzung zu achten, einen seiner Steine. Dieser muß sich vom ersten um *eine einzige* Ecke unterscheiden; hat der Spieler aber keinen solchen Stein vorrätig, so muß er sich einen von der Hacke „abhacken". Sieger ist derjenige, der als erster alle seine Steine angelegt hat, oder wenn das Spiel für alle blockiert ist, derjenige, der die geringste Anzahl von Steinen zur Verfügung hat.

5.G Zweier-Puzzles und ihre Darstellungen

Die kompliziertesten Puzzles, vor allem auch solche mit 24 Elementen, haben Sie bereits erfolgreich bewältigt. Wir kommen jetzt zu den ganz einfachen Puzzles: den Zweier-Puzzles oder Puzzles mit zwei Steinen zurück. Dazu ist noch einiges zu erklären.
Drei Behauptungen werden aufgestellt. Gelten Sie in *Ihrem* Spiel der 24 Steine?

5.G1 Zu jedem Tripelstein gibt es 3 verschiedene Steine, mit denen es möglich ist, ein Zweier-Puzzle zu bilden.

∗ 5.G2 Zu jedem Doppelstein gibt es 8 verschiedene Steine, mit denen es möglich ist, ein Zweier-Puzzle zu bilden. (Bild 5.19)

5.G3 Zu jedem Monostein gibt 4 andere *Monosteine*, mit denen die Bildung eines Zweier-Puzzles möglich ist.

5.G4 Nun ist es an Ihnen, eine Behauptung (die allerdings auch zutreffen muß) aufzustellen:
Wieviele verschiedene Steine können mit einem der Monosteine zu einem Zweier-Puzzle zusammengesetzt werden? Warum?

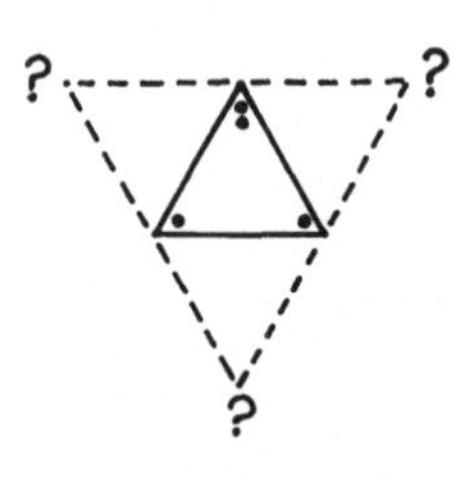

5.19

5.G5 Puzzles, die aus Zweier-Puzzles zusammengesetzt werden — oder der Trick mit dem Klebestreifen.
Sie können Ihre 24 Steine zu 12 Zweierpuzzles anordnen, um sie anschließend zu fixieren. An die Arbeit! Nehmen Sie Klebestreifen (oder Klebeetiketten) und verbinden Sie jeweils zwei Steine zu einem „Rhombus". In Bild 5.21 sehen Sie Beispiele solcher Rhomben.

5.G6 Setzen Sie sich mit diesem Spiel selbst auseinander. Es hat nur 12 Elemente, folglich ist es leichter als Trioker. Doch haben Sie sich durch die Klebestreifen „Einschränkungen" auferlegt, und bestimmte Formen werden nicht möglich sein. Wenn Sie die Gruppierungen zu Zweier-Puzzles verändern, so werden Sie ein neues Spiel mit anderen Rhomben erhalten. Die Zahl der Möglichkeiten ist so groß, daß es besser ist, dieses Problem mit dem Computer durchzurechnen. Doch ist der zugrundeliegende Gedankengang einer Besprechung wert.

∗ 5.G7 Ein Zweier-Puzzle Ihrer Wahl sei vorgegeben. Wieviele verschiedene Zusammensetzungen können Sie mit einem zweiten Zweier-Puzzle aus dem gleichen Spiel verwirklichen? Wie überlegen Sie sich das?

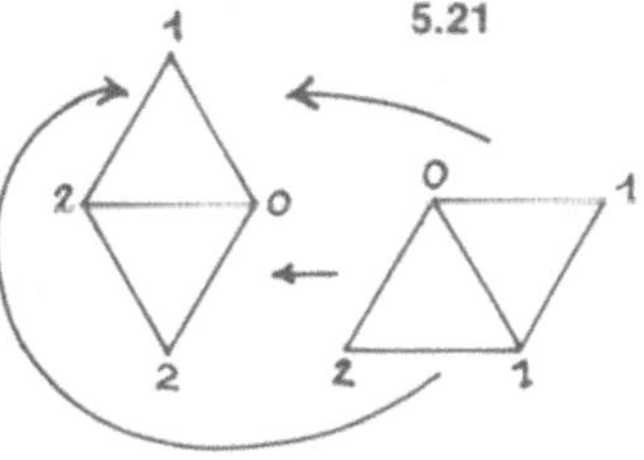

5.21

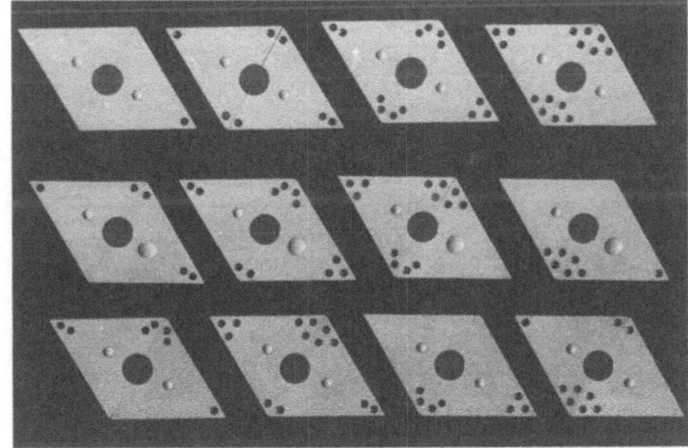

5.20

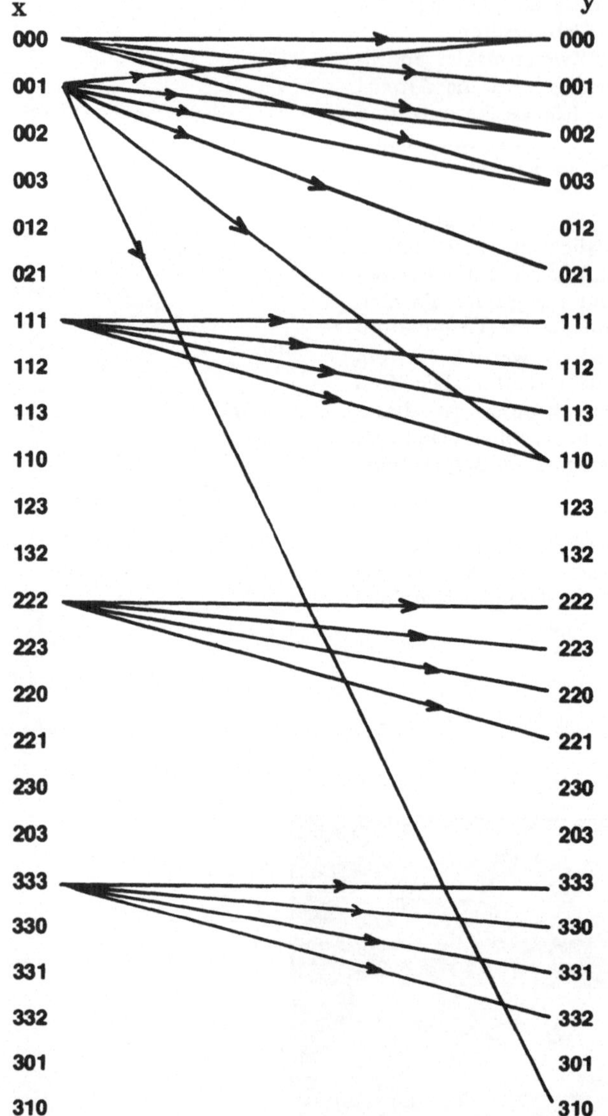

5.22

5.G8 Darstellung der Zweier-Puzzles.

Es werden hier zwei Diagramme zur Beschreibung bestimmter Sachverhalte vorgeschlagen: In Bild 5.22 handelt es sich offenbar um die Darstellung einer Abbildung. Solche Diagramme sind heutzutage bereits Volksschülern vertraut. Um welche Abbildung handelt es sich hier? Vereinbaren wir, daß die 24 Triokersteine die Urbildmenge bilden, die sich in einer Schachtel befindet. Das Bild ist dieselbe Menge einer *anderen* Schachtel.

Ein Element x wird dann und nur dann auf ein Element y abgebildet, wenn x mit y triokergemäß zusammengefügt werden kann.

* 5.G9 Bild 5.22 ist zu vervollständigen.

* 5.G10 Kann man, ohne sie zu zeichnen, feststellen, wieviele Pfeile das vollständige Diagramm hat?

5.G11 In Bild 5.23 ist der Sachverhalt ein anderer:
Es ist hier eine Relation innerhalb ein und derselben
Menge, der Triokermenge, fragmentarisch veranschau-
licht. Ein Element x wird genau dann einem Element y
zugeordnet, wenn man x mit y zu einem Zweierpuzzle
zusammensetzen kann. Jeder, der erkennt, daß diese
Zuordnung symmetrisch ist, wird damit einverstanden
sein, daß wir zweckmäßigerweise

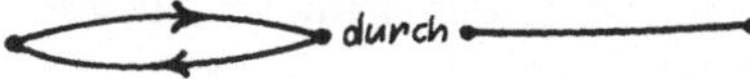

ersetzen.

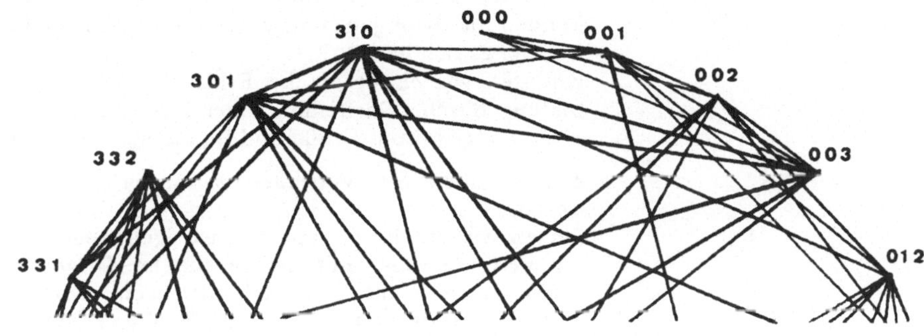

5.23

* 5.G12 Wenn Ihnen Zeichnen Spaß macht, und Sie den Graph zu Ende führen (ohne sich dabei zu irren!), werden Sie unerwarteterweise mehrere Quadrate entdecken.

* 5.G13 Für diejenigen, die lieber nachdenken: In der kreisförmigen Anordnung werden durch die Verbindungslinien bestimmter (zusammensetzbarer!) Steine Segmente erzeugt. Welche benachbarten Segmente können ein Quadrat formen? Das kann nicht sofort beantwortet werden.

5.G14 Benötigt Bild 5.23 gleich viel, mehr oder weniger Pfeile als Bild 5.22? Wenn es nicht gleich viele sind, können Sie dann genau angeben, um wieviele mehr oder weniger es sich handelt?
Könnten wir eigentlich die Erklärung zur letzten Abbildung durch „Darstellung einer Zuordnung innerhalb *einer* Menge mittels Urbild und Bildmenge" ersetzen?

5.G15 Haben Sie Vertrauen zu Ihren Triokerkenntnissen?
Setzen Sie ein Puzzle mit nur wenigen Elementen zusammen. Anschließend ziehen Sie im Diagramm die verwendeten Pfeile mit Farbstift nach. Formen Sie andere Puzzles und verwenden Sie dabei jeweils eine andere Farbe. Betrachten Sie die Zeichnung genau. Wird durch jeden Weg, d.h. eine Pfeilfolge, ein Puzzle festgelegt? Jeweils nur ein einziges?

5.H Dreier-Puzzles, Vierer-Puzzles, N-Puzzles

All das, was wir gerade bei Zweier-Puzzles kennengelernt haben, kann auch für Dreier-Puzzles, Vierer-Puzzles ... verwendet werden.
Sie brauchen nur an die Überlegung zu denken, daß Sie anstelle von 12 Zweier-Puzzles nur mehr 8 Dreier-Puzzles haben (Bild 5.25);

5.H1 Trauen Sie es sich zu, die 8 Dreier-Puzzles in einem Kreisschema (vergleichbar jenem von Bild 5.23) anzuordnen.
Das kann recht lustig sein. Verwenden Sie die gleiche Anordnung wie in Bild 5.23 und kreuzen Sie jeden Mittelstein Ihres Dreier-Puzzles rot an. Warum sollten sie nicht auch ein Spiel mit 8 gleichschenkeligen Trapezen konstruieren (entsprechend der Triokerregel)? Bild 5.25 zeigt ein Beispiel eines solchen Spieles.

5.H2 Im weiteren bringen die Vierer-Puzzles viel Arbeit; ein Beispiel für 6 Vierer-Puzzles ist in Bild 5.26 zu sehen. Vergessen Sie nicht, daß Sie, je nach Zusammensetzung der ausgewählten Grundfläche, verschiedene Spiele mit Vierer-Puzzles bilden können: ein umfangreiches Betätigungsfeld eröffnet sich! (Bild 5.27)

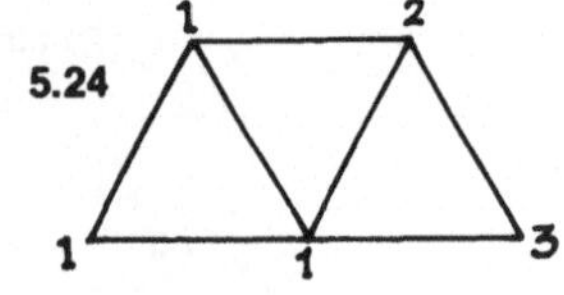

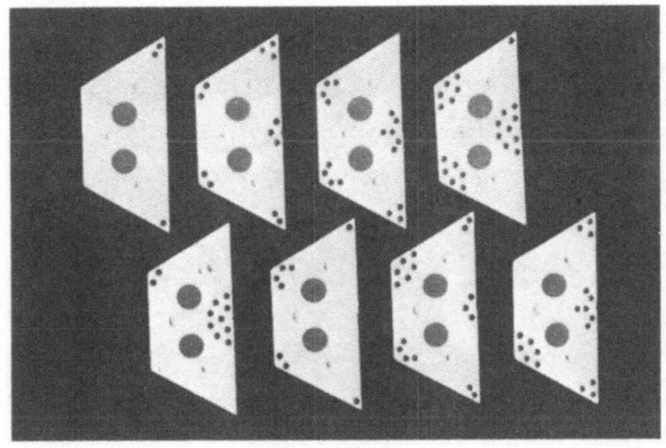

5.25 Dreier-Puzzles

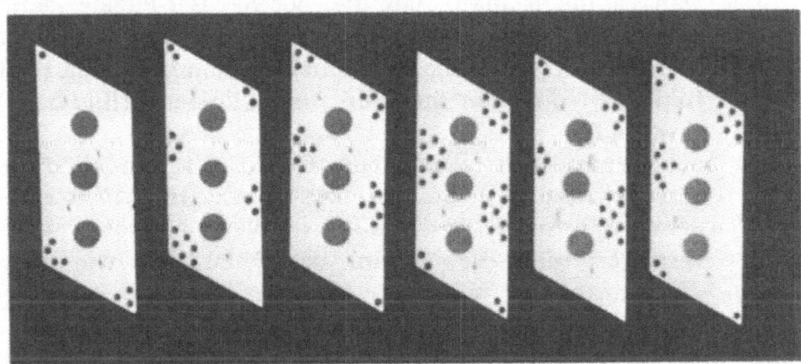

5.26 Die 24 Steine sind in 6 Vierer-Puzzles angeordnet

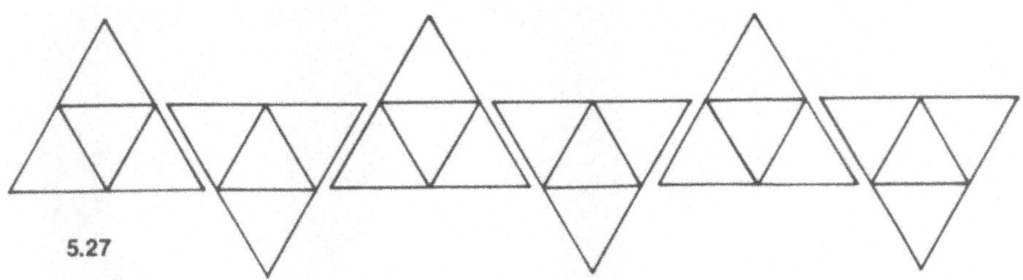

5.27

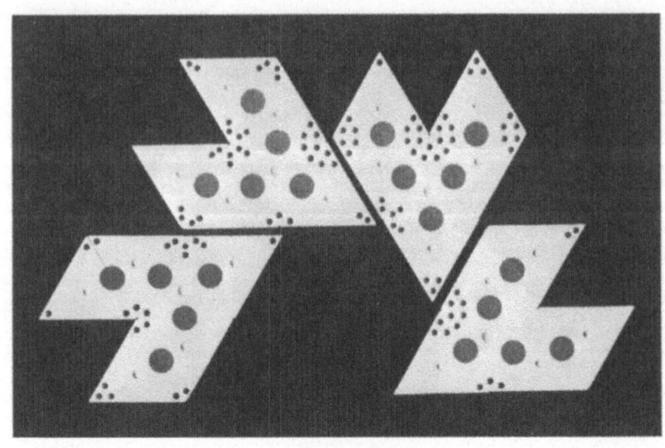

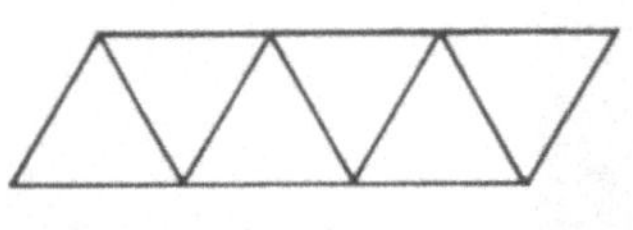

5.29

Danach meint man, daß die vier Sechser-Puzzle kaum interessant sind. Doch können Sie ein Spiel mit vier „Lanzenspitzen" (eine mögliche Zusammensetzung zeigt Bild 5.28) oder ein Spiel mit vier „Folgen" (Bild 5.29) usw. bilden.

Sie werden feststellen, daß, wenn man ein N-Puzzle verwirklichen will, dies auf die Anzahl der 24 verschiedenen Spielsteine beschränkt ist. Wenn N größer wird, verringert sich die Anzahl der N-Puzzles, wie auch die Anzahl der möglichen Zusammensetzungen untereinander.

Man muß sich entscheiden: ein *zu einfaches* Spiel kann nicht *sehr interessant* sein.

Beispiel zweier Zwölfer-Puzzles

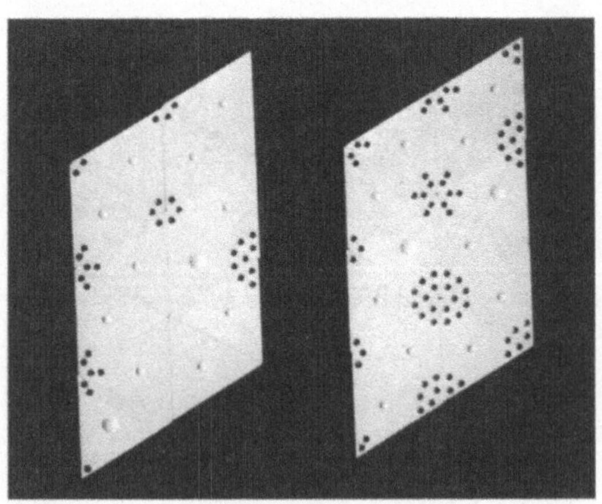

44

6 Weitere Überlegungen und Übungen

Sie haben uns bis jetzt eigentlich großes Vertrauen entgegengebracht: Sie haben die 24 Triokersteine verwendet, ohne diese Stückzahl selbst anzuzweifeln. Es ist an der Zeit, diese Zahl auch zu rechtfertigen. Dazu müssen wir das „Spiel", das entstehen soll, erst einmal definieren.

6.A Definition der Spielsteine

Das Spiel soll aus einer Anzahl von Steinen bestehen (die Zahl selbst ist nicht so wichtig), die die beiden folgenden Bedingungen erfüllen:

— alle müssen von gleicher Form und Größe sein,
— alle müssen sich durch die Bewertung der Ecken paarweise voneinander unterscheiden.

Um ein Höchstmaß an Symmetrie zu erzielen, darf jede mögliche Wertkombination ein und nur einmal auftreten.

6.B Anzahl der Spielsteine

Entsprechend der vorausgegangenen Definition wählen wir eine Form und zwar das gleichseitige Dreieck und vier verschiedene „Werte" für die Ecken (Bild 6.1).

6.B1 Zuerst wird der Beweis erbracht, daß es 24 und nur 24 Triokersteine gibt.
Wir verfügen über vier mögliche Eckenwerte, Werte, die durch 0, 1, 2 und 3 dargestellt werden. Nehmen wir ein unmarkiertes Dreieck. Auf wieviele Arten können wir eine erste Ecke kennzeichnen? Auf vier verschiedene natürlich: 0, 1, ... (Bild 6.2).
Unabhängig von der Wertmarke dieser Ecke stellen wir die gleiche Frage für eine zweite. Es gibt ebenfalls vier Möglichkeiten (Bild 6.3). Stellen wir die Frage für die dritte Ecke?

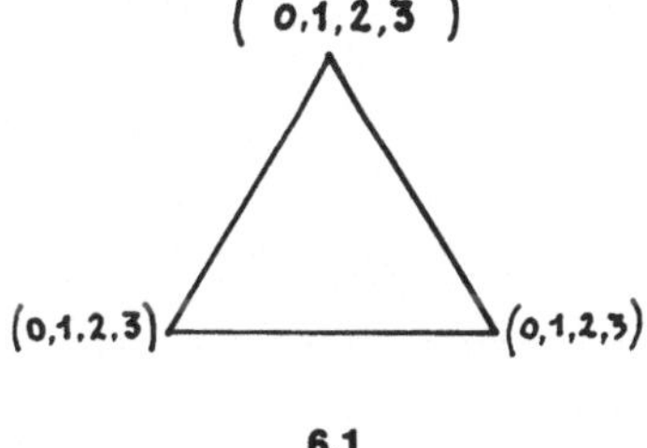

6.1

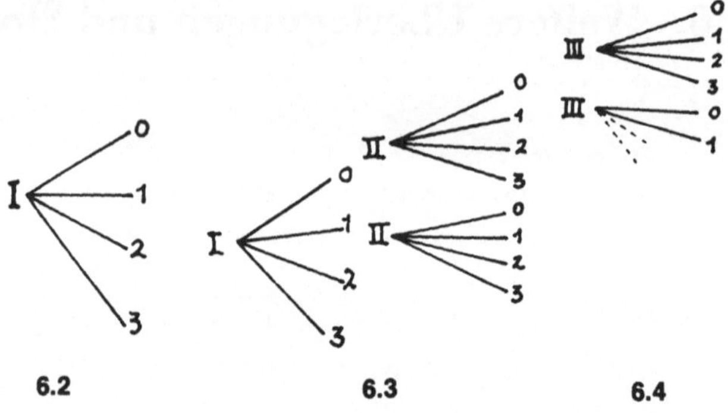

6.B2 Vervollständigen Sie den Baum von Bild 6.4. Dieser Baum mit drei Stufen zeigt, daß es in der letzten $4 \times 4 \times 4 = 64$ mögliche Bewertungen für die Spielsteine gibt.

Aber aus Bild 6.4 geht klar hervor, daß

— die Tripelsteine (000, 111, ...) ein einziges Mal vorkommen,

— die Nicht-Tripelsteine alle dreifach vertreten sind.

Zum Beispiel entsprechen die drei Bewertungen **001**, **010**, **100** einem einzigen Stein, der im Spiel mit **001** bezeichnet wird.

Nun zu den Gleichungen:

$$4 \times 4 \times 4 = 64$$
$$64 - 4 = 60$$
$$60 : 3 = 20$$

$20 + 4 = 24$ Triokersteine. Einverstanden?

6.B3 Es ist möglich, ein Maxi-Trioker, bei dem die Werte aus der Menge 0, 1, 2, 3, 4 genommen werden, zu bilden.

Bevor Sie auf Seite 91 nachschauen, beantworten Sie folgende Frage:

*** 6.B4** Wieviele Steine wird ein Maxi-Trioker mit fünf Werten haben?

*** 6.B5** Verallgemeinerung:

Es sei $W = 1, 2, 3, 4, 5, 6 \ldots$ die Anzahl der möglichen Werte. S sei die Anzahl der gleichseitigen Dreiecke, deren Ecken Werte aus einer Menge mit W Elementen annehmen, wobei jedes Bewertungstripel nur einmal auftreten darf.

46

* **6.B6** Überlegen Sie sich und finden Sie die Formeln, mit deren Hilfe sie die Anzahl der Tripelsteine, der Doppelsteine und Monosteine in Abhängigkeit von der Anzahl der möglichen Werte W angeben.

* **6.B7** Berechnen Sie die tatsächlichen Werte T, D, M für W = 7.

* **6.B8** Berechnen Sie die Werte für W = 12.

* **6.B9** Auf Grund welcher Besonderheit wird man W = 4 wählen?

6.B10 Eine Frage noch zur allgemeinen Bestimmung von S: warum ist S abwechselnd gerade und ungerade?

6.C Logische Anordnung der Spielsteine

Auf Seite 9 wird eine Anordnung der 24 Triokersteine vorgeschlagen. Dies ist gleichzeitig jene, die auch für die Spieltafel gewählt wurde. Kommen wir zu den Regeln dieser Ordnung:

6.C1 Bei vier Werten gibt es vier Tripelsteine (siehe 6.B2). Wir ordnen sie vertikal an, wobei wir den kleinsten Werten den Vorrang geben. Der Stein **000** kommt zuerst, darunter ist das Element **111** zu reihen, schließlich **222** und **333**. Jedesmal, wenn man eine Zeile tiefer steigt, wird jeder Eckenwert um eine Einheit erhöht. Nun zur horizontalen Ordnung: rechts vom Tripelstein „Null" reiht man die Doppelnullsteine; stets haben die kleineren Werte Vorrang: von links nach rechts findet man **001**, dann **002** und **003**. Schließlich kommen die Einfachsteine mit dem kleinsten Gesamtwert (**012** und **021**). Sie schließen die erste Reihe zu 6 Steinen ab, die sich alle nach dem Wert Null richten. Bei der zweiten Zeile hat man besonders zu achten auf die Regel, die besagt, daß jede Ecke um eine Einheit zunimmt, sobald man eine Reihe tiefer geht. Unterhalb von **001** findet man **112**, dann **223** und zuunterst **330**. Der nächste Stein wäre **001**, da es sich um eine zyklische Permutation handelt. Unterhalb von **012** findet man **123**, dann **230** und **301** usf.

* **6.C2** Können Sie selbst eine andere *logische* Ordnung der gleichen 24 Steine finden?

6.C3 Geht man weiterhin von der Ordnung der Steine von Seite 9 aus und verbindet die Steine durch Pfeile wie in Bild 6.5, so ist die Anordnung für die Verwendung von Einfachpfeilen ungeeignet. Welchen Rang nehmen die Tripelsteine und welchen die Doppel- und Einfachsteine ein?

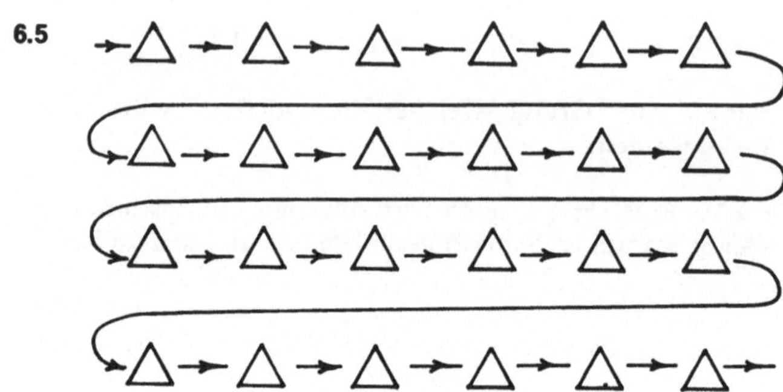

6.C4 Dieselben Fragen werden jetzt für eine andere Pfeilreihenfolge bei gleicher Steinanordnung (Bild 6.6) gestellt.

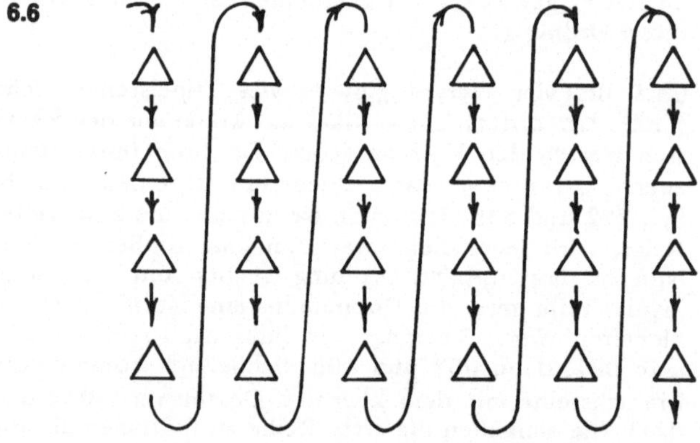

6.D Bezeichnung der Spielsteine

6.D1 Daß der Stein, dessen Ecken den Wert Null haben, „Nullertripel" genannt und durch **000** beschrieben wird, ist klar!
WENIGER klar ist, daß:

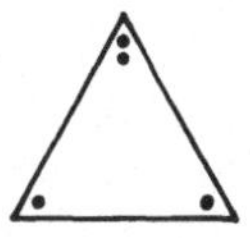 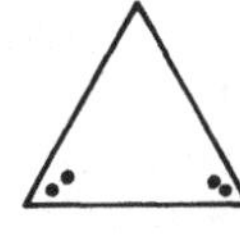 und 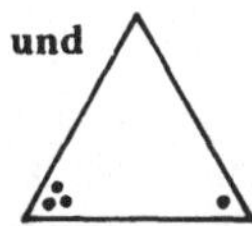

112,   220,   310 genannt wird.

Ausgehend von einer willkürlichen Festlegung, die
konsequent beizubehalten ist, kann man diese Benennung rechtfertigen. In der vorangehenden Anordnung (6.C.1) ist jedes Dreieck durch ein Zahlen-
tripel gekennzeichnet, das die drei Eckenwerte an-
gibt, beginnend mit dem Wert links unten und im
Gegenuhrzeigersinn fortschreitend.
Deshalb wird hier die Bezeichnung **001** für
verwendet und nicht **010** oder **100**.

In Bild 6.7 sind die Namen **012** und **021** mit den entsprechenden Steinen dargestellt. Es ist bemerkenswert,
daß diese beiden Steine auf drei verschiedene Arten
richtig zusammengesetzt werden können. Würde es
sich nämlich um zwei identische Steine handeln, so
könnten sie *überhaupt nicht* zusammengesetzt werden! Wir werden auf diese Feststellung noch zurückkommen.

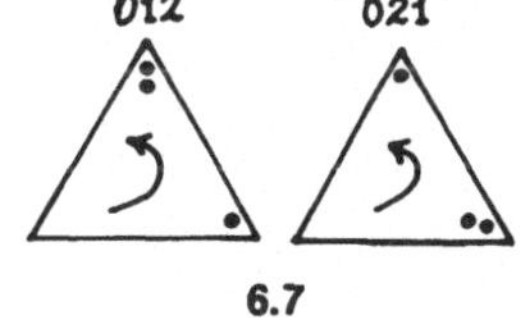

6.D.2 Können Sie andere Bezeichnungsregeln für die
Triokersteine angeben? Zu dieser Frage finden Sie in
Kapitel 17 keine Antwort, denn es handelt sich hier
um eine echte Frage, die wir Ihnen stellen.
Über einen Hinweis von Ihnen würden wir uns freuen!

6.E Systematik der Puzzles zur Wiederholung

Gleich werden wir eine unmittelbare Folgerung der
„logischen Anordnung" der Steine kennenlernen.
Versuchen Sie, mit Ihren 24 Steinen die „Schlange"
von Bild 6.8 zu konstruieren. Das ist leicht. Sie versuchen es zögernd? Wenn Sie dabei mit etwas Überlegung vorgehen, wird es bestimmt einfacher, denn
mit einem Schlag steht Ihnen eine Reihe richtiger
Lösungen zur Verfügung.

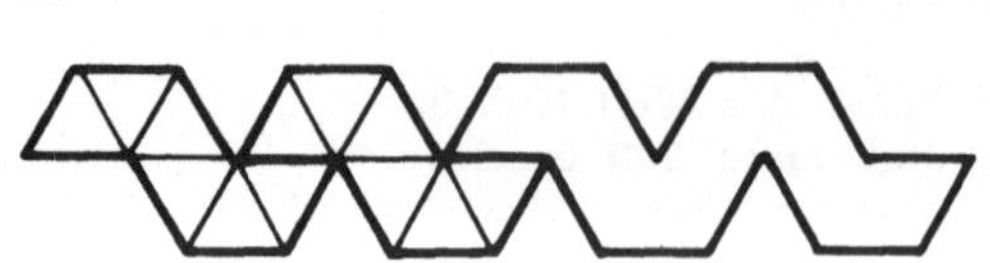

6.8

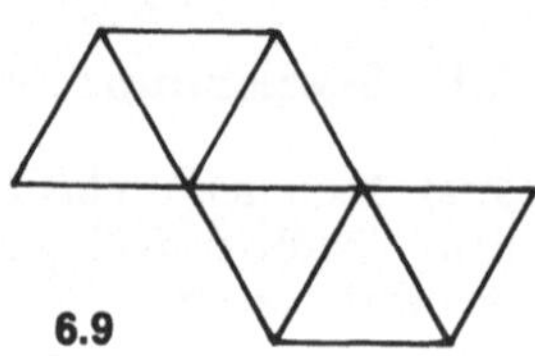

6.9

6.E1 Schauen Sie die Figur von Bild 6.8 gut an. Sie kann in 4 Teilmengen zu je 6 Steinen zerlegt werden, wobei die Zusammensetzung der 4 Teilmengen (Bild 6.9) jeweils gleich ist. Folglich kann die „Schlange" durch das Aneinanderreihen von 4 Entchen erzeugt werden.

In diesem Augenblick erinnern wir uns daran, daß die 24 Steine alle möglichen Dreierkombinationen von vier verschiedenen Eckenwerten präsentieren; es gibt jeweils:

— *vier* Tripelsteine (000, 111, 222, 333)
— *vier* Mal drei Doppelsteine, die jeweils einem Tripelstein zugeordnet werden können (zum Tripel 000 gehören die Doppelsteine 001, 002, 003);
— *vier* Einfachsteine der Menge A (012, 123, 230 und 301)
— *vier* Einfachsteine der Menge B (021, 132, 203 und 310).

Die Zahl 4 taucht überall auf — Sie sollen nun *vier* Blöcke zu je 6 Steinen bilden. Können die 6 folgenden Steine richtig zusammengefügt werden, sodaß ein Entchen entsteht?

— Ein Tripelstein,
— drei Doppelsteine,
— ein Einfachstein der Menge A,
— ein Einfachstein der Menge B.

Ausprobieren! Es ist wirklich nicht schwer. Man wählt aus jeder der 6 Ordnungsspalten ein Element aus.
(Auf Seite 9 finden Sie die Anordnung der Steine, wie sie auch für die Spieltafel verwendet wurde.) Sie beginnen mit einem Tripelstein. Es wird Ihnen rasch gelingen, 5 weitere Steine (aus jeder Spalte einen) zu finden, um ein Entchen, beispielsweise jenes von Bild 6.10, entstehen zu lassen.

Sie werden weitere finden — stets muß aus jeder der 6 Spalten ein Stein entnommen werden — bis Sie eine spezielle „Entchenart" entdecken:
die Werte A und B links werden zu (A + 1) und (B + 1) rechts (Bild 6.11).

6.10

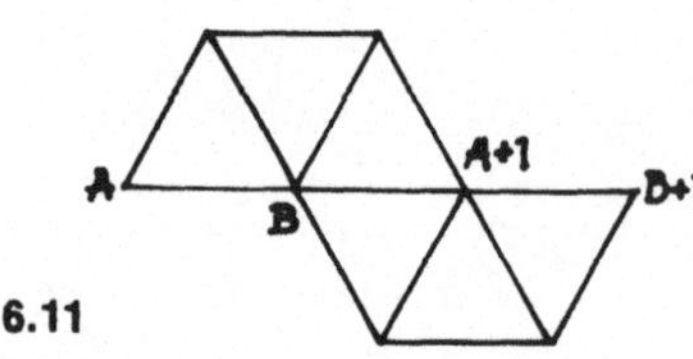

6.11

50

Bild 6.12 zeigt ein solches „Spezialentchen". Setzen Sie dieses Entchen zusammen.

In jeder der sechs Ordnungsspalten gibt es nun ein leeres Feld. Nehmen Sie jetzt die 6 Steine, die unterhalb der leeren Felder angeordnet sind. Unterhalb von Feld 000 haben Sie den Stein 111, unterhalb von 001 den Stein 112 ... So entsteht ein zweites Entchen, identisch dem ersten mit einer Verschiebung der Eckenwerte um eine Einheit (Bild 6.13).

Fügen Sie diese zwei Figuren zusammen (Bild 6.14).

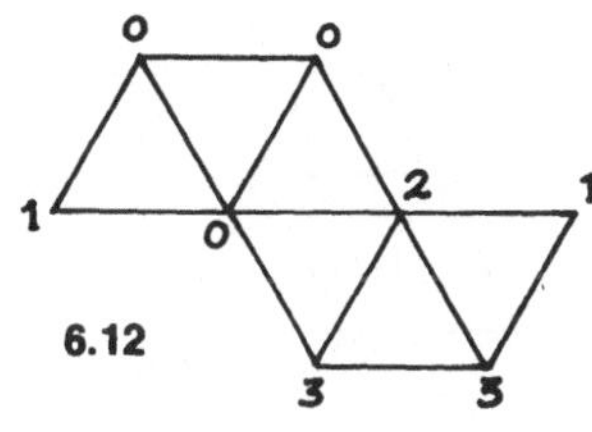

6.12

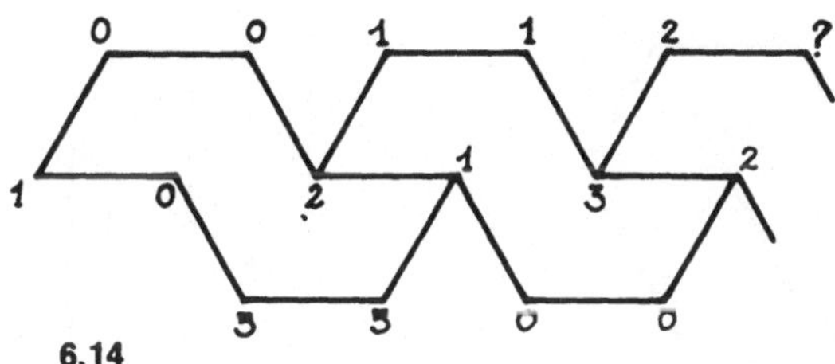

6.14

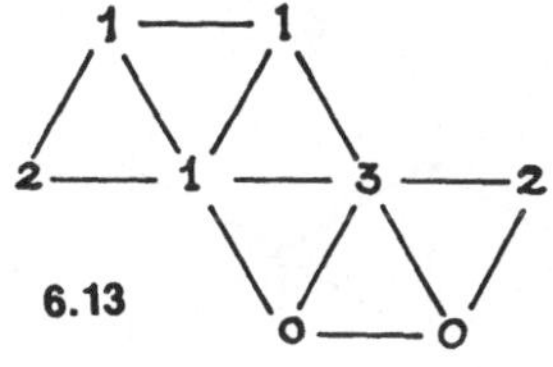

6.13

Mit einer neuerlichen Verschiebung aller Werte um eine Einheit können Sie problemlos ein drittes Entchen bilden, und schließlich vereinen sich die letzten sechs Steine wie von selbst zu einem Entchen.

Die vier Entchen können gleich zusammengesetzt werden (Bild 6.14). Beachten Sie, daß Sie, ohne der „Schlange" Beachtung zu schenken, diese zerlegen und so wieder zusammensetzen können, daß rechts der linke Teil angeschlossen wird.

* 6.E2 Frage: Warum bilden die Werte in der obersten Reihe die Folge: 00 — 11 — 22 — 33?

6.E3 Weitere Übungen: Mehrere Kapitel dieses Buches schließen mit kleinen Zeichnungen. Sie stellen jeweils eine Zusammensetzung von viermal 6 Steinen dar. Versuchen Sie, diese in der gleichen Art und Weise wie die eben besprochene Schlange durchzudenken.

6.E4 Puzzles mit zwölf Elementen. Jetzt, wo Sie wissen, wie die Wiederholungspuzzles zu bilden sind, zeigt Ihnen Tafel 6.15 verschiedene Formen, die mit *zwölf* Steinen zu verwirklichen sind. Wählen Sie sich eine aus, zum Beispiel Figur A.

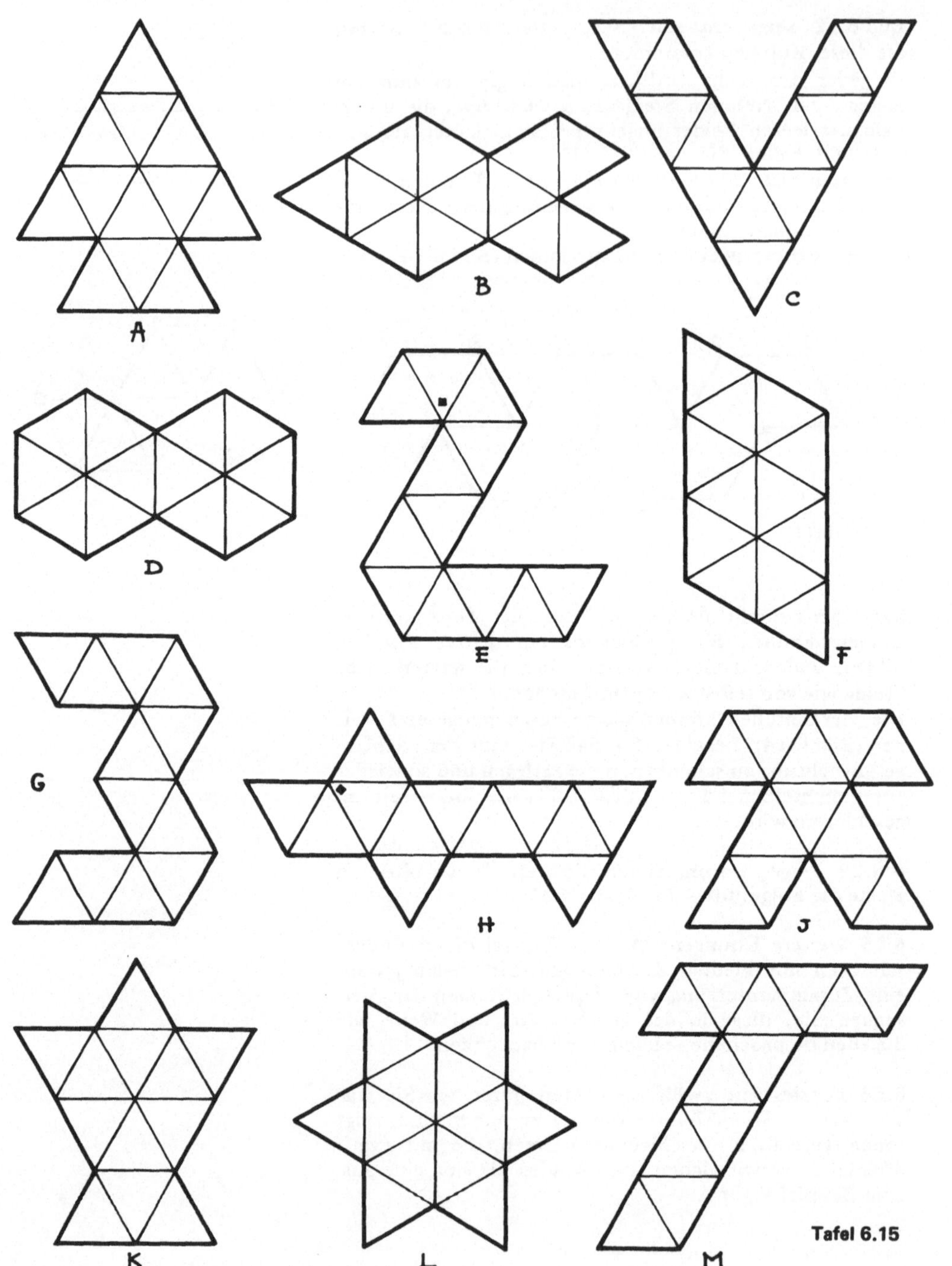

A
B
C
D
E
F
G
H
J
K
L
M
Tafel 6.15

Wenn Sie die Steine wahllos aus der logischen Anordnung herausgreifen, gelingt Ihnen schon nach kurzem dieses leichte Puzzle. Aber es wird schwierig sein, vielleicht auch unmöglich, mit den verbleibenden Steinen anschließend ein zweites Puzzle der gleichen Form zu bilden.

*** 6.E5** Aus der logischen Anordnung sind 24 Steine derart auszuwählen, daß unterhalb eines jeden weggenommenen Steines einer übrig bleibt. Bilden Sie damit die Tanne entsprechend der Form A und anschliessend eine zweite. Gelingt es Ihnen auch, zwei Formen B und dann zwei Formen C usf. zu verwirklichen?

*** 6.E6** Suchen Sie nach anderen Möglichkeiten, die ersten 12 Elemente auszuwählen, so daß wiederum zwei Formen A entstehen können; das gleiche ist für zwei Formen B, usf. durchzuführen.

6.F Blumen mit der Zahl 3

Mit 6 passend gewählten Triokersteinen kann ein Sechseck, das einer Blume ähnelt, gebildet werden. Der Mittelpunkt der Blume wird durch 6 Dreiecksecken mit gleichem Wert gebildet: man spricht von einer Blume mit „3 in der Mitte". Da das in Frankreich veröffentlichte Spiel anstelle des Wertes „3" rote Punkte verwendet, werden sie dort „Blumen mit roter Mitte" genannt. (Bild 6.16)

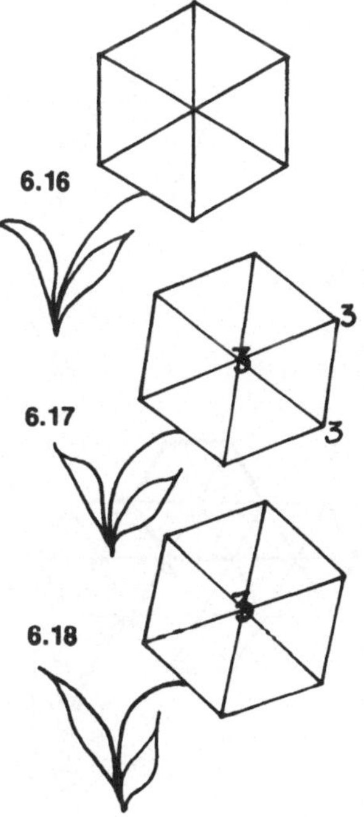

6.16

6.17

6.18

Am Blumenrand befinden sich zwölf Ecken, die je zwei und zwei zusammengesetzt sind. Durch Auswahl von Steinen aus der Triokermenge wird man „viele" verschiedene Blumen erzeugen können. Wieviele werden es tatsächlich sein?

Denken Sie nur an die Zahl der Möglichkeiten, die Ihnen für „Blumen mit roter Mitte" zur Verfügung stehen, und zwar:

1. Blumen mit dem „dreifach roten" Stein —333—: diese Blumen haben *zwangsläufig auch „Rot am Rand"*; (Bild 6.17).

2. Blumen ohne „Rot am Rand", (d.h. keine „3" am Rand) (Bild 6.18).

3. Blumen *ohne* den „dreifach roten" Stein, *aber mit* Rot am Rand.

*** 6.F1** Insgesamt habe ich **einhundertvierunddreißig** verschiedene „rote" Blumen gefunden — und zwar ohne sie zu verwirklichen, sondern durch Nachdenken. Sind Sie mit der gefundenen Zahl einverstanden? Wir definieren zwei Blumen genau dann als verschieden, wenn die beiden Sechsecke weder durch Verschieben

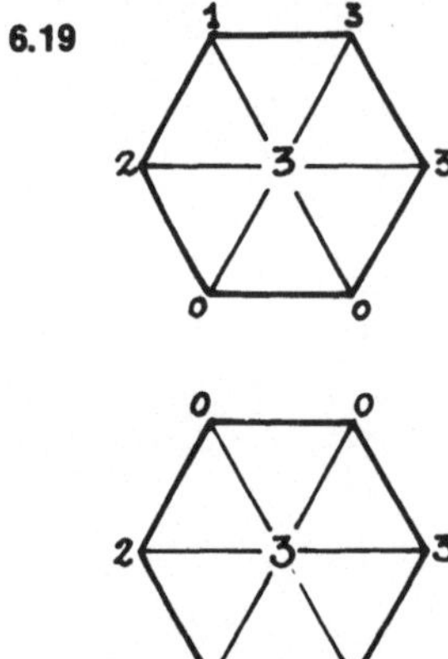

6.19

noch durch Drehen in der Ebene zur Deckung gebracht werden können. Wir betrachten nun die Verschiedenartigkeit der beiden „spiegelbildlichen" Blumen von Bild 6.19:

In der ersten kommt der Stein 123 der Spalte A und der Stein 203 der Spalte B vor; im Gegensatz dazu hat die zweite Blume den Stein 132 von B und 230 von A. Diese beiden Sechsecke werden als nicht identisch betrachtet, da man das eine aus der Spielebene herausnehmen und umdrehen muß, um es exakt über das andere legen zu können. Selbstverständlich ist dies eine Frage der Definition. Man könnte auch vereinbaren, daß die beiden Blumen von Bild 6.19 als identisch zu betrachten sind. Dies wird ein anderes Problem sein...

*** 6.F2** Sind Sie mittlerweile auch zu dem Schluß gekommen, daß man **fünfhundertsechsunddreißig** verschiedene Triokerblumen erzeugen kann? Wir haben hier den Bemühungen von Simone Sauvy zu danken, die mit ihren Schülern die ersten Untersuchungen zu den „Blumen mit roter Mitte" d.h. mit dem Wert 3 in der Mitte — durchführte [34].

Bald darauf wurde von Jean Sauvy das Problem der „Superblumen" zu 13 Steinen, wie sie in Bild 6.20 zu sehen sind, aufgegriffen.

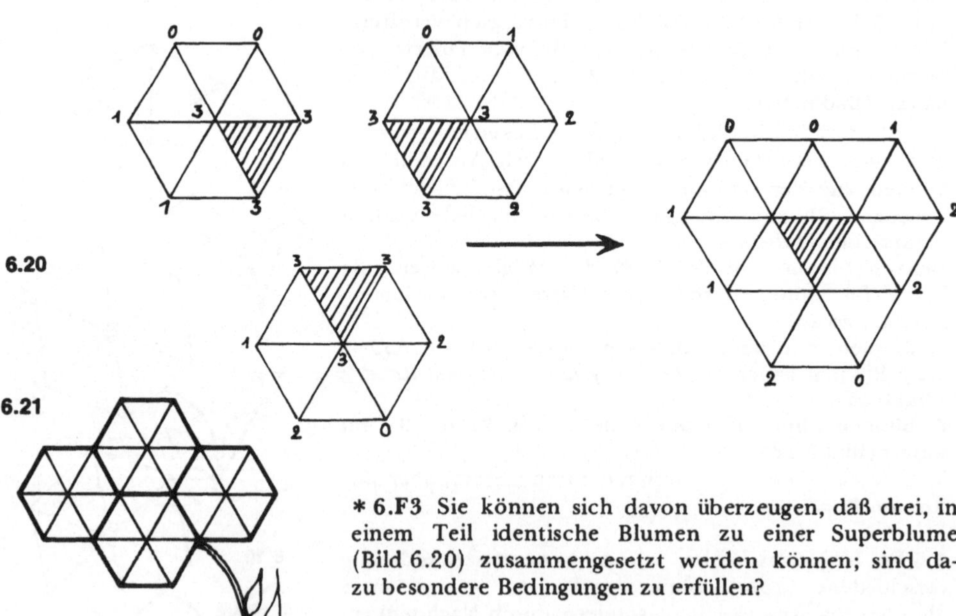

6.20

6.21

*** 6.F3** Sie können sich davon überzeugen, daß drei, in einem Teil identische Blumen zu einer Superblume (Bild 6.20) zusammengesetzt werden können; sind dazu besondere Bedingungen zu erfüllen?

*** 6.F4** Sogar vier verschiedene Blumen können — vorausgesetzt sie sind geschickt ausgewählt — eine „Hyperblume" bilden (Bild 6.21).

7 Voll durchdachte Puzzlebeispiele

7.A Logische Puzzles

In diesem Kapitel wird an Hand von Beispielen gezeigt, wie logische Schlußfolgerungen auf Triokerpuzzles anzuwenden sind. Eine Figur kann durch „Probieren" erzeugt werden, indem man Steine beliebig zusammenfügt und falsche Lösungen ausscheidet. Doch braucht man dazu viel Zeit — und außerdem ist diese Vorgangsweise nicht sonderlich klug. Es wird sich eher lohnen, über eine „Figur mit N Steinen" erst einmal nachzudenken und ernsthaft die folgenden Fragen zu beantworten.

1. Ist die betreffende Form mit einer **bestimmten** Untermenge von Steinen zu verwirklichen?
2. Wenn ja, wie? Wenn nein, warum nicht?

Diese Fragen werden wir in den Beispielen behandeln. Anschließend werden Sie sich selbst überlassen: Kapitel 8 liefert Ihnen die Voraussetzungen dazu — einige Lösungen sind in Kapitel 17 angeführt.

7.B Puzzles mit 4 ausgewählten Steinen

Für den Anfang wählen wir eine sehr kleine Untermenge von Triokersteinen: „Die Steine, deren Ecken nur ungerade Werte tragen".

Dies sind die Steine 111, 113, 333 und 331; unter den 24 Triokersteinen gibt es keine anderen.

Diese Untermenge umfaßt folglich:

Zwei Dreiersteine: 111 und 333
Zwei Doppelsteine: 113 und 331 (Bild 7.1).

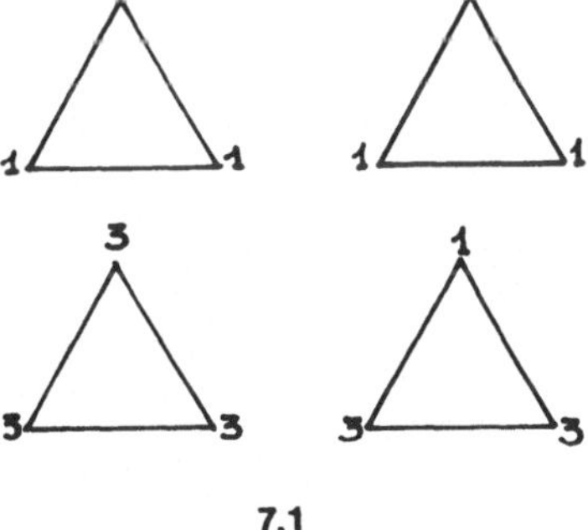

7.1

Es ist festzuhalten, daß es zu jedem Wert 6 Ecken gibt.

Die Untermenge ist jetzt definiert; nun kann man eine Form (mit maximal 4 Steinen) auswählen, und sich die erste Frage stellen:

7.B1 „Ist es möglich, diese Steine korrekt in linearer Folge zusammenzusetzen?"

Die Antwort lautet: *ja*, es gibt *zwei* verschiedene Lösungen, die weder durch Verschiebung noch durch Drehung zur Deckung zu bringen sind. (Bild 7.2).

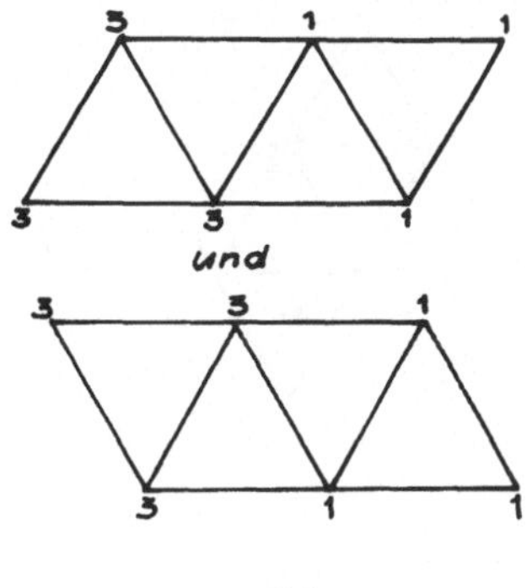

7.2

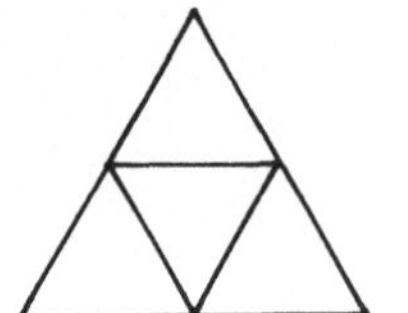

7.3

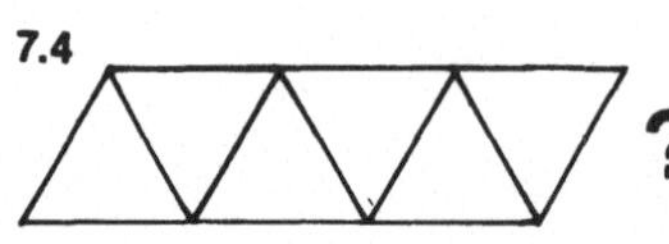

7.4

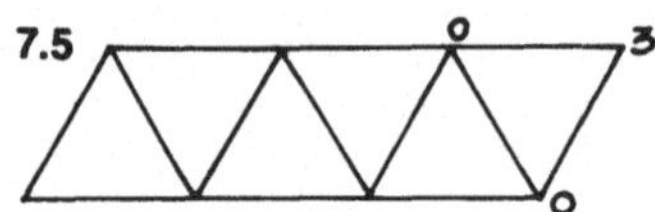

7.5

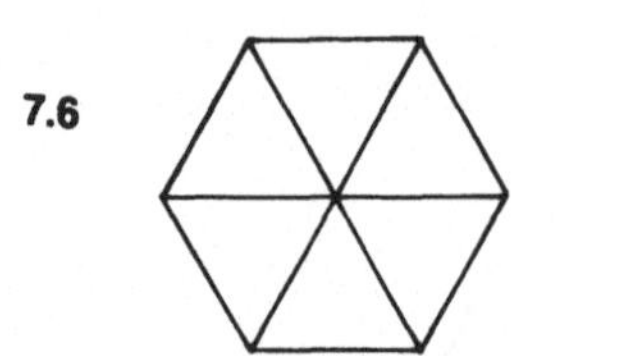

7.6

7.7

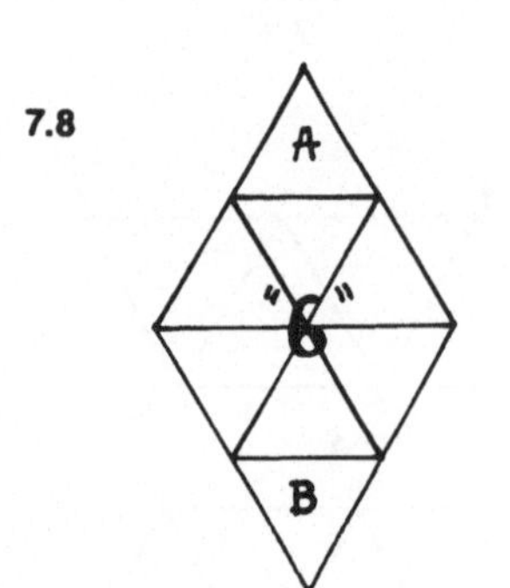

7.8

7.B2 Eine andere Fragestellung zur gleichen Untermenge: „Ist es möglich, diese 4 Steine zu einem großen Dreieck wie Bild 7.3 zusammenzusetzen?"

Die Antwort ist *nein;* wir überlassen es Ihnen, die eleganteste Art der Beweisführung zu finden.

7.C Puzzles mit 6 ausgewählten Steinen

Es gibt eine große Anzahl interessanter Untermengen mit 6 Elementen.

7.C1 Zum Beispiel: die Steine einer Zeile der „logischen Anordnung" auf Seite 9. Können Sie mit diesen 6 Steinen:

7.C2 eine Folge von 6 Steinen wie Bild 7.4 verwirklichen? Sie wissen, daß die Steine 000, 001, 002, 003, 012 und 201 nur eine einzige Ecke mit dem Wert 3 haben. Folglich muß er auf einer freien Ecke liegen, beispielsweise wie in Bild 7.5.

Das **bedingt**, daß an die zwei 0-Werte das Tripel oder ein anderer Doppelstein gelegt werden muß.

Überlegen Sie weiter! Sie müssen *acht* mögliche, verschiedene Lösungen für diese Zeile finden!

7.C3 Erlaubt die gleiche Untermenge mit 6 Steinen die Bildung eines Sechsecks? (Bild 7.6). Falls notwendig, schauen Sie in Kapitel 6 und bei den „536 Blumen" auf Seite 53 nach.

7.C4 Können Sie mit der gleichen Untermenge das kleine Schiff von Bild 7.7 konstruieren?

7.D Puzzles mit 8 ausgewählten Steinen

7.D1 Wieviele verschiedene Rhomben können Sie mit den 8 Einfachsteinen („Steine, deren 3 Ecken jeweils verschiedene Werte tragen") bilden (Bild 7.8)?

Jeder der vier Werte (0, 1, 2 und 3) kommt auf den 8 Steinen 6-mal vor. Folglich kann der Wert, den Sie für die Rhombusmitte wählen, an keiner anderen Stelle vorkommen. Die zwei einzigen Monosteine, die diesen Wert nicht haben, befinden sich an den Plätzen A und B, wobei drei Ausrichtungen möglich sind. Bei gleichem Wert der Rhombusmitte werden Sie *neun* verschiedene Lösungen erhalten — je nach Ausrichtung der Stücke A und B. Insgesamt gibt es sechsunddreißig Lösungen!

7.E Puzzles mit 10 ausgewählten Steinen

Fragen können auch in etwas veränderter Formulierung gestellt werden, wie zum Beispiel in der nächsten Übung.

7.E1 Die abgebildete Figur (Bild 7.9) sei eine korrekt zusammengesetzte „Folge" von 10 Triokersteinen. Es wird gefragt, ob sich die 4 „Tripel" unter den 10 Steinen befinden könnten?

7.9

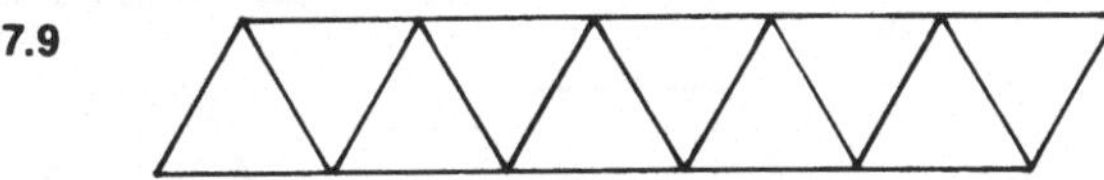

7.E2 Ist das möglich?

7.E3 Wenn ja, wie? Wenn nein, warum nicht?

*** 7.E4** Wenn ja, wieviele *verschiedene* Lösungen sind möglich? Wir wollen Sie auf die richtige Spur führen: Legen Sie die 4 Tripelsteine in die durch ein Kreuz markierten Felder, anschließend legen Sie Doppelsteine dazwischen (2 Doppelsteine zwischen 2 Tripelsteine, Bild 7.10). Entsprechend der *Reihenfolge* der Tripel-steine ...

7.10

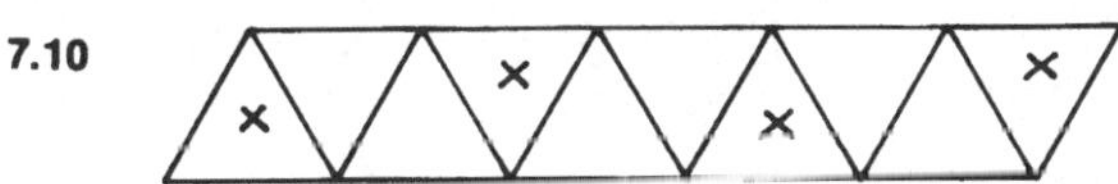

7.F Puzzles mit 11 ausgewählten Steinen

Wir begegnen nun einer sehr wichtigen Untermenge. Beschränkt man nämlich die Zahl der möglichen Eckenwerte auf drei, so entsteht das „Mini-Trioker", das aus 11 völlig verschiedenen Steinen gebildet wird. Wie es entsteht, sehen Sie in Kapitel 11. Vorläufig nehmen Sie der Einfachheit halber Ihre 24 Steine und suchen die heraus, die „keinen Wert 3" tragen. Sie haben somit ein Mini-Trioker, bei dem nur die Werte 0, 1 und 2 vorkommen. Ihr Mini-Trioker wird durch folgende Zahlenkombina-tionen gebildet:

000	001	002	012	021
111	112	110		
222	220	221		

Diese elf Steine haben:
elf Ecken mit 0
elf Ecken mit 1
elf Ecken mit 2

Sie können bereits wichtige Beobachtungen machen. Jeder Tripelstein wird von *zwei* Doppelsteinen beglei-tet (nicht von *drei* Doppelsteinen wie in Ihrem Trioker). Folglich wird es *niemals* ein Tripel einer „Gruppe" geben, das drei Doppelsteine besitzt usw.

A
B
C
D
E
F
G
H
I
J
K
L
M
N
O
P
Q
R
S
4
T
U
V

Zu diesem Mini-Trioker werden nun Überlegungsbei-
spiele genau erläutert. In Tafel 7.11, von A bis V, sind
22 verschiedene Formen, die maximal 11 Steine um-
fassen, dargestellt. Vor Verwirklichung einer jeden
Form hat man sich die Frage zu stellen, ob eine korrek-
te Zusammensetzung von Mini-Triokersteinen für diese
Form überhaupt durchführbar ist.
Die zweite Frage wird lauten:
„Wenn nein, warum nicht? Wenn ja, wieviele verschiedene Lösungen sind möglich?"
Zu den Formen der Tafel 7.11 werden nun Überlegungs-
beispiele angeführt, einige vollständig, manche sind noch
zu vervollständigen.

7.F1 Zu A, dem einfachen regelmäßigen Sechseck: es
ist leicht herzustellen, wenn man 6 der gerade besprochenen 11 Steine auswählt. Doch gibt es *sechs* und nur
sechs verschiedene Lösungen. Wieso?
B, die lineare Folge zu 11 Steinen ist einfach.
Es ist unmöglich, die Zuckerdose C zu verwirklichen
(unser Freund Professor Stanislas Ulam war der Erste,
der sie als „abgeschnittenen Stern" bezeichnet hat);
sie verdient es, genauer als Überlegungsbeispiel behan-
delt zu werden.

7.F2 Die Form der Zuckerdose vereint:

6 Ecken in G,
4 Ecken in F, C, D, H,
3 Ecken in K und L,
5 Ecken bleiben isoliert (Bild 7.12).

7.12

Überprüfen Sie, es gibt $6 + (4 \times 4) + (3 \times 2) + 5 = 33$
Ecken.
Wenn die Ecke eines Tripelsteines in G liegt, so müssen
die beiden anderen Ecken dieses Wertes mit den **an-
schließenden** Eckenwerten des in G zentrierten Sechsecks zusammenpassen.
Kann der Tripelstein:
— auf das Feld GKL gesetzt werden? Zu demselben
Wert werden dann 6 Ecken in dem Knoten G vereint,
3 Ecken in K und 3 in L — wir haben aber nicht mehr
als 11 Ecken zu ein und demselben Wert.
— auf das Feld GKF gesetzt werden? Ebenfalls „nein"
und zwar mit ähnlicher Begründung.
Folglich kann an dem Knoten G kein Tripel teilhaben.
Können in G 6 Ecken gleichen Wertes zusammentreffen, *ohne* daß ein Tripel vorkommt?

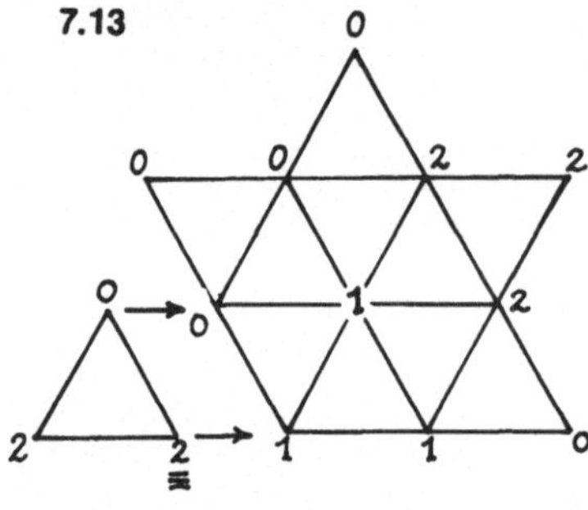

7.13

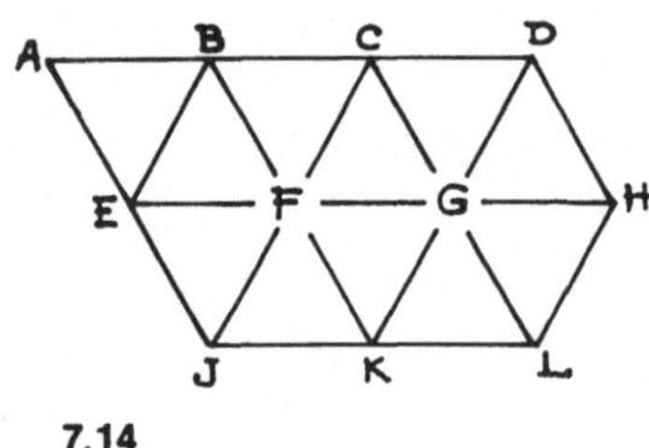

7.14

Es werden dann $11 - 6 = 5$ Ecken mit diesem Wert übrig bleiben, davon gehören 3 zum Tripel. Aber kein Dreiecksfeld der Zuckerdose C erlaubt es, **weniger** als 8 Ecken zu beteiligen. Folglich ist keine Lösung möglich.

Der Vorteil dieser Schlußfolgerung wird in Bild 7.13 besonders deutlich, 10 der 11 Mini-Triokersteine sind korrekt zusammengesetzt. Es liegt *allein* an einem *einzigen* Punkt auf einer *einzigen* Ecke eines *einzigen* Steines, dieses Puzzle zu Ende zu führen.

Nehmen wir an, daß Ihnen durch einfaches Probieren die Bildung von Figur 7.13 geglückt ist, so würden Sie sicherlich mit großer Ausdauer versuchen, diese auch zu vollenden — und das ist unmöglich!

Betrachten Sie lieber die folgende Übung:

7.F3 Untersuchen Sie mit den gleichen 11 Steinen das Fünfeck D in Tafel 7.11 (und Bild 7.14).

Der *gleiche* Wert kann nicht gleichzeitig in F und G auftreten. (Man benötigt 12 Ecken zu einem Wert; es gibt aber nur 11.)

Also sind für F und G zwei verschiedene Werte notwendig. Das Tripel zum dritten Wert muß sich zwangsläufig am Platz ABE befinden. In nachstehender Tabelle sind unsere Kenntnisse zusammengefaßt:

	Wert **0**	Wert **1**	Wert **2**
2 Knoten mit 6 Ecken	1 (G)	1 (F)	0
4 Knoten mit 3 Ecken			2, (B, E)
4 Knoten mit 2 Ecken			
1 isolierte Ecke	0	0	1

Der Tripelstein, der an dem Punkt F teilhat, darf die Punkte B, E und G nicht beinhalten. Der einzig mögliche Platz ist das Feld FKJ. Beschließt man, dort das Einsertripel zu setzen, so ergibt sich:

	Wert **0**	Wert **1**	Wert **2**
(6 Ecken)	1	1	0
(3 Ecken)		1	2
(2 Ecken)		1	
(1 Ecke)	0	0	1

Zum Wert 0 gehören noch 5 Ecken, die auf die Knoten
mit 3 und mit 2 Ecken zu verteilen sind. Somit erhält
man:

	Wert 0	Wert 1	Wert 2
(6)	1	1	0
(3)	1	1	2
(2)	1	1	2
(1)	0	0	1

Die 11 Ecken „2" sind zu (2 × 3) und (2 × 2) zusammengefaßt, eine Ecke ist isoliert. Die vorangehende
Tafel umfaßt insgesamt:

Zweimal 6 Ecken   (12)
Viermal 3 Ecken   (12)
Viermal 2 Ecken   (8)
Eine isolierte Ecke   (1)
                             33

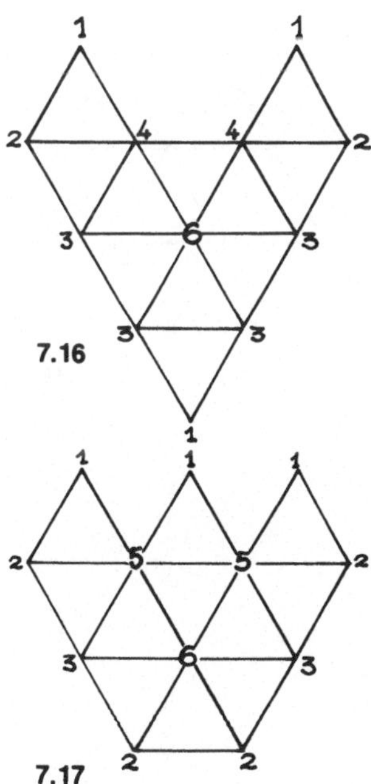

7.15

Jetzt ist die Zusammensetzung einfach (Bild 7.15),
und man kann zusätzliche Fragen berücksichtigen:
„Wieviele verschiedene Lösungen sind möglich?".
Wir haben gesehen, daß die Eckenwerte 0, 1, und 2
symmetrisch auf die 11 Mini-Triokersteine verteilt
sind. Folglich können die Tripelsteine 000, 111 und
222 permutiert werden: es gibt insgesamt *sechs* verschiedene Lösungen für das „Fünfeck D".

7.F4 Sie erkennen, um wieviel rascher Sie nun die
anderen Formen mit 11 Steinen — es sind stets Ihre
Mini-Trioker-Elemente gemeint — beurteilen können.
Die Fußgängerbrücke E, der Kamm H, die Taucher-
kugel J, sie alle sind einfach. Zwei sehr ähnliche Figuren aber sind genauer zu betrachten.

7.F5 Nämlich der Wolf (Bild 7.16) und die Krone
(Bild 7.17). Die Anzahl der jeweils vereinigten Ecken
sind in den beiden Abbildungen angegeben.
Einer der Tripelsteine muß am Zentrum, das 6 Ecken
vereint, teilnehmen (falls notwendig, schauen Sie auf
Seite 53 nach). Diese Angabe erlaubt sofort die Schlußfolgerung, daß der Wolf unmöglich ist: das Tripel muß
mindestens an 6 + 3 + 3 = 12 Ecken teilhaben.

Andererseits läßt uns diese Angabe hoffen, daß die Krone zustande gebracht werden kann, beispielsweise dadurch, daß ein Tripelstein mit $6 + 2 + 2 = 10$ gesetzt wird. Deshalb werden Sie versuchen, den unteren Teil der Krone durch ein Tripel Ihres Mini-Trioker zu bilden.

7.F6 Um die Mini-Triokerbeispiele abzuschließen, weise ich ohne weiteren Kommentar daraufhin, daß das Papierschiff I und der Hasenkopf L (von Tafel 7.11) unmöglich sind. Beachten Sie, daß das Bild S, die Zahl „6" im Inneren ein leeres Feld einschließt. Doch ist es selbstverständlich, daß die vier Ecken der Steine, die in „4" zusammentreffen, gleiche Werte aufweisen müssen.
Zum Schluß zeigt uns das Fragezeichen: Bild U eine Variante, die in bestimmten Puzzles zulässig ist: entfernt man einen Stein etwas von der Form, so kann diese dadurch anschaulicher gemacht werden. Selbstverständlich muß der elfte Stein, der im unteren Teil von Figur U den „Punkt" bildet, solche Werte haben, daß er mit dem darüberliegendem Stein zusammengesetzt werden „könnte".

7.G Puzzles mit 12 ausgewählten Steinen

Eine andere beachtenswerte Untermenge: jene 12 Steine, von denen **jeder** mindestens fünf Punkte trägt.
Bestimmen Sie diese Steine und zeigen Sie, daß Sie

15 Ecken mit dem Wert 3
12 Ecken mit dem Wert 2
 6 Ecken mit dem Wert 1
 3 Ecken mit dem Wert 0 haben.

7.G1 Versuchen Sie zum Beispiel, diese 36 Ecken zu einem Stern zusammenzufügen: (Bild 7.18)

1 Zentrum mit 6 Ecken
6 Knoten mit 4 Ecken
6 isolierte Ecken

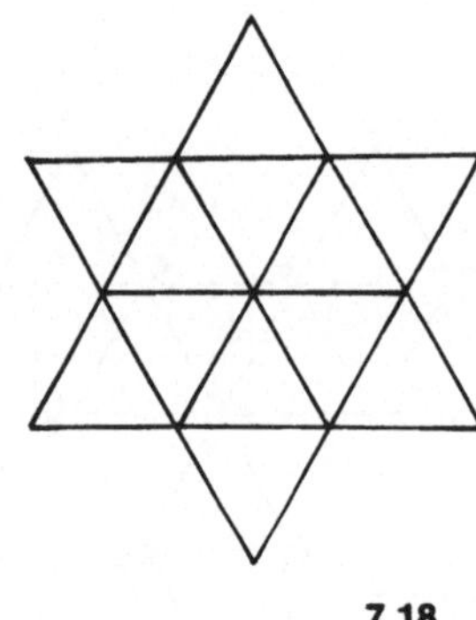

7.18

Es ist offensichtlich, daß sich die Eckenwerte 0 nicht woanders als an den isolierten Knoten befinden können. Sie müssen das einzig mögliche Verteilungsschema aufstellen:

	Wert 3	Wert 2	Wert 1	Wert 0
Zentrum mit 6	1			
6 Knoten mit 4	2	3	1	
6 isolierte Ecken	1		2	3

– und Sie haben zu zeigen, daß die gefundene *einzig* mögliche Verteilung mit der Form unvereinbar ist. Beachten Sie, daß Ihnen eine Verteilungstafel Lösungen liefern kann (wie in 7.F3), aber nicht muß. Denn hier können Sie mit Hilfe der Verteilungstafel sofort beweisen, daß jede Lösung undurchführbar ist. Mit anderen Worten, die Verteilungstafel muß notwendigerweise aufgestellt werden; ihre Existenz allein genügt aber nicht zum Beweis, daß eine Lösung existiert.

7.G2 Die angeführte Untermenge zu 12 Steinen kann Ihnen die Bildung einer Vielzahl von Formen (s. Seite 52) ermöglichen, wenn Sie dabei jedesmal die Zusammensetzung überdenken.

7.G3 Das Reizvolle dieser Untermenge ist vor allem darauf zurückzuführen, daß Ihr Trioker eine zweite, zu dieser ersten vollkommen symmetrische Untermenge umfaßt: nämlich die Untermenge der „12 Steine, von denen jeder nicht mehr als vier Punkte hat". Die Nachbildung eines ersten Puzzles ist somit möglich. Die Lösung stützt sich darauf, daß die Form bestehend aus 15 Ecken mit dem Wert 3, 12 Ecken mit dem Wert 2 usf. in eine zweite identische Form, die sich aus den 12 Reststeinen mit 15 Ecken mit dem Wert 0, 12 Ecken mit dem Wert 1 usf. zusammensetzt, umgewandelt werden kann.
Vielleicht sollten Sie sich das Kapitel „Systematik der Puzzles" (Seite 49) wieder durchsehen?

7.H Puzzles mit 13 ausgewählten Steinen

In Ihrem Spiel ist eine Untermenge mit 13 Elementen recht interessant.

7.H1 Sie kennen sie bereits, denn es handelt sich um jene Steine, die beiseite gelassen wurden, als Sie die „Untermenge zu 11 Elementen ohne 3", Mini-Trioker genannt, gebildet haben (Seite 57).
Im Gegensatz dazu handelt es sich hier um die „13 Steine, von denen jeder mindestens einmal den Wert drei trägt". Zeigen Sie, daß Sie bei den 13 ausgewählten Steinen 18 Ecken mit dem Wert 3 und 7 Ecken zu jedem der Werte 2, 1 und 0 haben.

7.H2 Können Sie mit diesen Steinen das unregelmäßige Sechseck von Bild 7.19 bilden?
Wie Sie es mittlerweile gewohnt sind, muß zuerst die Zahl der Ecken, die in jedem Knoten der Figur vereinigt sind, betrachtet werden.

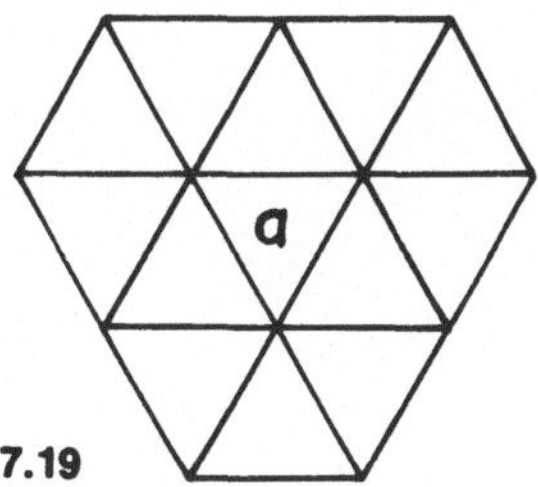

7.19

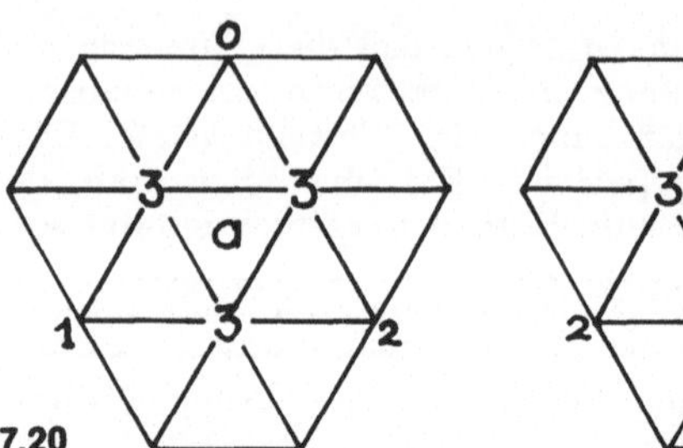

7.20

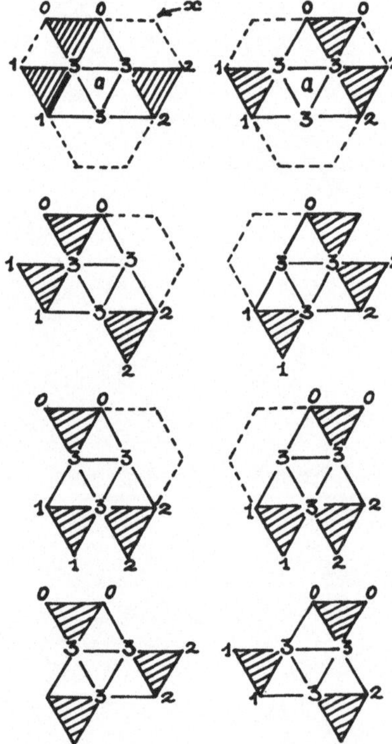

Das Zentralfeld „a" des Blocks muß zwangsläufig den 333-Stein erhalten — d.h. die 18 Eckenwerte 3 liegen im Inneren des Blocks. Folglich werden die Doppelsteine das Tripel umgeben — es gibt für das innere Dreieck, bestehend aus vier Steinen, zwei mögliche Anordnungen (Bild 7.20).

Mit dem Dreieck, das links dargestellt ist, können die acht verschiedenen Lösungsentwürfe von Bild 7.21 erzeugt werden. Die Schraffierung zeigt die Plazierung der „Doppelsteine ungleich drei an". Doch nur sechs der asymmetrischen Lösungsskizzen können zu einem „hexagonalen Block mit 13 Steinen" vollendet werden.

Setzen Sie Ihre Überlegungen, die Sie mittlerweile beherrschen, fort und Sie kommen zu dem Schluß, daß *zwölf* verschiedene Lösungen dieses Blocks zu 13 Steinen mit einem ausgewählten Wert existieren. Um die Lösung zu definieren, hat J. Sauvy [34] die Knoten mit ihrer Eckenzahl bezeichnet und jene des Umrisses aufgeschrieben.

Zum Beispiel kann die Lösung von Bild 7.22 in der Form

$$0 - 1 - 2 - 2 - 0 - 2 - 1 - 1 - 0$$

geschrieben werden.

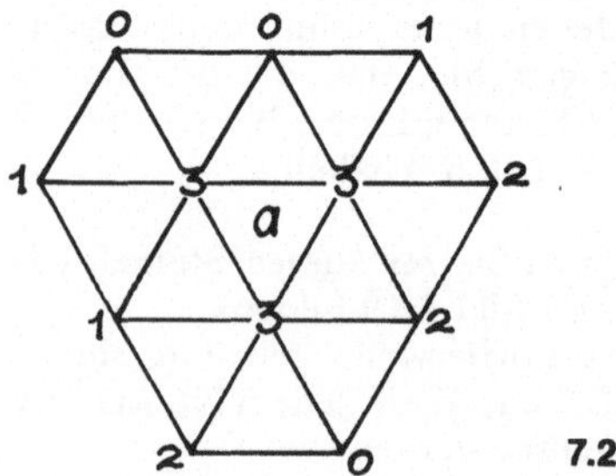

7.22

64

7.H3 Bild 7.23 zeigt Ihnen abschließend zur gleichen Untermenge verschiedene Formen mit je 13 Steinen. Die Puzzles von A bis D sind Ihnen zum Selbststudium überlassen!

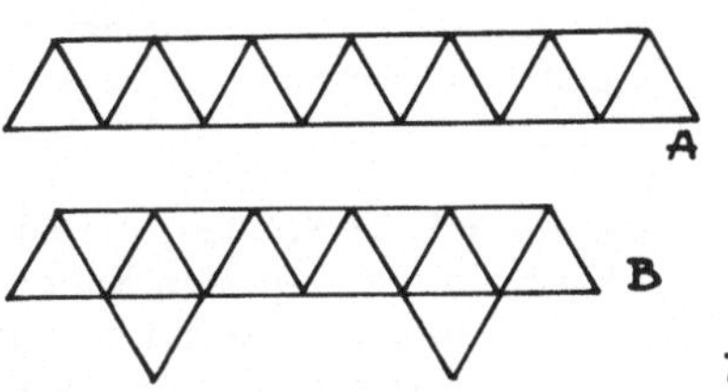
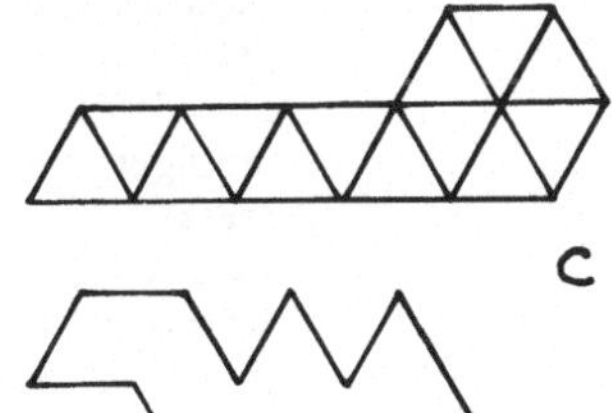

7.23

7.I Puzzles mit mehr als 13 Steinen

Bei Puzzles, die eine größere Stückzahl vereinen, besteht das Geheimnis darin, Grundformen „aufzuspüren", die nützlich sein werden: Beispielsweise für den hexagonalen Block mit 13 Elementen, oder auch ein Parallelogramm, oder eine „Folge" oder … Sie sehen zum Beispiel in Bild 7.24 drei „Pfeifen" zu je 24 Steinen. Wenn Sie eine dieser Puzzlekonstruktionen rein zufällig auseinandernehmen, müssen Sie bei einer neuerlichen Zusammensetzung mit ernsthaften Schwierigkeiten rechnen.

Sind Sie jedoch so schlau zu erkennen, daß es zwei Grundformen gibt, nämlich:

— einen Block zu 13 Steinen (den Sie seit Abschnitt 7.H2 perfekt beherrschen)
— eine Folge zu 11 Steinen (die Sie von Abschnitt 7.F her gut kennen)

wird es Ihnen sehr rasch gelingen, das Puzzle wieder zu vollenden. Mit Hilfe der Symmetrien des Dreizehner-Blocks (den Sie drehen können) und der Elfer-Folge

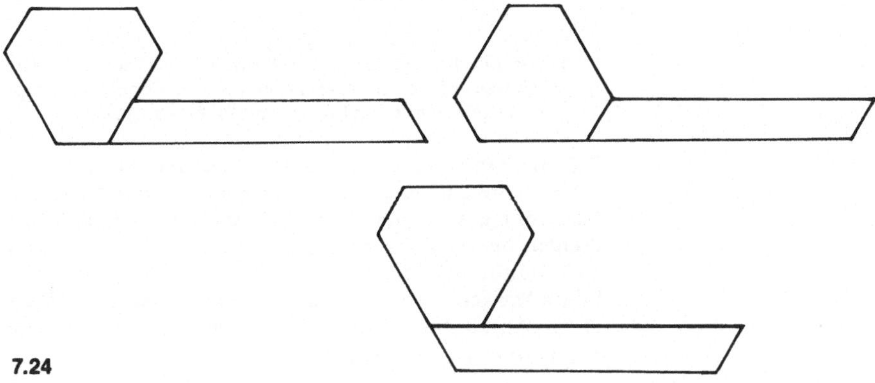

7.24

(die Sie umdrehen können) werden Sie kaum Schwierigkeiten haben, die beiden zu vereinen. Es steht Ihnen frei,
sich selbst von vornherein bestimmte Werte vorzugeben;
zum Beispiel: der Pfeifenkopf soll durch lauter Nullen
gebildet werden, usw.

Die Zerlegung einer Puzzleform ist im Allgemeinen
weniger einleuchtend, doch der Versuch lohnt sich
stets.

Betrachten Sie Bild 7.25.

Verwirklichen Sie einen Block mit 13 Steinen, die alle
den Wert 3 aufweisen. An jeder der drei großen Kanten
wird es *stets* einen Doppelrand (**00, 11** und **22**) geben:
Bild 7.22 zeigt Ihnen eine der 12 verschiedenen Lösungen.

Folglich können Sie an den Block die 3 Tripelsteine
000, 111 und **222** anfügen. Über die restlichen Triokersteine werden Sie (fast) nicht nachdenken müssen, um
das große Dreieck mit 24 Steinen (Bild 7.26) zu erzeugen. Sie selbst werden es vielleicht mit dem 25. Stein,
dem Joker vervollständigen, indem sie ihn zu der Kante
z-y hinzufügen.

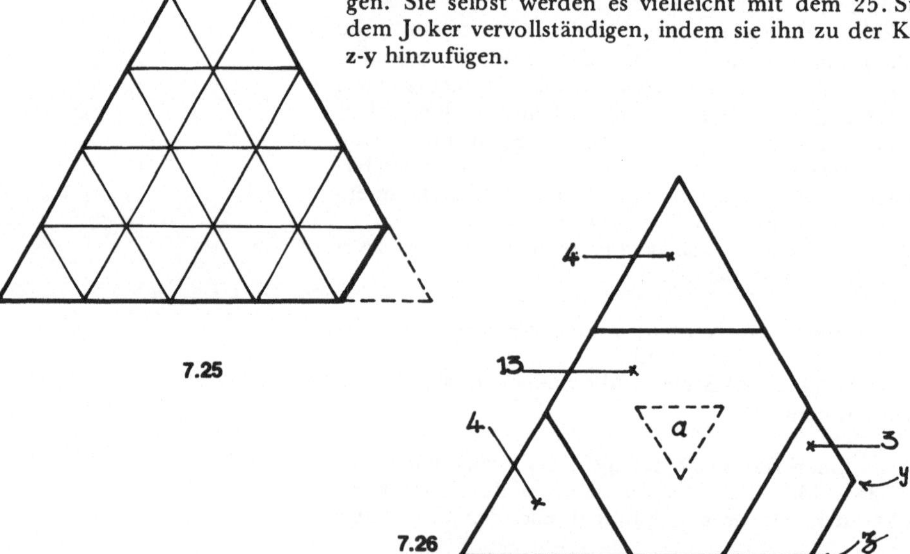

7.25

7.26 Zur Beachtung: der innere Block mit 13 Steinen: 4 Dreiecke zu 4 Steinen, angeordnet um ein Tripel; das Trapez
   zu 3 Steinen mit den Ecken z und y für den Joker.

7.J Sie haben jetzt die wesentlichen Gedanken zur logischen Untersuchung von Triokerpuzzles kennengelernt.
Ist damit gesagt, daß diese Bemühungen lediglich dazu
dienen, besser Trioker zu spielen? Lassen Sie uns hoffen,
daß bestimmte der angeschnittenen Überlegungen —
besonders jene, die Sie selbst entwickelt haben, — Ihnen
einen Anreiz bieten, die verschiedenartigsten Probleme
des Trioker zu „mathematisieren".

66

8 Eine Fundgrube für Beispiele (und Puzzles...)

Nun, nachdem Sie grundlegende Beispiele kennengelernt haben, erhalten Sie in diesem Kapitel eine umfassende Zusammenstellung von Übungen. Es werden zwei Übungslisten angeführt, die beispielsweise jederzeit für Gymnasiasten von zehn bis dreizehn Jahren verwendbar sind — durch sie haben wir viel gelernt, obschon wir über dieses Alter längst hinaus sind.

● **Liste Nr. 1** (Seite 68) definiert Untermengen der Triokermenge entsprechend ihrer Mächtigkeit. Jede dieser Untermengen kann als Ausgangspunkt logischer Überlegungen folgender Art angesehen werden:
„Kann man mit einem Teil oder mit allen Elementen der ausgewählten Untermenge eine Form bilden, in der die Steine richtig zusammengesetzt sind? Wenn ja, wieviele Lösungen gibt es? Wenn nein, warum nicht?

● **Liste Nr. 2** (Seite 71) ruft eine bestimmte Anzahl von Formen in Erinnerung; man wählt davon eine oder mehrere für jede Übung aus.
Die Lösungen sind vollständig oder teilweise auf Seite 170, manchmal mit Hinweisen auf ergänzende Ausführungen angegeben.
Liste 1 ist entsprechend der zunehmenden Stückzahl, vom Minimum 4 ausgehend bis zu 20 und mehr geordnet.
Das ▶ Zeichen am Rand weist daraufhin, daß die definierte Menge, durch die Wahl von Untermengen auf logisch besonders interessante Schlußfolgerungen führt.
Im allgemeinen gilt, daß die Übungen zu den Untermengen, die bis zu 6 oder 8 Elemente beinhalten, rasch durchgeführt werden können; bei mehr als 8 Steinen sind die Überlegungen manchmal recht langwierig.
Manche bedürfen einer besonderen Ausarbeitung: es handelt sich dabei um die Untermengen von 8 H, 11 A, 12 B, 13 und 20.

Wählen Sie eine der angegebenen Untermengen und gehen Sie anschließend zur Liste 2 (Seite 71).

Liste 1

Untermengen mit 4 Elementen

* 8. 4.A Die Elemente, deren Ecken nur ungerade Werte haben.
* 8. 4.B Die Elemente, deren Produkt der drei Eckenwerte ungerade ist.
* 8. 4.C Die Elemente, deren Eckenwertsumme nicht größer als 2 ist.
* 8. 4.D Die Elemente, deren Eckenwertsumme gleich 5 ist.
* 8. 4.E Die Elemente, die in einer gleichen Spalte (s. Seite 9, Tafel der logischen Anordnung) angeordnet sind.
  8. 4.F Die Elemente, die sich logisch zu einem Quadrat anordnen lassen, zum Beispiel:

$$\begin{array}{ccc} 000 - 001 & & 012 - 021 \\ | \quad\quad | & \text{oder ebenso} & | \quad\quad | \\ 111 - 112 & & 123 - 132 \end{array}$$

* 8. 4.G Vier aufeinanderfolgende Elemente aus einer Zeile der logischen Anordnung.
* 8. 4.H Die Elemente, die zwei ausgewählte Werte jeweils einmal tragen.
* 8. 4.I Die Elemente, deren drei Eckenwerte die Längen der Seiten eines ungleichseitigen Dreiecks angeben könnten.
* 8. 4.J Die Elemente, die einen regelmäßigen Tetraeder überdecken können.
► * 8. 4.K Die Elemente, die ein „Micro-Trioker" bilden, bei dem die verschiedenen Dreiecke an jeder Ecke einen von zwei möglichen Werten annehmen.

Untermengen mit 5 Elementen

* 8. 5.A Die Menge, die durch *einen* ausgewählten Einfachstein erzeugt wird, indem man die vier anderen Einfachsteine, die mit dem ersten jeweils ein Zweierpuzzler ermöglichen, hinzunimmt.
* 8. 5.B Fünf Elemente, die innerhalb der logischen Ordnung ein schräggestelltes Kreuz bilden: zum Beispiel:

$$\begin{array}{ccc} 001 & & 003 \\ & \searrow 113 \swarrow & \\ 223 & & 221 \end{array}$$

* 8. 5.C Fünf aneinandergrenzende Elemente innerhalb einer Ordnungszeile.

68

Untermengen mit 6 Elementen

* 8. 6.A   Die Elemente, die jeweils zwei ausgewählte Werte tragen.
▶ * 8. 6.B   Die Monosteine, die jeweils *einen* ausgewählten Wert haben.
* 8. 6.C   Die Elemente, die aus den einzelnen Ordnungsspalten auf Grund ihrer kleinsten Eckenwertsumme herausgesucht werden.
* 8. 6.D   Die Elemente mit gerader Eckenwertsumme, die mindestens einmal den Wert 1 haben.
* 8. 6.E   Die Elemente, deren Eckenwertsumme höchstens 5 beträgt und die den Wert 1 nicht haben.
▶ * 8. 6.F   Sechs Elemente, die aus den einzelnen Ordnungsspalten so ausgewählt werden, daß sie zu einem Sechseck zusammengesetzt werden können. (s. Seite 53)
▶ * 8. 6.G   Die Elemente, die sich in einer Ordnungszeile befinden.

Untermengen mit 7 Elementen

* 8. 7.A   Ein *Monostein* und solche *Doppelsteine*, die an ihn jeweils gesondert angefügt werden können.
  8. 7.B   Elemente, deren Eckenwertsumme nicht grösser als 6 ist und die keine 0 aufweisen.
  8. 7.C   Elemente, deren Eckenwertsumme nicht grösser als 4 ist und die den Eckenwert 2 nicht aufweisen.
  8. 7.D   Elemente, deren Produkt der drei Eckenwerte *ungleich Null* und *gerade* ist.

Untermengen mit 8 Elementen

* 8. 8.A   Elemente, die jeweils zwei und nur zwei ungerade Eckenwerte haben.
  8. 8.B   Elemente, die entweder einen einzigen Eckenwert 0 *oder* einen einzigen Eckenwert 1 haben.
* 8. 8.C   Elemente, deren Eckensumme nicht größer als 5 ist und von denen ein jedes mindestens einmal den Eckenwert 2 hat.
* 8. 8.D   Elemente, die aus zwei Ordnungsspalten entnommen werden.
* 8. 8.E   Elemente, die auf einem regelmäßigen Oktaeder korrekt zusammengesetzt werden können.
* 8. 8.F   Elemente, die jeweils mit einem ausgewählten Doppelstein zu einem Zweier-Puzzle zusammengesetzt werden können.

* 8. 8.G Elemente, deren „Schwerpunkt" sich zwar im Inneren des Dreieckes, aber nicht im Mittelpunkt befindet. (Man geht von dem Gedanken aus, daß die Masse eines Dreieckes selbst vernachlässigbar ist, aber die Werte an den Ecken Massepunkte verkörpern. Warum eigentlich?)

► * 8. 8.H Alle Elemente, die jeweils drei verschiedene Eckenwerte tragen.

Untermengen mit 9 Elementen

* 8. 9.A Elemente, von denen ein jedes an einer einzigen Ecke einen bestimmten ausgewählten Wert, z.B. 3 trägt.

* 8. 9.B Elemente, für die das Produkt der beiden größten Werte ungerade ist.

* 8. 9.C Elemente, deren Schwerpunkt auf einer Kante liegt.

  8. 9.D Elemente, für die die Summe der Eckenwertquadrate kleiner als 10 ist.

Untermengen mit 10 Elementen

8.10.A Elemente, für deren Eckenwertsumme S folgendes gilt: $2 \leqslant S \leqslant 4$.

8.10.B Elemente mit einer Eckenwertsumme, die nicht größer als 5 ist und in der der Summand 3 nicht auftritt.

```
001  002  003  012
112            123
223  220  221  230
```

* 8.10.C Elemente, die in der Ordnungstafel wie die Seiten eines Rechteckes angeordnet sind.

Untermengen mit 11 Elementen

► * 8.11.A Elemente, die alle Werte außer einem tragen — z.B. ohne den Wert 3.

* 8.11.B Elemente, für die das Produkt der beiden größten Werte ungleich Null und *gerade* ist.

Untermengen mit 12 Elementen

* 8.12.A Elemente mit *gerader* Eckenwertsumme.

► * 8.12.B Elemente mit insgesamt höchstens 4 Punkten.

* 8.12.C Elemente aus zwei Ordnungszeilen.

* 8.12.D Elemente aus drei Ordnungsspalten.

8.12.E Elemente, deren Eckenwertsumme eine Primzahl ist.

8.12.F Elemente mit mindestens zwei ungeraden Eckenwerten.

* 8.12.G Elemente, für die gilt, daß das Produkt der beiden größten Eckenwerte durch 3 teilbar ist.

* **8.12.H** Elemente, die an ein oder zwei Ecken den Wert 3 haben.

Untermengen mit mehr als 12 Elementen

▶ * **8.13** Elemente, die mindestens eine Ecke mit einem bestimmten Wert haben.

    8.14 Elemente, die jeweils einen größten Wert haben, der sich von den beiden anderen unterscheidet.

    8.15 Elemente, die insgesamt mindestens 4 und höchstens 8 Punkte haben.

* **8.16.A** Elemente, die in der Ordnungstafel ein „Quadrat" ausfüllen.

* **8.16.B** Elemente, die mindestens zwei Ecken mit gleichem Wert haben.

* **8.17** Elemente, die an einer Ecke mindestens den Summenwert der beiden anderen Ecken tragen.

    8.18 Elemente aus drei Ordnungszeilen.

    8.19 Elemente, deren Gesamtwert zwischen 1 und einschließlich 6 liegt.

▶ * **8.20** Elemente, die auf einem regelmäßigen Ikosaeder richtig zusammengesetzt werden können (s. S. 82).

002	003	012	021
113	110	123	132
220	221	230	203
331	332	301	310

Bei jeder der folgenden Fragen ist es möglich (und oft interessant), eine weitere Frage anzuschließen:
Wenn *ja*, wieviele verschiedene Lösungen gibt es?
Wenn *nein*, warum gibt es keine?

1. Können die N-Elemente richtig (d.h. der Triokerregel gemäß: vereinigte Ecken müssen den gleichen Wert haben) zusammengesetzt werden?

2. Können die N-Elemente richtig zu einer linearen Folge (d.h. einem „einreihigen Streifen") zusammengesetzt werden?

Anmerkung: Diese zwei soeben gestellten Fragen sind die wichtigsten und sind für jede Untermenge zu beantworten.

3. Können (N-1)-Elemente richtig zusammengesetzt werden?
— Zu einer linearen Folge?

4. Wenn N ≥ 4: Können die Elemente zu einem großen Dreieck zusammengefügt werden?

5. Wenn N ≥ 5: Können die Elemente zu einem Sechseck, bzw. zu einer Vorstufe davon (d.h. „mit einer gemeinsamen Ecke") zusammengesetzt werden? (Bild 8.1).

8.1

6. Wenn N ⩾ 6: Können die Elemente zu einem Sechseck, zu einer Pistole, zu einem Diabolo, zu einer Lanzenspitze, zu einem kleinen Schiff etc. (Bild 4.6) zusammengefügt werden?

7. Wenn N ⩾ 7: Ist die Zusammensetzung der Elemente zu einem Hirschkäfer (Bild 8.2) möglich?

8. Wenn N ⩾ 8: Ist die Zusammensetzung zu einem Rechteck (Bild 8.3), zu einem Bumerang (Bild 8.4) möglich?

9. Wenn N ⩾ 9: Ist die Zusammensetzung zu einem großen Dreieck (Bild 8.5), zum Buchstaben „V" (Bild 8.6) etc. möglich?

10. Wenn N ⩾ 10: Ist die Zusammensetzung zu einer Pfeilspitze (Bild 8.7) oder zu einem Rugbyball (Bild 8.8) möglich?

11. Wenn N ⩾ 11: Können die Formen zu je 11 Elementen der Tafel 7.11 (Seite 58) verwirklicht werden?

Es ist besonders interessant, sich das „V" von Bild 8.9 für eine Elfermenge, in der ein bestimmter Eckenwert nicht vorkommt, durchzudenken.

12. Wenn N ⩾ 12: Ist die Zusammensetzung von 12 Elementen zu einem Streifen (Bild 8.10), zu einem Parallelogramm (Bild 8.11), zu einem Köter (Bild 8.12), zu einem Stern (Bild 8.13), zu einem Großbuchstaben „V" (Bild 8.14) etc. möglich?

Siehe Tafel 6.15, Seite 52.

8.2 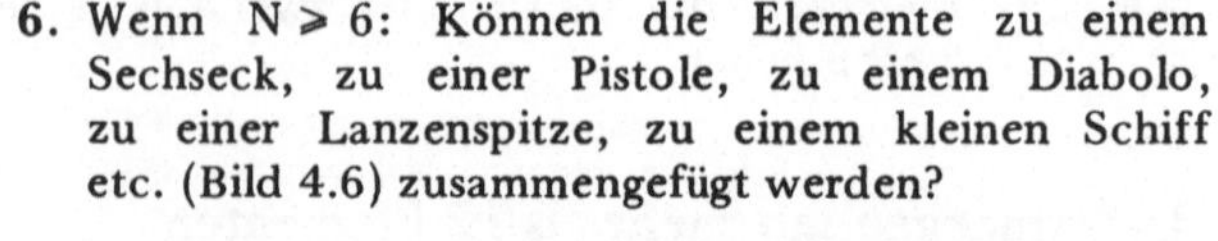

8.3 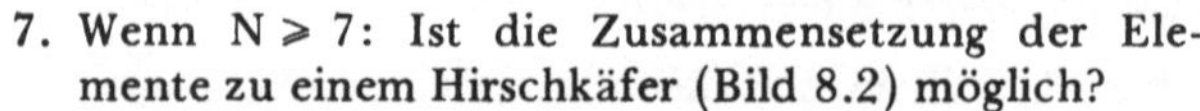

8.4 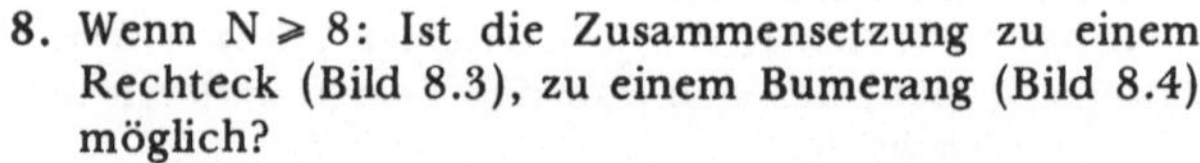

8.5 **8.6** 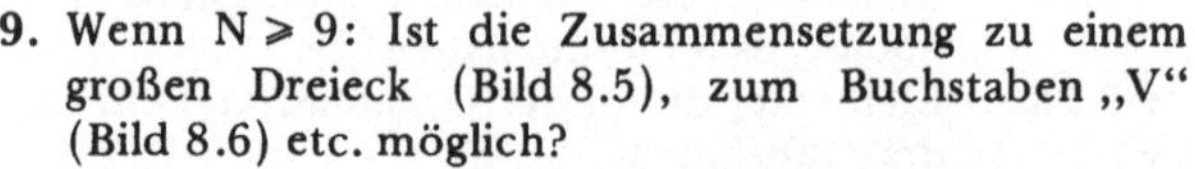

8.7 **8.8** 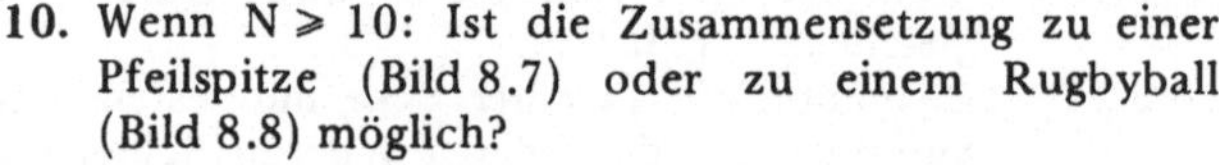

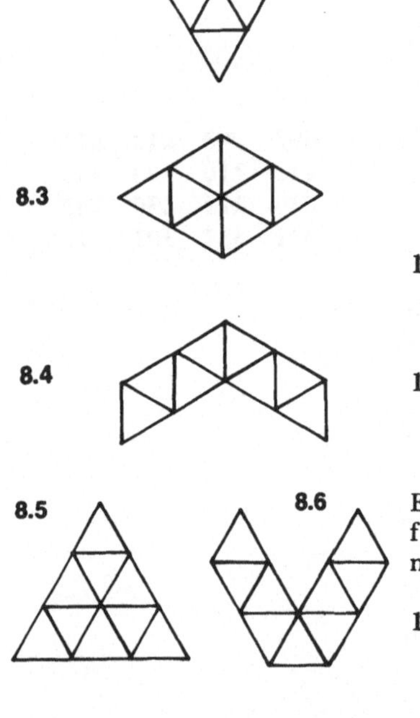

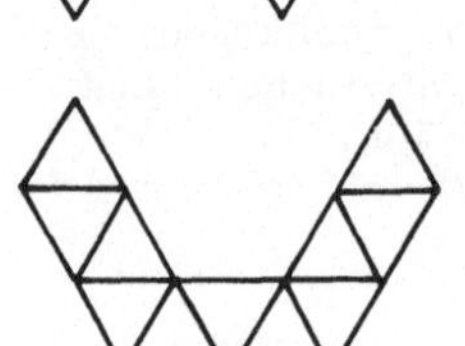

8.9

8.10 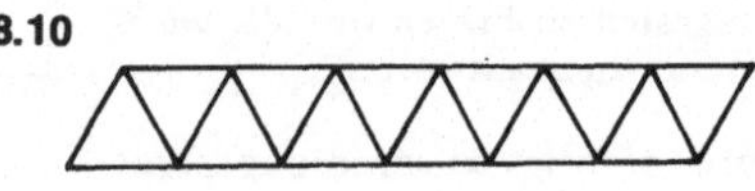

8.11 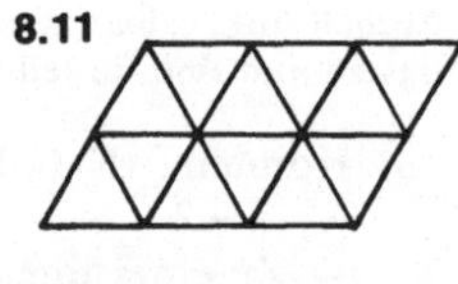

8.12 

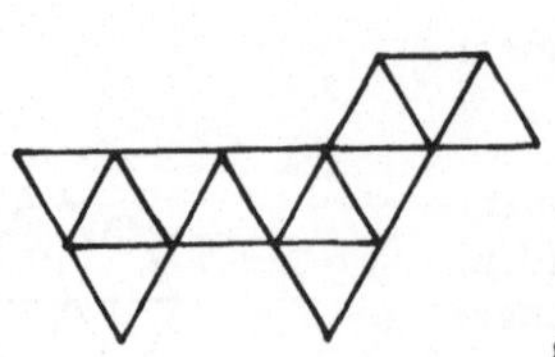

8.13 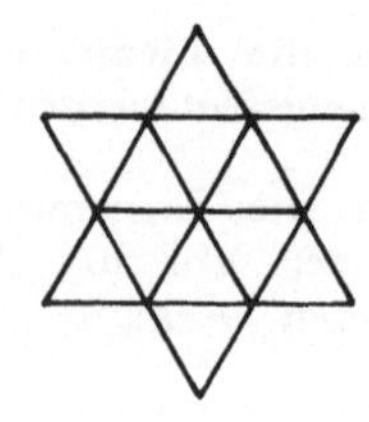

8.14 

9 Auffinden der Gesetze

Üblicherweise werden die Elemente einer Menge nach bestimmten Kriterien aufgeteilt: dies haben Sie mit Ihren Triokersteinen in den Kapiteln 5 bis 8 ausprobiert. In diesem Aufgabenkreis wird der Ordnungsbegriff offenbar vorausgesetzt und angewandt.

Doch verbringt man sein Leben nicht nur mit *Ordnen*. Häufig genug befindet man sich in einer bestimmten *Situation*, ohne die Gesetze oder Regeln, durch die sie herbeigeführt wurde, zu kennen.

Im Laboratorium experimentiert ein Forscher, um ein noch unbekanntes Gesetz eines Phänomens, das ihn interessiert, freizulegen.

Auch im Alltagsleben gibt es Gegebenheiten, die „eben nun mal so sind" — und häufig ist es nützlich nachzuforschen, „**warum** sie so sind". Statt bekannte, ausgewählte Regeln anzuwenden, versucht man, Regeln oder Gesetze zu erkennen.

Stellen Sie sich vor, daß ein zerstreuter Schüler sein Heft vergessen hat. Vergeßlich wie er war, hat er auch vergessen, bei seinen Zeichnungen *das* oder *die* Gesetze anzugeben, die er bildlich dargestellt hat. Nun, da Sie mit den 24 logischen Steinen schon sehr vertraut sind, können Sie *den* oder *die* gewählten Zusammenhänge herausfinden? Bestimmen Sie (selbstverständlich ohne die Steine durchzunumerieren!) die Untermengen! Sie werden sehen, daß unser Schüler Elemente verwendet hat,

— die den Ihrigen vergleichbar sind
— die Triokerelemente, die von Robert Laffont in Paris veröffentlicht wurden; sie haben Punkte an den Ecken,
— die Triokerelemente, die von Joaquin Pla in Gérone herausgegeben worden sind; sie haben Kreisbögen an den Ekken;
— oder auch nur solche, die den üblichen „Namen" tragen.

* 9.1 Was halten Sie von den Untermengen T, D, E?

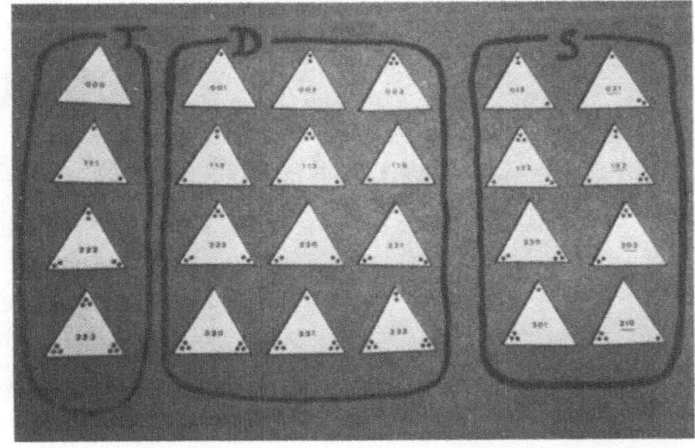

★ 9.2. E = ? F = ?
        H = ? T = ?

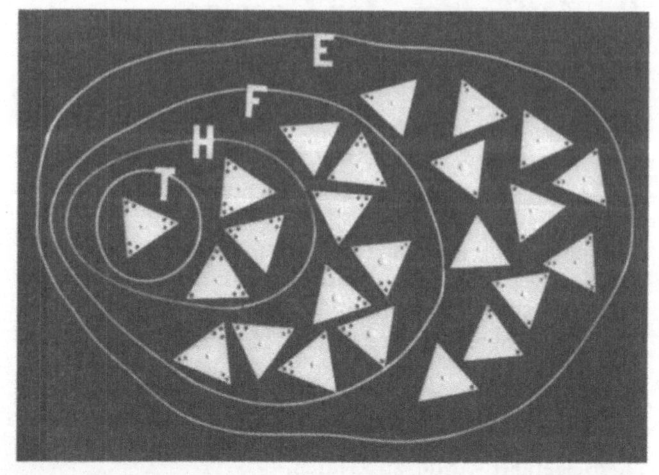

★ 9.3. E = ? H = ?
        F = ? L = ?

★ 9.4. X = ? Y = ?
        Achtung!
        Die Werte an den Ecken
        werden durch die Zahl der
        Kreisbögen angezeigt —
        0 bis 3 klarerweise.

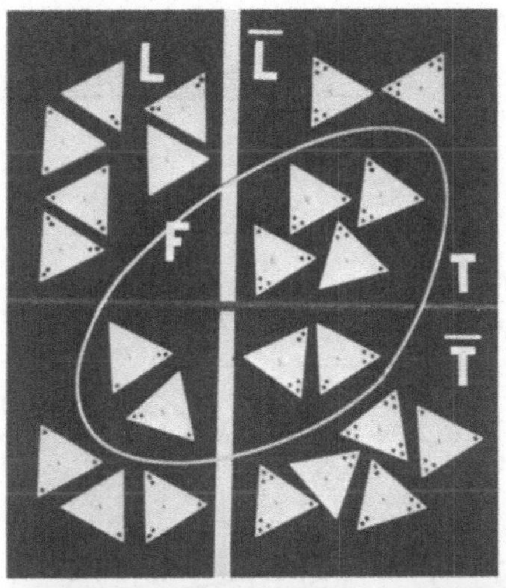

* 9.5 Links oben, L = ?
       Links unten, T = ?
         F = ?

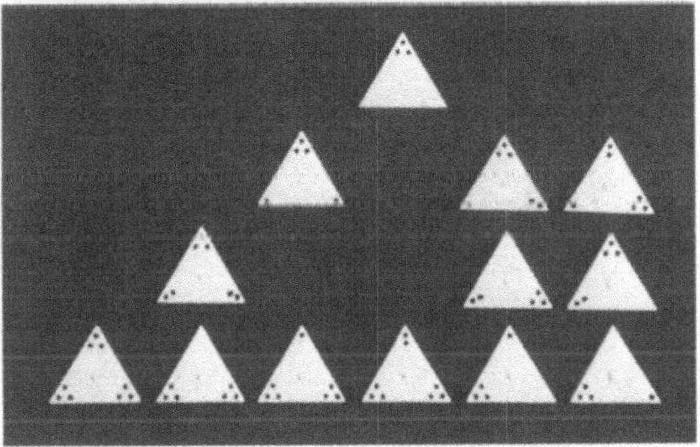

* 9.6 Gibt es eine „Ordnung"? Welche?

* 9.7 Diese Anordnung läßt
       eine Aufteilung der Trioker-
       menge in 10 Klassen ver-
       muten.

333			222				111			000
	332	223			221	112		110	001	
		331	330	113	220	003	002			
			123	230	301	012				
			132	203	310	021				

* 9.8 Welche Bedeutung haben
die Pfeile p und q?
Welches Element ist für
das ?-Element einzusetzen?

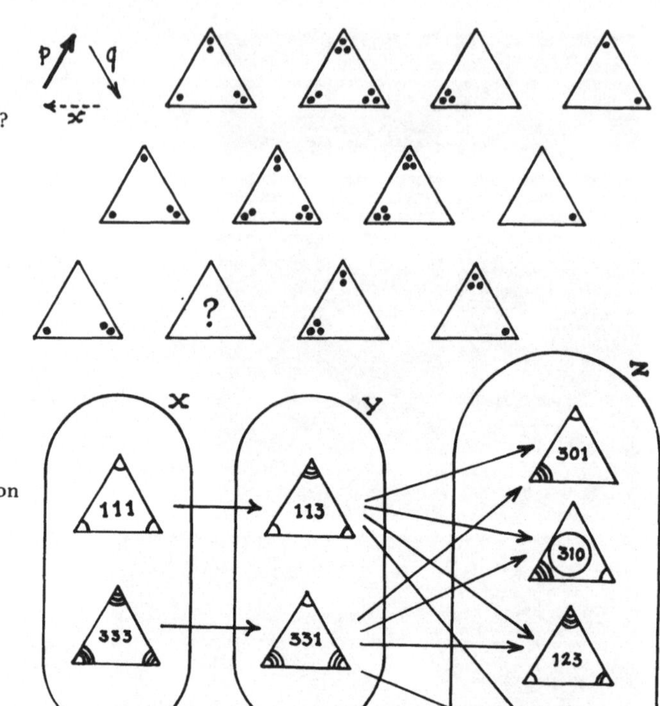

* 9.9 Wie können die
Untermengen X, Y, und Z
beschrieben werden?
Wie kann die Abbildung von
X auf Y und von Y auf Z
charakterisiert werden?

* 9.10 Durch welche Eigenschaften werden die
Untermengen A, B, C und D bestimmt?

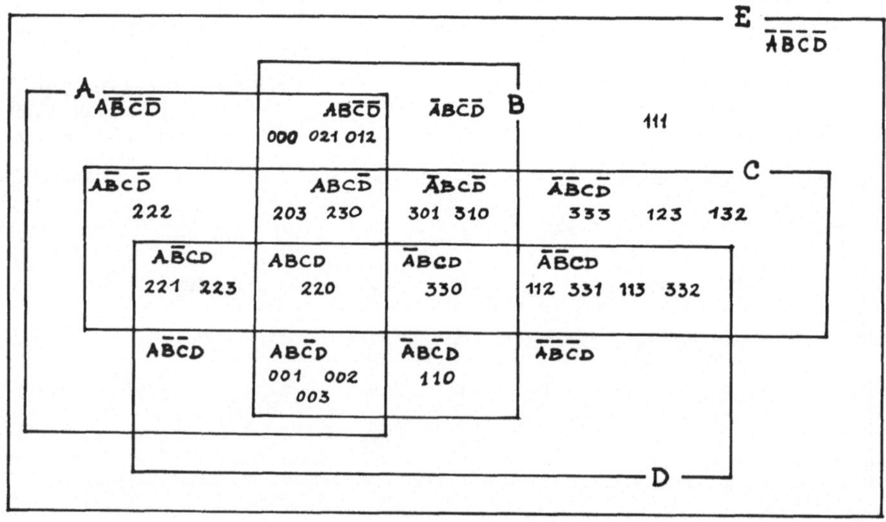

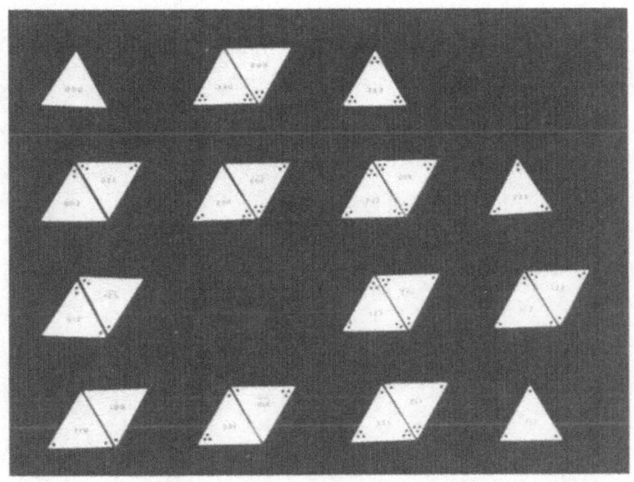

* 9.11 In der Menge der 24 Steine sind 4 Untermengen mit je 13 Elementen zu bestimmen. Wenn Sie die vorangehenden Kapitel gelesen haben, ist es nicht schwer.

* 9.12 Wie interpretieren Sie diesen photographierten „Körper"?

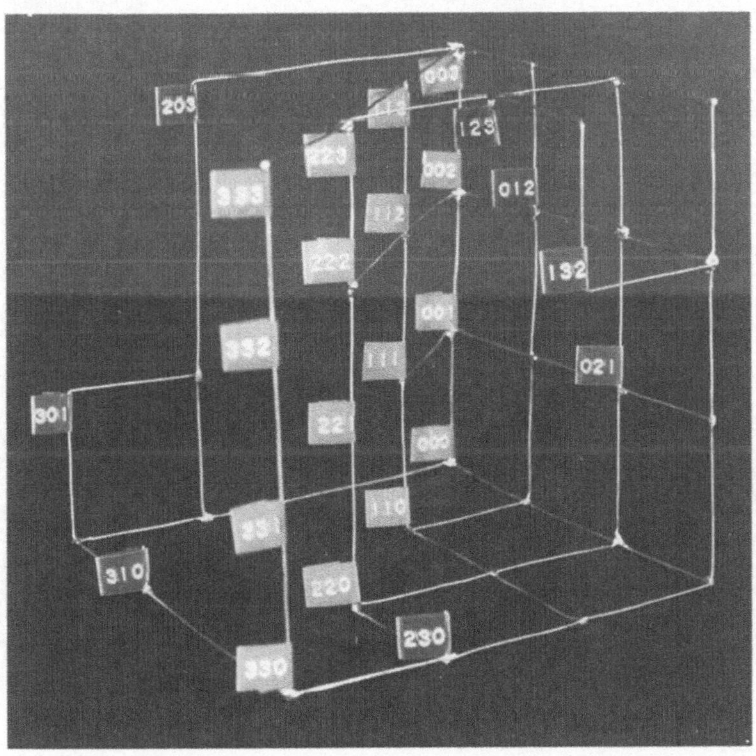

77

Tafel 10.1

10 Trioker auf Polyedern

10.A Nun, da Sie bereits mit den 24 Triokersteinen und ihren Zusammensetzungen *in der Ebene* gut bekannt sind, wissen Sie, wie eine Ebene zu „pflastern" ist. Wissen Sie aber auch, wie ein Polyeder zu überdecken ist?
Die Fragestellung ist interessant, denn es gibt viele „Körper", deren Oberfläche sich aus gleichseitigen Dreiecken zusammensetzen läßt.

10.A.1 Unter den regelmäßigen Polyedern (Tafel 10.1):

Tetraeder
Würfel
Oktaeder
Pentagondodekaeder
Ikosaeder

lassen wir den Würfel (6 Quadratflächen) und den Dodekaeder (12 Fünfeckflächen) beiseite. Wir haben:

den Tetraeder: 4 gleichseitige Dreiecke,
den Oktaeder: 8 gleichseitige Dreiecke,
den Ikosaeder: 20 gleichseitige Dreiecke.

10.A.2 Unter den übrigen Polyedern, von denen es unendlich viele gibt, ist der Anteil jener, die gleichseitige Dreiecksflächen tragen, ohne die Regelmäßigkeit der vorangehenden zu haben, groß. Dies sind zum Beispiel die „Deltaeder" (s. Seite 83), aber es gibt auch solche, die, wie Sie noch sehen werden, von anderen Formen ausgehen. Im weiteren bezeichnet „Fläche" eine gleichseitige Dreiecksfläche.

In Tafel 10.1 sind die neun regelmäßigen Polyeder in Form einer Spirale aufgereiht, zuerst die fünf konvexen Polyeder, ausgehend vom einfachsten, gefolgt von vier sternförmigen, regelmäßigen Polyedern. Die freundliche Genehmigung zum Nachdruck verdanken wir Professor Alan Holden [20].

10.B Konstruktion von Polyedern

Die gesamte Oberfläche eines konvexen Polyeders kann in der Ebene dargestellt werden; die zusammengesetzten Flächen kann man auf einige Arten „abwickeln".
Um einen Polyeder aus dünnem Karton (oder dickem Papier) herzustellen, genügt es, einen Bogen mit allen Flächen und den erforderlichen Einschnitten auszuschneiden; anschließend sind einige Faltungen durchzuführen, zum Schluß wird geklebt — und fertig.
Wir raten Ihnen, sich eine „Schablone" oder ein „Normmodell" in Form eines festen gleichseitigen Dreieckes mit den Abmessungen Ihrer echten Triokersteine anzufertigen (zum Beispiel aus Metall, Holz oder auch festem Karton). Mit dieser Schablone werden Sie die Formen, die in den folgenden Abbildungen (10.2, 10.3, 10.5 ...) ausgearbeitet sind, auf Zeichenpapier übertragen können. Die Schablone wird Ihr „Einheits"-Dreieck sein.
In jeder dieser Abbildungen zeigen die gebogenen Linien Kanten an, d.h. Faltungen sind durchzuführen und zwar möglichst exakt. Sie können rundherum Zacken als Kleberänder vorsehen (diese Zacken werden später unsichtbar sein).
Die Polyeder, die Sie konstruieren, werden umso besser gelingen, je mehr Sorgfalt Sie ihnen widmen. Doch folgen wir hier nicht allein einem Schönheitsideal.

10.C Überdeckung durch gleichseitige Dreiecke

In der Ebene wissen Sie, wie Triokersteine zusammenzusetzen sind: man benötigt *sechs* und nur *sechs* Elemente, um in einem Punkt eine Winkelsumme von 360° zu erhalten und somit die Ebene zu „überdecken". Dies ist auch der Grund, warum Sie gewohnt sind, die Ecken von *sechs* Steinen in einem Punkt zu vereinen: es ergeben sich daraus zahlreiche Formen, aber auch die Grenzen der ebenen Zusammensetzung.
Auf einem vielflächigen Körper können die Zusammensetzungen recht unterschiedlich sein. Zum Studium sind aus Eisen gefertigte Triokerelemente und ein vielflächiges, magnetisches Gestell geeignet [28]. In kürzester Zeit können Sie sich mit den Beispielen auseinandersetzen — oder Sie stellen sich die Körper vor. Dies ist eine ausgezeichnete Übung.
Besprechen wir zuerst den einfachsten Fall: und zwar den regelmäßigen Tetraeder.

10.D Der regelmäßige Tetraeder

Er hat 4 Einheitsflächen (dreieckig, gleichseitig, gleich-
groß), überträgt man diese auf Zeichenpapier, so entsteht
der Körper durch Falten und Kleben. (Bild 10.2)

10.D.1 „Wie kann dieser Polyeder richtig überdeckt
werden?" Entsprechend Bild 10.2 glauben Sie vielleicht, daß dieses Problem trivial ist: es ist schon lange
her, daß Sie gelernt haben, wie man 4 Triokersteine
zu einem Dreieck zusammenfügt! Ein Tripel wird von
3 Doppelsteinen eingeschlossen.
Hier aber sind noch A, B, und C zu vereinigen.
Folglich müssen sie den gleichen Wert haben.
Dazu genauere Fragen:

*** 10.D.2** Welche Ihrer Triokersteine sind auf einem regelmäßigen Tetraeder zusammensetzbar?

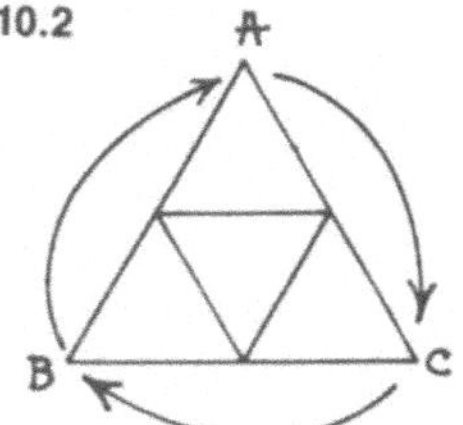

*** 10.D.3** Wieviele verschiedene Tetraeder können mit
einer einzigen 24-Stückmenge *gleichzeitig* überdeckt
werden?
Die Modelle, die Sie konstruieren, werden Ihnen recht
nützlich sein, um Fehler zu vermeiden (die Werte, die
Sie für jede Ecke wählen, markieren Sie — leicht ent-
fernbar — mit einem Stift). In der Folge werden Sie —
vielleicht? — fehlerfrei die abgewickelten Oberflächen
beurteilen können ...
Gehen Sie nicht zu schnell vor!
Halten Sie sich an diese Reihenfolge: bevor Sie den Oktaeder in Angriff nehmen, sollten Sie den Tetraeder
wirklich verstanden haben.

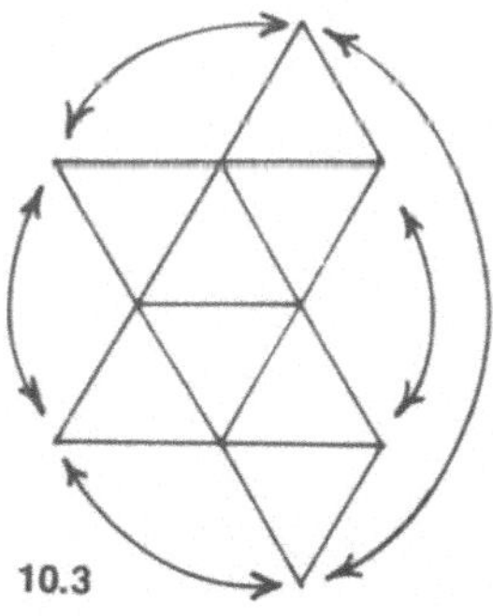

10.E Der Oktaeder

Der Oktaeder zeigt 8 Einheitsflächen, die in Bild 10.3
aufgerollt sind. Die Pfeile der Abbildung zeigen die
Ecken an, die im fertigen Modell zusammengehören
werden. Sie werden sehen, in welcher Weise die *Einschränkungen* bei den Überdeckungsproblemen auf-
tauchen.

*** 10.E.1** Welche Elemente des Triokerspiels könnten
einen Oktaeder richtig überdecken?

*** 10.E.2** Wieviele verschiedene Oktaeder könnten gleichzeitig überdeckt werden?

*** 10.E.3** Können Sie mit einem einzigen Triokerspiel
gleichzeitig einen regelmäßigen Tetraeder und einen
regelmäßigen Oktaeder überdecken?

**Die Kristallform von Fluß-
spat: ein Oktaeder**

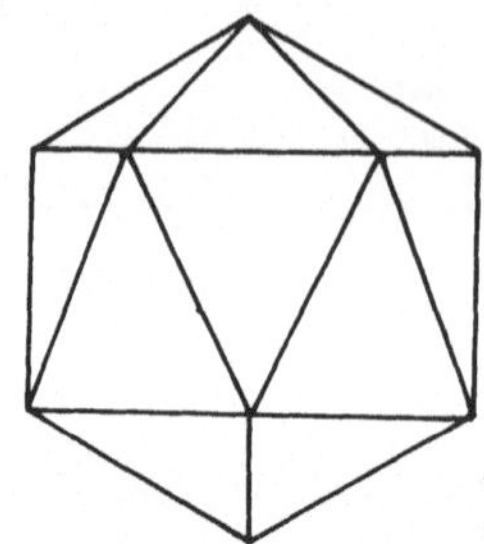

10.4

10.F Der Ikosaeder (Bild 10.4)

Dieser erstaunliche Körper hat 20 Flächen. Man kann sie wie in Bild 10.5 abwickeln. Hier zeigen zusätzlich die Pfeile die zusammengehörigen Ecken des Modells an.

* **10.F.1** Kann man mit 20 der 24 Triokersteine eine „triokergemäße" Überdeckung eines regelmäßigen Ikosaeders durchführen?

* **10.F.2** Gibt es mehrere verschiedene Lösungen?

* **10.F.3** Kann man gleichzeitig einen regelmäßigen Ikosaeder und einen regelmäßigen Tetraeder bedecken?
... Soviel zu den regelmäßigen Polyedern. Wir erörtern hier nicht alle Eigenschaften dieser Polyeder — mehr darüber beispielsweise in [08], [21] und [38].

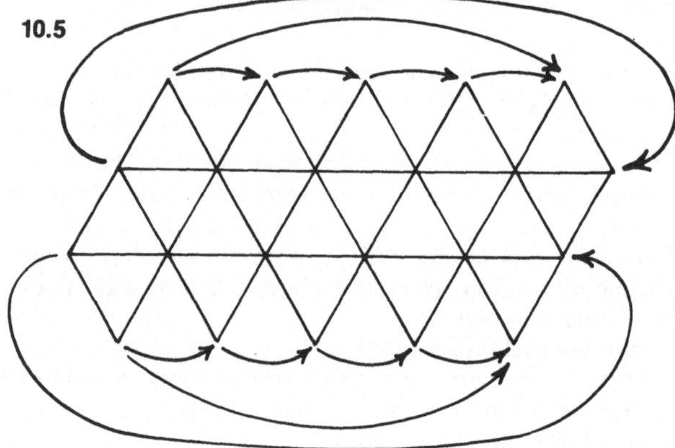

10.5

10.G Drei andere Fragen zu den regelmäßigen Polyedern

10.G.1 Für jeden der besprochenen regelmäßigen Polyeder haben wir in der Ebene ein einziges Abwicklungsschema angeführt. Das ist aber nicht das einzig mögliche. Können Sie weitere hinzufügen?
Sie werden den Beweis der Richtigkeit Ihrer Antwort haben, wenn Sie versuchen, *Ihren* Polyeder zu konstruieren.

10.G.2 Ausnahmsweise können Sie auch einen regelmäßigen Tetraeder zur Betrachtung heranziehen, dessen Seitenflächen keine Einheitsflächen sind, sondern die sich jeweils aus *vier* Einheitsflächen zusammensetzen. Bild 10.6 zeigt Ihnen die 4 × 4 = 16 Einheitselemente dieses „regelmäßigen Riesentetraeders". Ich gebe nicht alle Pfeile an.

* **10.G.3** Können Sie ihn richtig mit 16 Ihrer 24 Steine abdecken?

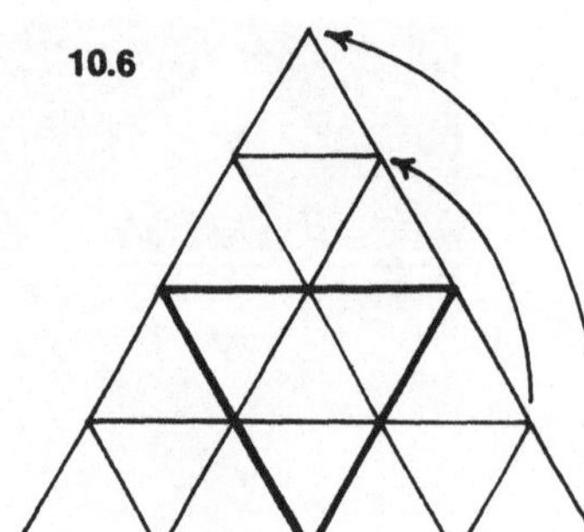

10.6

10.H Unregelmäßige Polyeder

Was uns hier interessiert, sind jene Polyeder, deren Seitenflächen gleichseitige Dreiecke sind, die wir als Einheitsflächen ansehen oder auch solche, deren Seitenflächen durch die ebene Zusammensetzung von Einheitsflächen erzeugt werden. (Bild 10.6)
Hier einige Beispiele, die sehr unterschiedlich sind.

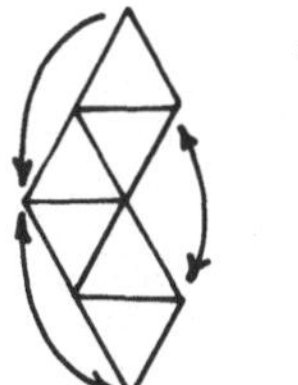
10.7

10.H.1 Der Hexaeder (Bild 10.7) hat 6 gleichseitige Dreiecksflächen. Er ist kein regelmäßiger Polyeder, da in bestimmten Ecken einmal 3 und einmal 4 Dreieckspitzen zusammentreffen.
Man kann den Hexaeder als Zusammensetzung zweier kongruenter Tetraeder auffassen: man bezeichnet ihn auch manchmal als „dreiseitige Doppelpyramide". Beachten Sie, daß bei der Zusammensetzung zweier Körper mit 4 Flächen ein Körper mit 6 Flächen entsteht. Selbstverständlich wird für diese Probleme die Verwendung topologischer Begriffsbildungen und die Eulersche Formel sehr lehr- und aufschlußreich sein.

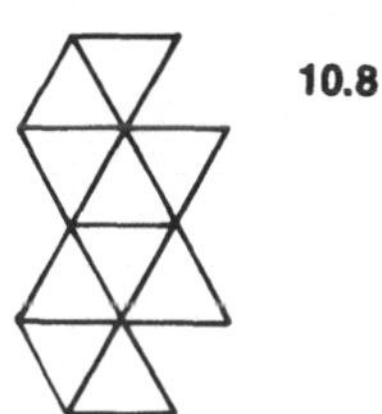
10.8

10.H.2 Können Sie einen Hexaeder überdecken, auch einen zweiten, oder auch einen anderen Tetraeder?

10.H.3 Die Doppelpyramide mit einem regelmäßigen Fünfeck als Basis hat 10 Einheitsflächen. Bild 10.8 zeigt das zugehörige Netz. Wie werden die Ecken zusammengefaßt?

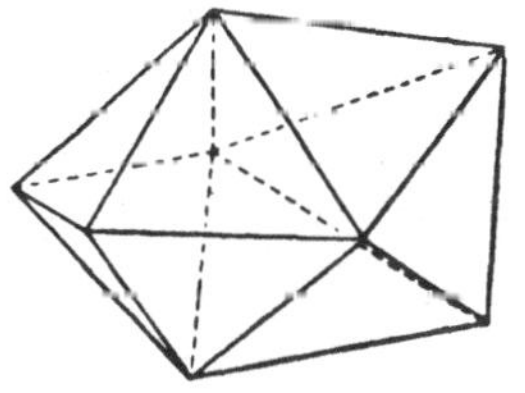

10.H.4 Können Sie eine fünfseitige Doppelpyramide richtig überdecken? Noch eine zweite? Dazu noch einen Tetraeder?

10.I Die konvexen Deltaeder

Es gibt insgesamt acht konvexe Deltaeder; dies sind:

1. Tetraeder (regelmäßig, 4 Flächen)
2. Oktaeder (regelmäßig, 8 Flächen)
3. Ikosaeder (regelmäßig, 20 Flächen)
4. Dreiseitige Doppelpyramide (Hexaeder, 6 Flächen)
5. Fünfseitige Doppelpyramide (Dekaeder, 10 Flächen)
6. Regulärer Sechzehnflächner (16 Flächen)
7. Regulärer Vierzehnflächner (14 Flächen)
8. Regulärer Zwölfflächner (12 Flächen)

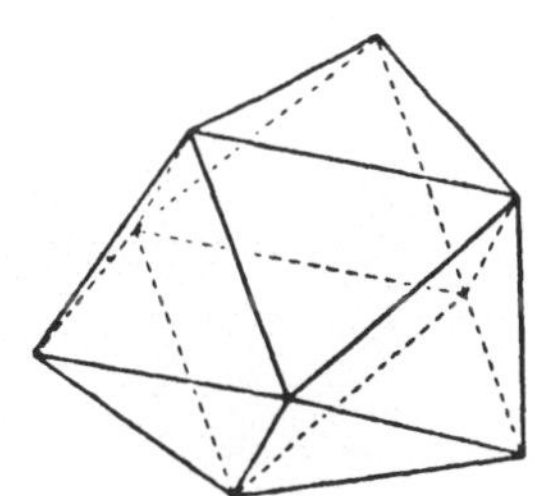

Die ersten fünf haben wir bereits besprochen. Bild 10.9 zeigt die drei letzten, deren Ausarbeitung wir Ihrem Interesse überlassen — wobei Ihnen Cundy [08] nützlich sein wird.

*** 10.I.1** Fällt Ihnen an der Anzahl der Flächen dieser 8 Polyeder etwas auf?

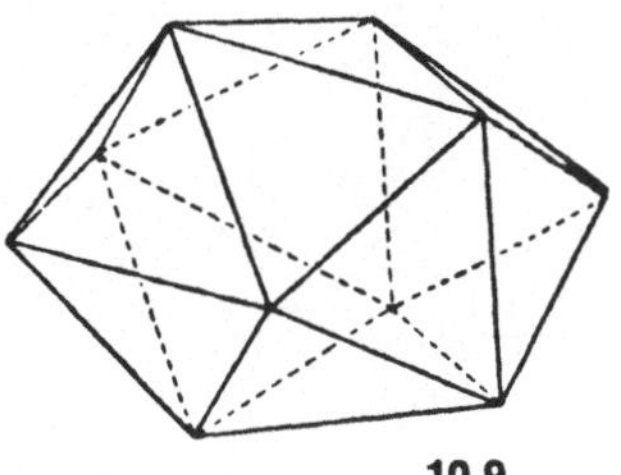
10.9

10.I.2 Zusammensetzung von Deltaedern

Da mehrere Polyeder kongruente Flächen aufweisen, ist die Zusammensetzung prinzipiell möglich. Das Thema ist unbegrenzt: wir beschränken uns darauf, ein Beispiel einer solchen Zusammensetzung in Bild 10.10 zu zeigen [28].

10.10 Ein regelmäßiger Ikosaeder und zwei fünfseitige Doppelpyramiden

10.K Antiprismen

Als Beispiel ist das Antiprisma mit sechseckiger Grundfläche in Bild 10.11 dargestellt und in Bild 10.12 abgewickelt. Es hat 6 + 6 + 12 Einheitsflächen, wobei zweimal 6 Einheitsflächen in einer Ebene zusammengefaßt sind.

* **10.K.1** Können Sie Ihre 24 Steine für diesen gefälligen Polyeder richtig verwenden?

10.K.2 Wenn nicht, mit wievielen gelingt eine richtige Plazierung?

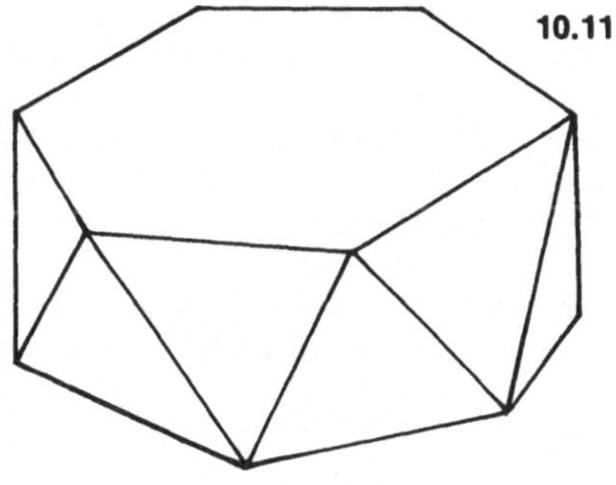

10.11

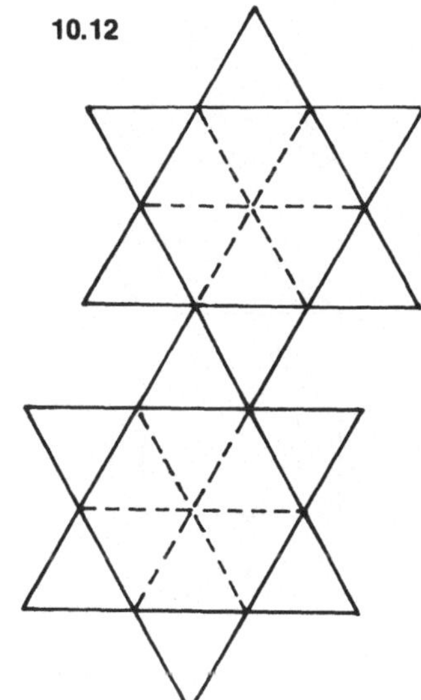

10.12

10.L Nicht-konvexe Polyeder

Überlegen wir einmal. Wir können drei (dreieckige) Einheitsflächen zu einer Pyramide, deren Grundfläche eine weitere Einheitsfläche ist, zusammensetzen.

10.L.1 Wir können 4 Einheitsflächen zu einer quadratischen Pyramide (die Grundfläche ist ein Quadrat, das die gleiche Kantenlänge wie das Einheitsdreieck hat) zusammensetzen.

10.L.2 Wir können 5 Einheitsflächen zu einer fünfseitigen Pyramide (die Grundfläche ist ein regelmäßiges Fünfeck, das die gleiche Kantenlänge wie das Einheitsdreieck hat) zusammensetzen.

10.L.3 Wir können 6 Einheitsflächen zu einer ebenen „Sechseck-Pyramide", deren Seiten gleich lang sind wie die des Einheitsdreiecks, zusammensetzen.

10.L.4 Dies alles kann man sich im Raum vorstellen: man hat zuerst eine sehr spitze Pyramide (drei Flächen), die sich immer mehr verflacht (4 Flächen, 5 Flächen) ... Und was geschieht, wenn man die Bewegung fortsetzt? Man „durchstößt" die Ebene; ausgehend von einer fünfeckigen Basis findet man in der Aushöhlung „Platz" für eine fünfseitige Pyramide. Wenn Sie den Gedanken weiterführen, werden Sie zu folgendem Schluß kommen:
Hat ein Polyeder Flächen von der Form:

— eines gleichseitigen Dreieckes
— oder eines Quadrates
— oder eines regelmäßigen Fünfeckes

so kann man auf einer (oder mehreren?) seiner Flächen eine bestimmte Anzahl von Dreiecksflächen zu einer hohlen oder erhabenen Pyramide zusammensetzen.

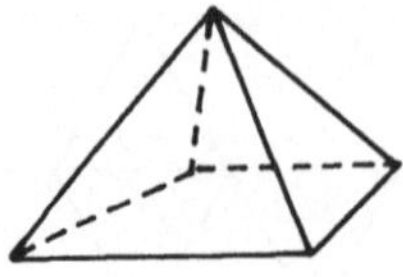

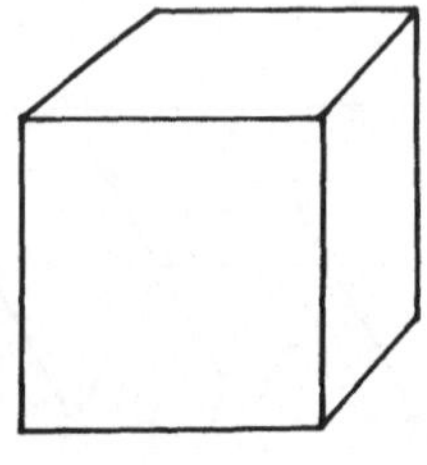

10.13

10.L.5 *Würfelbeispiel:* Bild 10.13 zeigt einen Hexaeder (oder „Pyramidenwürfel), Friedel [11], in seiner ersten Entstehungsphase. Jede Fläche des Würfels mit Einheitsseiten dient als Grundfläche einer quadratischen Pyramide (mit vier Einheitsflächen). Man erhält folglich $6 \times 4 = 24$ Einheitsflächen.

*** 10.L.6** Können Sie das Netz dieses Hexaeders zeichnen — und ihn anschließend auch konstruieren?

10.L.7 Können die 24 Steine Ihres Spiels in ihrer Gesamtheit richtig plaziert werden?
Wenn ja, wie?
Wenn nein, wieviele davon können richtig gesetzt werden?

10.L.8 Dodekaederbeispiel: er gehört zu den regelmäßigen Polyedern — und ist der, der aus regelmäßigen Fünfecken besteht und den wir in Abschnitt 10.A.1 beiseite gelassen haben.
Jetzt haben wir Gelegenheit, ihn zu besprechen: er ist der vierte Körper in Tafel 10.1.
Jede Fläche ist ein regelmäßiges Fünfeck mit Einheitsseitenlänge. Auf *einer* der Flächen können wir eine Pyramide, bestehend aus 5 Einheitsdreiecken, zusammensetzen: der Dodekaeder wird zu einem Körper mit 11 Fünfecken und 5 Einheitsdreiecken. Wir können übrigens zwei verschiedene Körper bilden, je nachdem, ob die fünfseitige Pyramide erhaben oder versenkt aufgesetzt wird.

10.L.9 Auf jede der 12 Fünfeckflächen des Dodekaeders kann eine Pyramide — sie kann konvex oder hohl sein — aufgesetzt werden. (Wieviele verschiedene Körper können gebildet werden?) Man erhält auf diese Weise einen unregelmäßigen Polyeder mit 60 gleichseitigen Einheitsdreiecken. Doch ist die regelmäßige Aufeinanderfolge von Ecken, in denen einmal 5 und einmal 6 Dreiecksflächen zusammenstoßen, das eigentlich Bemerkenswerte an diesem Körper (Bild 10.14).
Selbstverständlich wird es bei der Verteilung der 24 Steine auf die 60 Flächen keine Schwierigkeiten geben. Doch kann man die Oberfläche des Polyeders teilen. Kann man auf 24 der 30 zur Verfügung stehenden Flächen die Spielsteine richtig zusammensetzen?

10.L.10 Wie werden Sie das Netz dieses Körpers in der Ebene zeichnen, wenn Sie die Absicht haben, ihn zu konstruieren?

*** 10.L.11** Welcher Unterschied besteht zwischen dem Abwicklungsschema von 12 erhabenen Pyramiden und dem von 12 versenkten Pyramiden?

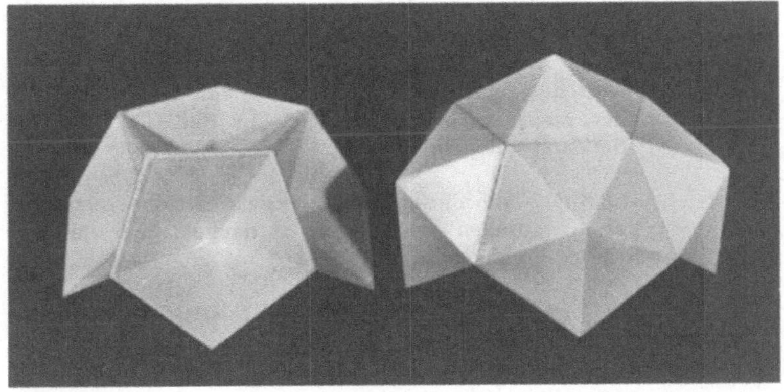

10.14

10.M Netze und Abwicklungen

Die Polyeder werden hier als Träger des Spiels betrachtet.
Das Netz in Bild 10.15 wird durch gleichseitige Dreiecke erzeugt. Dazu stellen wir drei verschiedene Fragen:

* 10.M.1 Ist die Konstruktion eines Polyeders mit den 20 entsprechend Bild 10.15 zusammengesetzten Flächen durch Faltung entlang der Kanten möglich?

* 10.M.2 Können mit derselben Netzform mehrere verschiedene Polyeder gebildet werden?

10.M.3 Gibt es unter den 24 Triokerstücken 20, die die Figur von Bild 10.15 überdecken können?

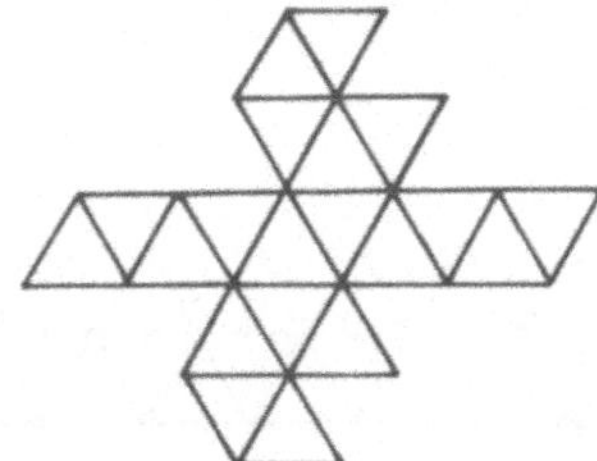

10.15

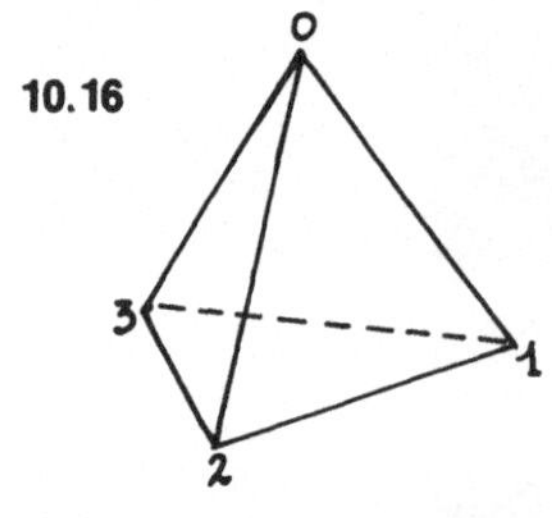

10.16

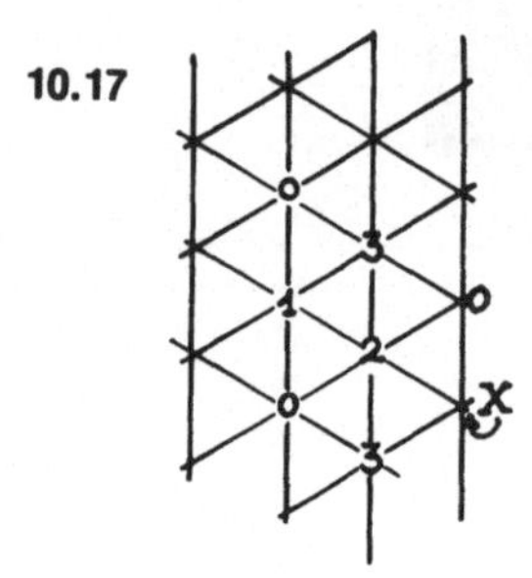

10.17

10.M.4 Zu den Abwicklungen eines Polyeders in der Ebene ist noch einiges hinzuzufügen: Stellen Sie sich einen regelmäßigen Tetraeder mit den vier Eckenwerten 0, 1, 2 und 3 (Bild 10.16) vor. Wenn Sie ihn in der Ebene abwickeln, erhalten Sie Bild 10.17. Ist dies die einzig mögliche Lösung?

10.M.5 Wenn Sie sich vorstellen, daß Sie das Netz in der Ebene „drehen", indem Sie es nacheinander um jede Kante kippen:

1. In einem Durchlaufungssinn, den Sie selbst beliebig wählen.
* 2. Anschließend in einer anderen Reihenfolge?
   Was halten Sie von dem so entstandenen Diagramm?
   Welchen Wert hat der Punkt X?

10.M.6 Stellen Sie sich nun einen anderen regelmäßigen Polyeder vor, der ebenfalls mit zusammengesetzten Steinen überdeckt ist — er ist „abzuwickeln".

10.N Zum Abschluß dieses Kapitels,

das den Polyedern gewidmet ist, stellen wir eine Frage, die über das eigentliche Thema der Triokersteine hinaus geht ...
Mit *zwölf* gleichseitigen Dreiecken können Sie gleichzeitig:

1. einen regelmäßigen Tetraeder (mit vier Dreiecken)
2. einen regelmäßigen Oktaeder (mit acht Dreiecken)

konstruieren.
* Welche Beziehung besteht zwischen Ihren Volumina?
Ich mache Sie darauf aufmerksam, daß man Georges Polya [32] eine bemerkenswerte Beweisführung ohne komplizierte Rechnung verdankt.

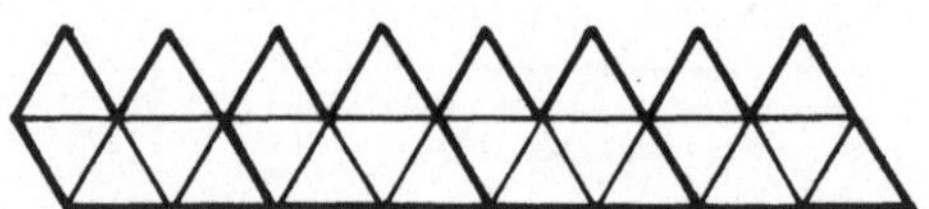

11 Mini-, Maxi-, Super-Trioker

11.1

Gleichgroße, gleichseitige Dreiecke ...
Jedes unterscheidet sich vom anderen durch die Vertei-
lung von Werten auf die einzelnen Ecken.

Unter diesen Voraussetzungen ist die einzige Veränder-
liche die Zahl W, die Anzahl der möglichen Werte für
die Ecken:
— Wenn W = 1; ein *einzig* möglicher Wert; es gibt nur
einen einzigen Stein und keine Spielmöglichkeiten ...
— Wenn W = 2; *zwei* mögliche Werte, 0 und 1 geschrieben.

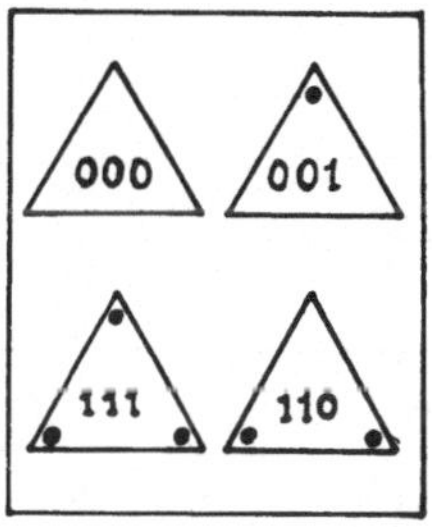

Es ergeben sich $\begin{matrix} 000 & 001 \\ 111 & 110 \end{matrix}$ 4 Elemente (Bild 11.1),

Sie bilden einen „Microtrioker".
Die Spielmöglichkeiten sind ebenfalls recht begrenzt.

11.A Wenn W = 3: Mini-Trioker

Die *drei* möglichen Werte bezeichnen wir mit 0, 1, und
2. Alle möglichen Variationen sind in Tafel 11.2 angeführt.

→ 000	100	200
001	101	201
002	102	202
010	110	210
011	→ 111	211
012	112	212
020	120	220
021	121	221
022	122 →	222

11.2

Unter diesen 27 Zahlenkombinationen gibt es drei,
die „Tripel" sind; sie sind durch einen Hinweispfeil
gekennzeichnet. Isolieren wir diese drei Elemente,
so verbleiben 24 Kombinationen, von denen wir zum
Beispiel

001,   100   und   010

herausgreifen. Da die Steine die Symmetrieeigenschaften

gleichseitiger Dreiecke haben, werden die drei angeführten Kombinationen durch einen einzigen Stein, den man **001** nennt, repräsentiert, doch nach Drehung in der Ebene könnte man ihn auch **010** oder **100** nennen. Drei Zahlenkombinationen beschreiben somit ein und nur einen einzigen Stein. Die 24 restlichen Zahlengruppen beschreiben somit $\frac{24}{3} = 8$ verschiedene Steine, die wir zu den drei „Tripelelementen" hinzufügen, um Tafel 11.4 zu erhalten.

000	**001**	**002**			
111	**112**	**110**	**012**	**021**	
222	**220**	**221**			**11.4**

Das sind die 11 Elemente des „Minitrioker" (Bild 11.3). Wie Sie in Kapitel 7, Seite 57 im einzelnen gesehen haben, können Sie diese 11 Steine von Ihren „normalen" Triokersteinen isolieren. Sie können auch selbst drei der vier Werte Ihrer Triokerelemente auswählen, um ein Minitrioker zu erhalten, zum Beispiel mit den Werten:

1, 2 und 3: wir werden es weiterhin verwenden;
0, 2 und 3: ein weiteres Minitrioker, die Systematik ist auf die neuen Werte zu übertragen.
0, 1 und 3: noch eine Möglichkeit ...

Wieviele verschiedene Minitrioker können Sie innerhalb Ihres „normalen" Trioker tatsächlich auswählen?

Jedes unterscheidet sich vom anderen durch die unterschiedliche Verteilung von Werten auf die einzelnen Ecken.

11.B Wenn W = 4

Haben wir vier mögliche Werte für die Ecken zur Verfügung, so können wir Tafel 11.5 anschreiben, beginnend mit:

→ **000**	**100**	**200**	**300**	
001	**101**	**201**		
002	**102**			
003				
010				
011				
032				
033	**133**	**233** → **333**		**11.5**

11.3

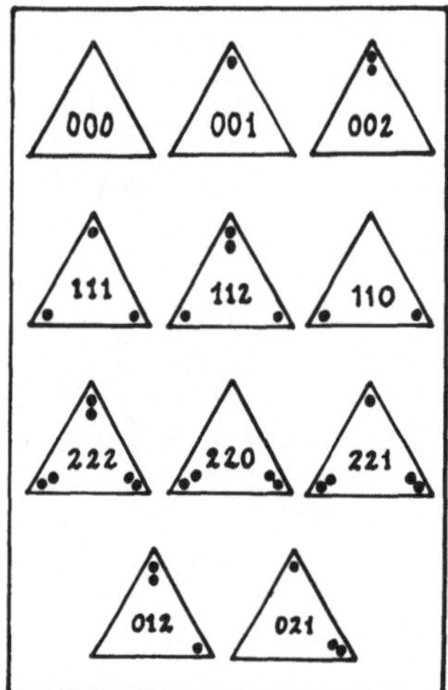

90

Das Vervollständigen dieser Tabelle ist eine gute Übung.
Die Tabelle umfaßt 64 Variationen, 4 davon sind Tripel
einer Zahl; diese isolieren Sie. Es bleiben 60 Kombinationen, von denen jede in dreifacher Weise aufscheint.
Zum Beispiel die Variationen:

013   130   301

werden durch ein einziges gleichseitiges Dreieck repräsentiert. Somit beschreiben die 60 Zahlenfolgen 20 Dreiecke; gemeinsam mit den 4 irreduziblen Tripelsteinen,
erhalten Sie ... die 24 Triokersteine. Und wenn wir weiter gehen?

11.C Wenn W = 5
Maxi-Trioker mit 45 Elementen

Denken wir an die Ausgangsdefinition: es werden gleichseitige Dreiecke zusammengefaßt, die sich durch die
Kombination von drei Werten, die auf ihre Ecken verteilt
sind, unterscheiden; die Gesamtzahl der möglichen Werte
sei W. Bei Ihrem Trioker mit W = 4 ist die Anzahl der
verschiedenen Elemente gleich 24 und es gibt:

4 Tripelelemente
12 Doppelelemente
4 Einfachelemente A
4 Einfachelemente B

Nehmen wir an, daß ein fünfter Wert möglich ist. Das
heißt, daß jede Ecke eines Spielsteins wie beim „normalen" Trioker einen der Werte 0, 1, 2, 3 annehmen kann
und daß zusätzlich der Wert 4 möglich ist. Die allgemei-
ne Formel führt zu einer Menge mit 45 verschiedenen
Elementen:

5 Tripelelemente
20 Doppelelemente
10 Einfachelemente A
10 Einfachelemente B

Diese 45 verschiedenen Elemente sind in Tafel 11.6 zusammengefaßt nach einer Ordnung ähnlich jener, die für
das Trioker verwendet wurde (Seite 9).

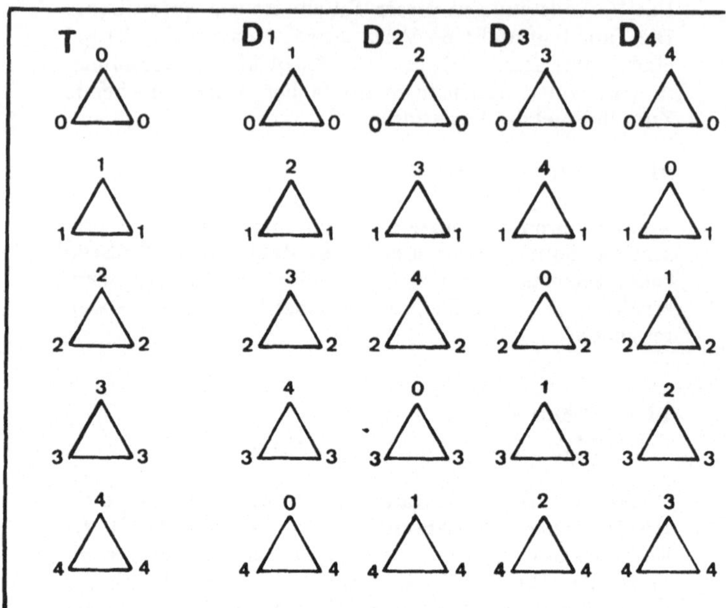

11.C1 In der Anordnung zu 9 Spalten mit je 5 Elementen zeigt sich die zyklische Permutation der Eckenwerte innerhalb einer Spalte. Zum Beispiel in der Spalte der Doppelwerte D_1 finden Sie nacheinander, von oben nach unten:

$$001 \to 112 \to 223 \to 334 \to 440 \quad (\to 001)$$

Auch hier nennt man jene Einfachelemente „A", deren drei verschiedene Eckenwerte zunehmen, werden sie im trigonometrischen Sinn, ausgehend vom kleinsten Wert, gelesen. Zum Beispiel findet man in der Spalte EA_1 die Elemente:

$$012 \to 123 \to 234 \to 340 \to 401 \quad (\to 012)$$

Auch hier bleibt das Element 012 unverändert, wenn man es um seine Mitte rotieren läßt. Sein „Name" kann folglich 120 oder 201 sein:

es handelt sich in jedem Fall um die Wertfolge:

„0 − 1 − 2 − 0 − 1 − 2 − 0 − ...",

Wenn die Werte in trigonometrischer Reihenfolge gelesen werden, ist ein einziges Element notwendig und genügt, diese Folge zu charakterisieren. Die Lagebestimmung (3 verschiedene Lagen sind möglich) und die Benennung (3 verschiedene Namen sind möglich) dieses einzelnen Elementes sind willkürlich.

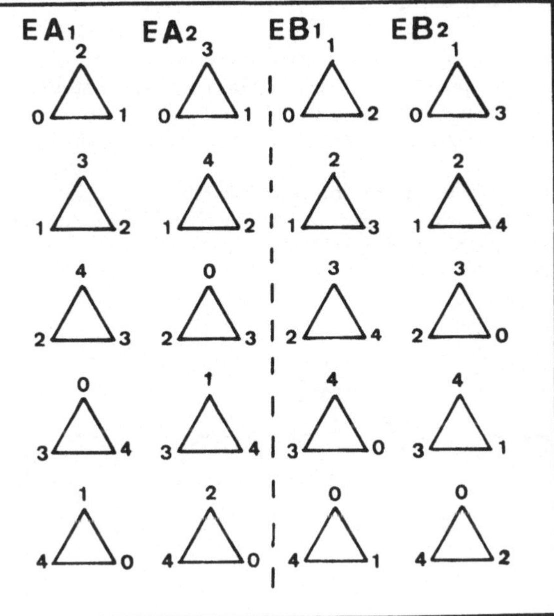

Ebenso entspricht in der Spalte EA_1, dem vierten Element die Folge: $3 - 4 - 0 - 3 - 4 - 0 - 3 - 4 - 0 \ldots$; es handelt sich hier um ein „Einfachelement A", das auch in der Form 034 angegeben werden kann.

Um in jeder Ordnungszeile eine gemeinsame Eigenschaft aufrechtzuerhalten, sind die Elemente so angeordnet, daß ihr Name mit dem Zahlenwert beginnt, der für die betreffende Zeile bestimmend ist: dem Wert, der durch das Tripelelement vorgegeben ist. Deshalb wird die Schreibweise 340 hier vorgezogen.

11.C2 Spiel mit 45 Steinen

Man kann alle möglichen Variationen für Einzel- und Gemeinschaftsspiele mit diesem „Maxitrioker" entwikkeln. Als Beispiele dienen die Bilder 11.7, 11.8 und * 11.9, drei mögliche Puzzles mit den 45 Steinen der Tafel.

Wenn Sie Geduld haben, basteln Sie ein Spiel mit 45 Dreiecksteinen, Sie erfinden sicherlich eine Menge Puzzles mit 40, 42 und auch mit 45 Steinen.

11.7 (10 + 5 + 5 + 6 + 9 + 5 + 5 = 45 Steine)

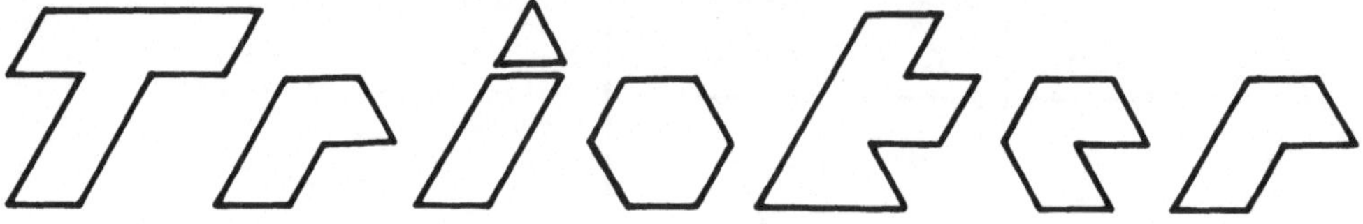

11.8 Der Ozeandampfer (45 Steine)

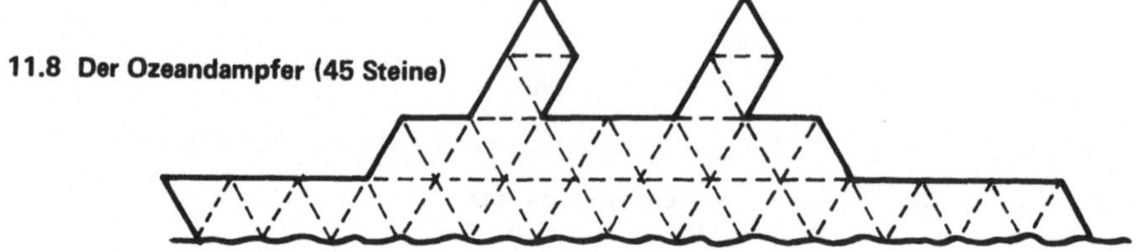

*** 11.9 Der Tiger (45 Steine)**

* 11.C.2.1 Die Form von Bild 11.10 ist Beispiel eines „durchdachten" Puzzles, sie zeigt ein Wiederholungspuzzle: Sie können 5 Puzzles zu je 9 Elementen erkennen. Setzen Sie alles daran, ein erstes Neunerpuzzle zu verwirklichen, indem Sie jeweils ein Element aus **jeder** Spalte der „logischen Anordnung" entnehmen — und es ergibt sich eine „einheitliche" Verschiebung um den Wert 1 zwischen den Werten an den „linken" und „rechten" Endpunkten. Falls notwendig, schauen Sie in Kapitel 6, Seite 49 nach. Gutes Gelingen!

* 11.C.2.2 Vielleicht finden Sie eine besondere Schwierigkeit, die auf die Anzahl der Werte: W = 5 zurückzuführen ist? Denken Sie kurz nach! Die Bilder 11.11, 11.12 und 11.13 sind Beispiele für (schwierige) Aufgabenstellungen mit den 45 „Maxitriokersteinen", [30].

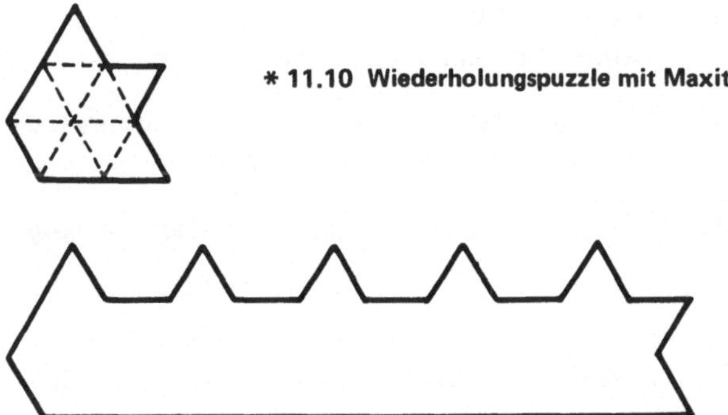

Beispiele für schwierige Aufgaben mit den 45 Maxitriokersteinen

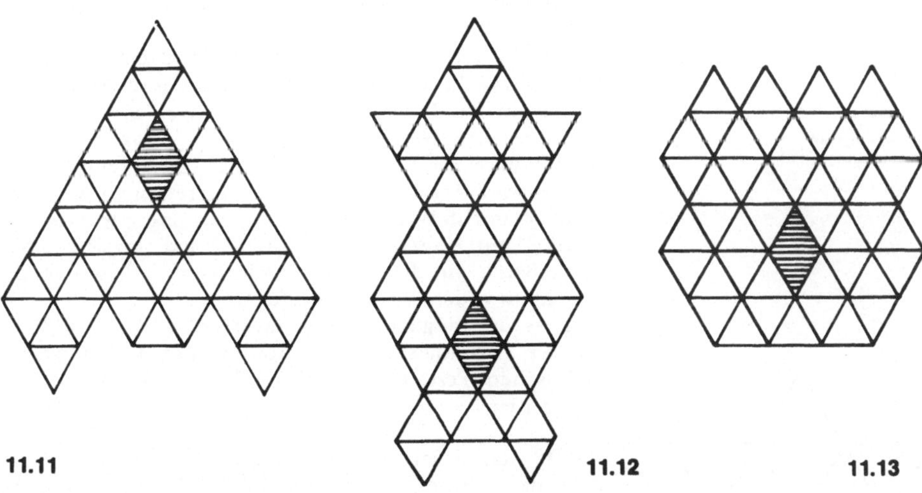

11.11 **11.12** **11.13**

11.C.3 Was die Gesellschaftsspiele mit 45 Steinen
anbelangt, so sind sie möglich, aber nicht besonders
interessant. Es gibt *fünf* Tripelsteine, die eine grundlegende Rolle spielen. Da 5 eine Primzahl ist, benötigt man fünf Spieler, damit die Verteilung der Steine
gleichmäßig erfolgt — und jeder erhält zwangsläufig
9 Steine.
So sind in bezug auf Ihr Trioker die Vorteile des Maxi-
trioker gering im Vergleich zu seinen Nachteilen.
Und dennoch werden wir weiter gehen. Stellen wir uns
vor, daß sechs Werte den Ecken der gleichseitigen Dreiecke zugeordnet werden können.

11.D Wenn W = 6
Super-Trioker mit 76 Elementen

Sie können die Tafel der möglichen Variationen von
6 Werten zu Dreiergruppen selbst anlegen:

000	100	200	300	400	500
.	.	.	.	.	.
.	.	.	.	.	.
.	.	.	.	.	.
055	155	255	355	455	555

Sie identifizieren die 6 Tripelkombinationen und isolieren sie. Die übrigen Zahlenkombinationen können
auf 70 verschiedene Steine reduziert werden, außerdem
gibt es die 6 Tripelsteine.

11.D1 Tafel 11.14 zeigt Ihnen die Gesamtheit der erforderlichen 76 Elemente, die genügen, ein Super-Trioker mit 6 Werten festzulegen.

Nachdem wir selbst gesagt haben, daß eine Erhöhung
der Stückzahl unbequem ist, warum interessieren wir
uns dann für dieses Super-Trioker? Weil die gleichseitigen Dreiecke Winkel mit 60° haben — anders formuliert, Winkel mit $2\pi/6$ oder $1/6$ einer Umdrehung.
Weder eine Triokermenge mit 4 Werten noch das Maxi-
trioker mit 5 Werten gestatten es, eine Struktur, die
Winkel mit einer Öffnung von 60° hat, logisch „abzuschließen". In der Ebene sind 6-mal 60° notwendig,
um einen vollen Winkel zu erfüllen.
Bei *sechs* möglichen Eckenwerten gibt es 6 Zeilen
in der Ordnungstafel; Sie können den Gedanken der
zyklischen Permutation (Kapitel 6, Seite 49) wieder
aufgreifen.

11.D2 Rasch ein Beispiel. Wenn Sie hier eine Form
wie das kleine Schiff von Bild 11.15 verwirklichen,
versuchen Sie, die Eckenwerte folgendermaßen zu
wählen:

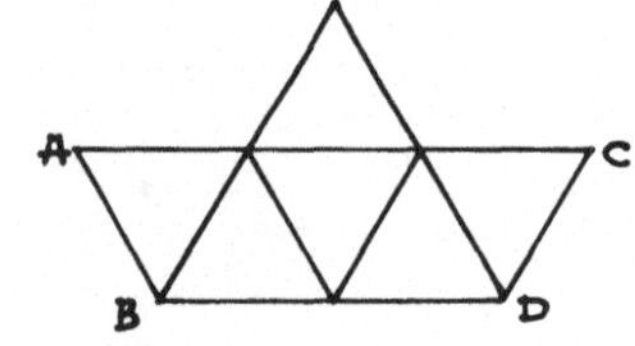

11.15

C = A + 1
D = B + 1

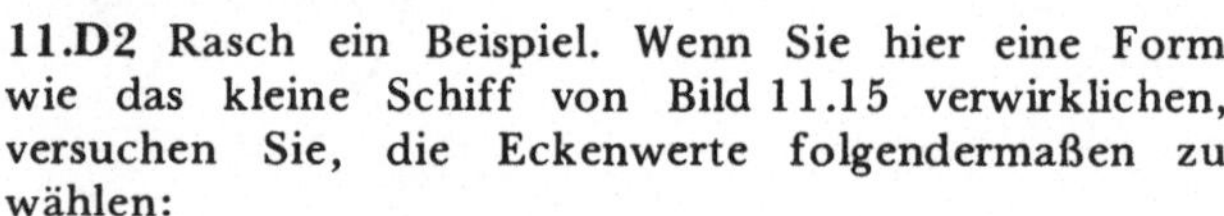

Wählen Sie beispielsweise: A = 0 und B = 1,
so muß gelten: C = 1 und D = 2.

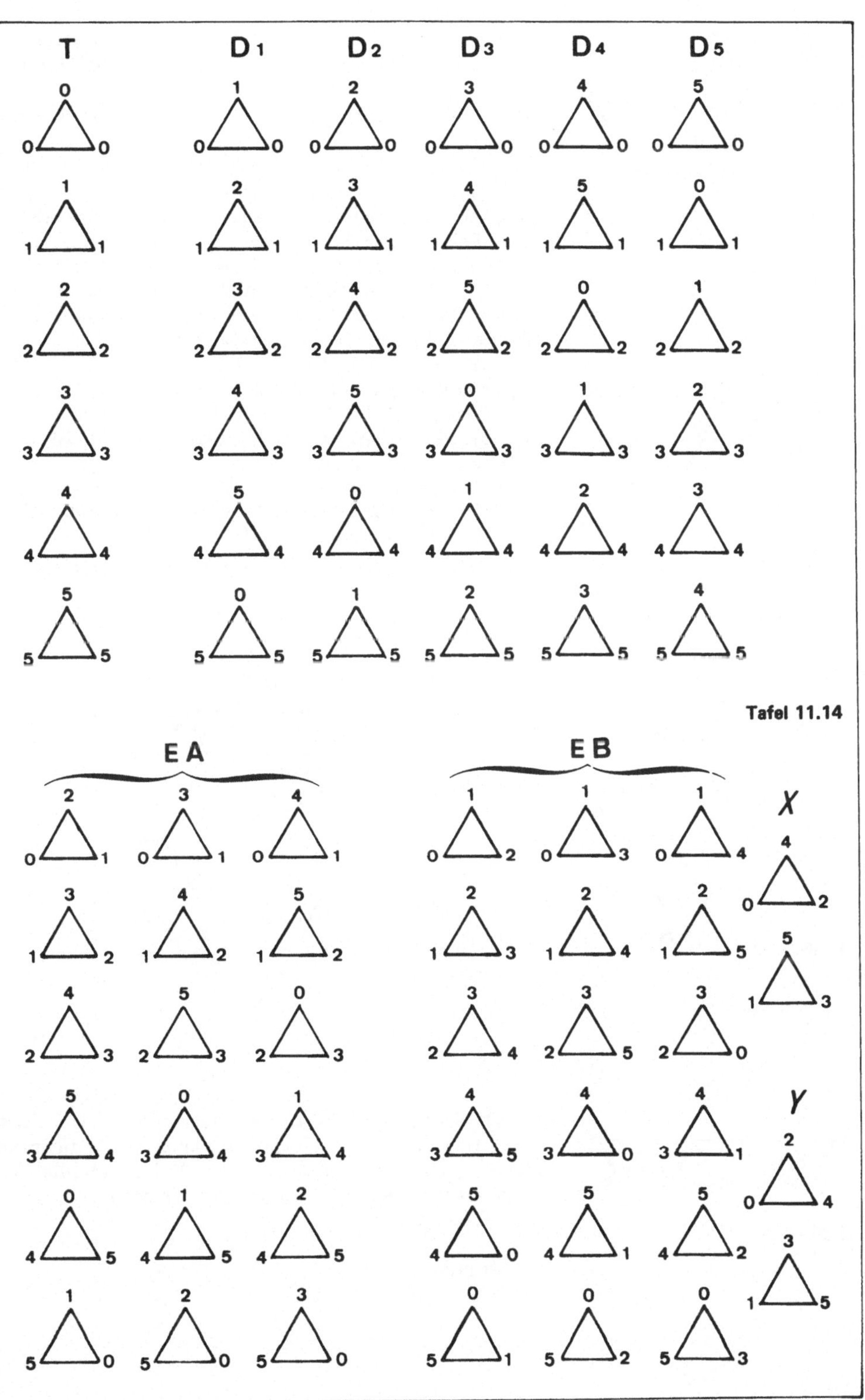

T D1 D2 D3 D4 D5
Tafel 11.14
E A
E B
X
Y

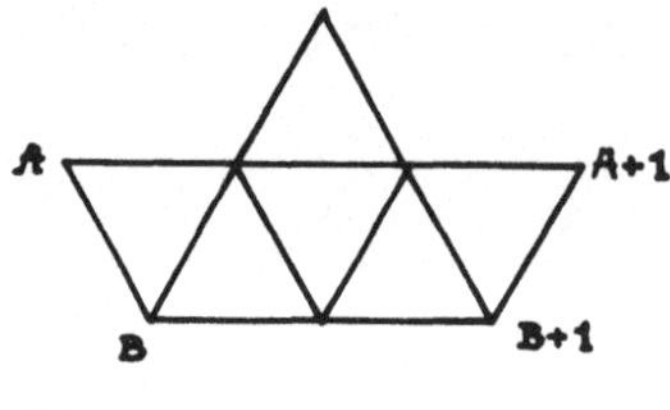

11.16

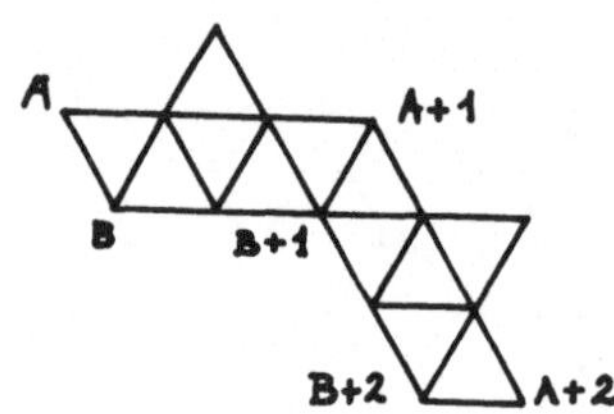

11.17

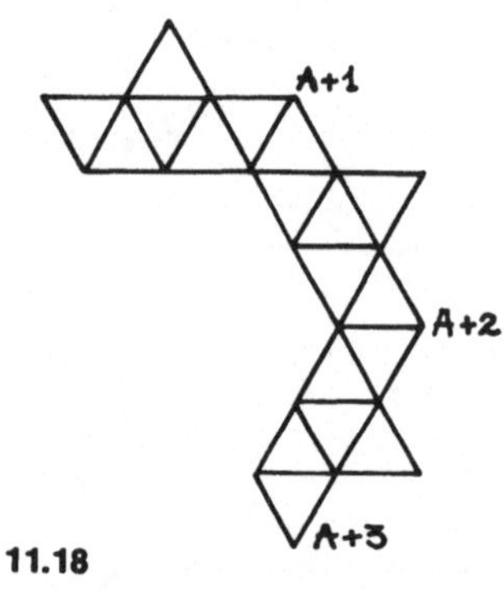

11.18

Für das Puzzle (Bild 11.16) nehmen Sie 6 Steine und zwar nicht mehr als einen aus einer Spalte der Ordnungstafel.

Da es zwölf Spalten gibt, ist dies nicht sonderlich schwer, und es lohnt sich! Sobald die 6 Steine zu der Figur vereinigt sind, stellen Sie fest, daß die Kanten AB und CD einen Winkel von 60° einschließen. Bilden Sie ein zweites Puzzle mit 6 Steinen, die Sie unterhalb der leeren Felder (der bereits verwendeten Steine) entnehmen. Dieses zweite Puzzle wird eine Verschiebung (Bild 11.17) aufweisen, und Sie können es mit dem ersten Puzzle verbinden, wobei ein Winkel von 60° entsteht. Setzen Sie die Bildung solcher Puzzles fort, ein drittes Puzzle (Bild 11.18), ein viertes ... Wenn Sie beim sechsten Puzzle angelangt sind, wird es links die Werte $(A + 5, B + 5)$ und rechts die Werte $(A + 6, B + 6)$ aufweisen. Aber der Wert $(A + 6)$ ist genau „kongruent zu A modulo 6".

Unabhängig davon wie der Wert A im ersten Puzzle gewählt wird, der Wert $(A + 6)$ ist der gleiche. Folglich ist die Zusammensetzung der 6 kleinen Schiffe vollkommen, es entsteht der Ringstern mit 36 Elementen von Bild 11.19.

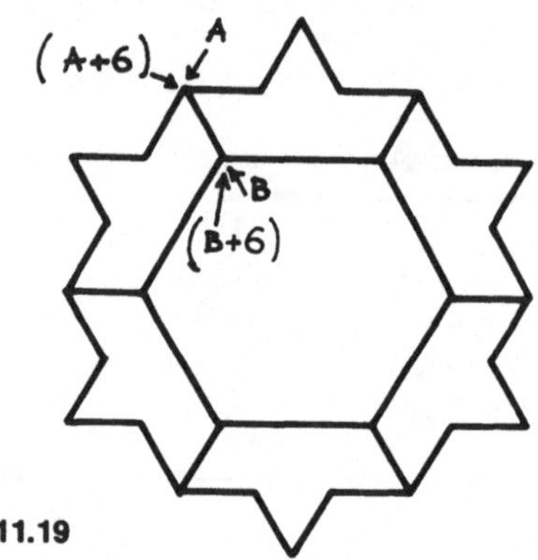

11.19

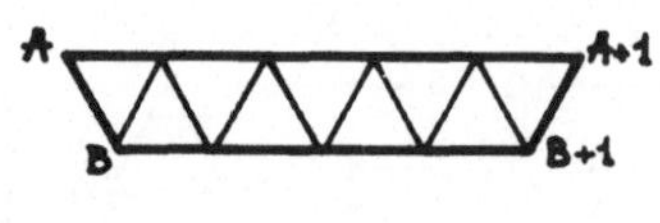

11.20

11.D3 Das System ist ausbaufähig. Finden Sie 9 Steine, — es ist stets nur ein einziger aus einer Spalte zu entnehmen —, so daß sich eine lineare Folge wie Bild 11.20 zusammensetzen läßt. Wählen Sie die Steine so, daß für den Rand gilt:

— ist links A und B
— so ist rechts A + 1 und B + 1.

98

Anschließend ist eine zweite lineare Folge mit 9 Steinen zu verwirklichen, die Steine sind *unterhalb der leeren Felder* zu entnehmen. Diese zweite Folge verbindet sich mit der ersten unter einem Winkel von 60°. (Bild 11.21) usf., bis Sie das Sechseckring-Puzzle mit 54 Elementen von Bild 11.22 erfolgreich abschließen können. Gehen Sie nicht gleich weiter, wenn Sie dieses Puzzle verwirklicht haben. Denken Sie daran, wieviele Stunden erforderlich wären, würde man versuchen, dieses Puzzle ohne Systematik — vielleicht! — zu lösen. Doch jetzt können Sie im Gegensatz dazu noch weitergehen. Sie haben erst 54 Ihrer 76 Steine verwendet. Das ist zu wenig.

Eine Untermenge mit 10 Steinen, wie Bild 11.23 sie vorsieht, kann mit je einem Element aus 10 verschiedenen Kolonnen gebildet werden, stets mit einer Verschiebung zwischen (A, B) und (C, D). Anschließend suchen Sie andere Grundstrukturen mit 10 Elementen, danach solche mit 11, und auch solche mit 12 Elementen (∗ Bild 11.24).

∗ Die Abbildungen 11.25 bis 11.29 zeigen Ihnen Puzzles, die mit Hilfe logischer Überlegungen, zu verwirklichen sind. Sie sind sicherlich auch der Ansicht, daß diese Puzzles besonders eindrucksvoll sind — und sie wären undurchführbar ohne Kenntnis des logischen Schlüssels, der Ihnen jetzt zur Verfügung steht.

Die vier restlichen Steine können entsprechend den strichliert gekennzeichneten Linien richtig plaziert werden.

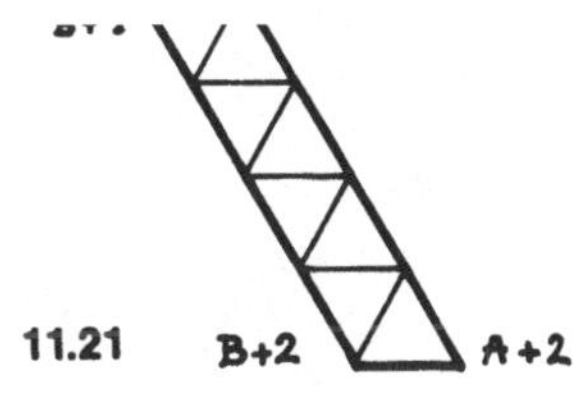

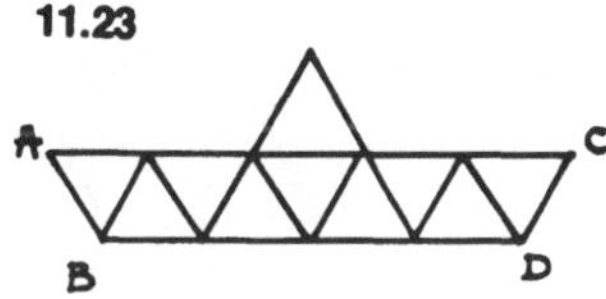

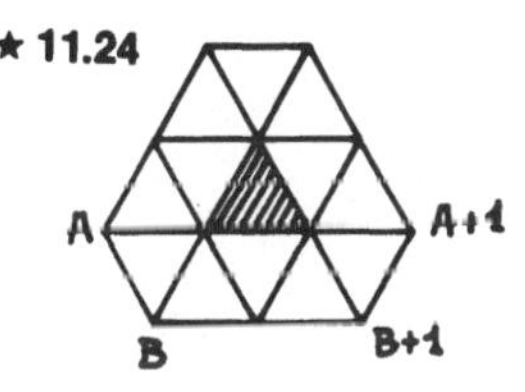

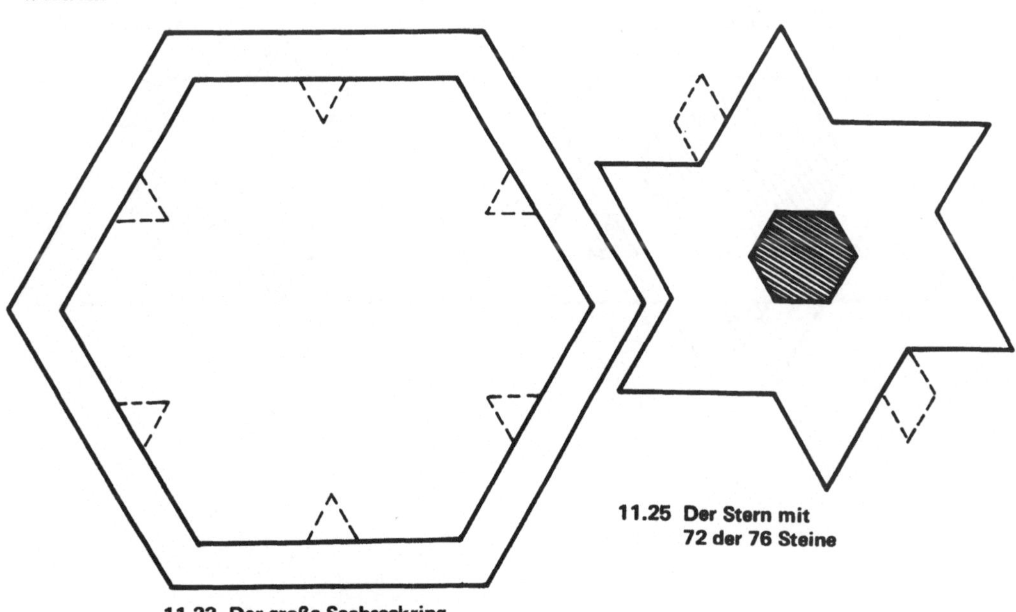

11.22 Der große Sechseckring mit 54 oder 66 Steinen

11.25 Der Stern mit 72 der 76 Steine

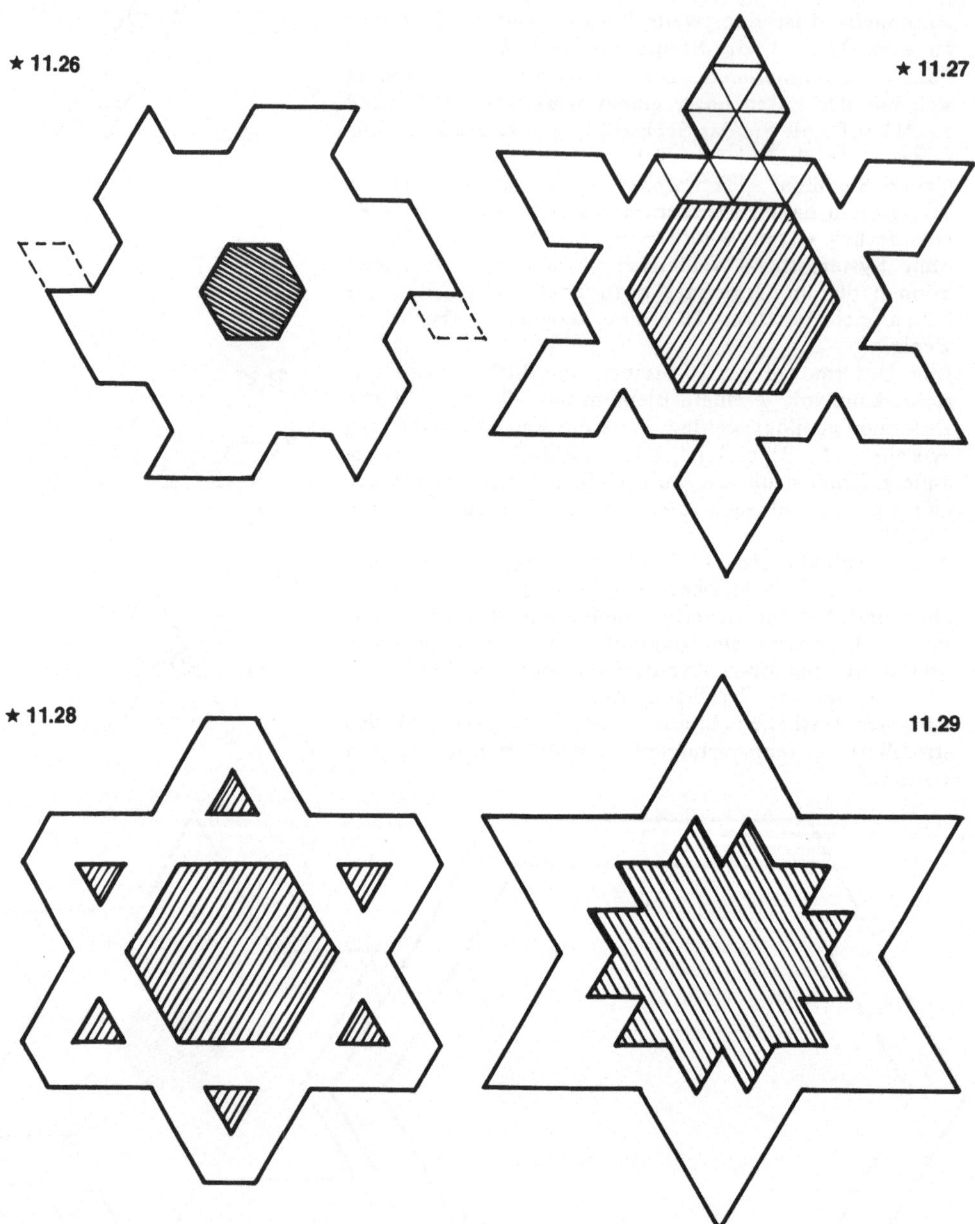

★ 11.26
★ 11.27
★ 11.28
11.29

11.D4 Die 76 Elemente des Super-Trioker eignen sich
für Riesenpuzzles — ohne entsprechende Logik am
besten für **sehr** lange Winterabende. Wenn Sie es wün-
schen, werden Sie selbst zahlreiche Varianten finden,
seien es nun geometrische Formen oder Figuren: schau-
en Sie sich die Abbildungen * 11.30 und 11.31 an.

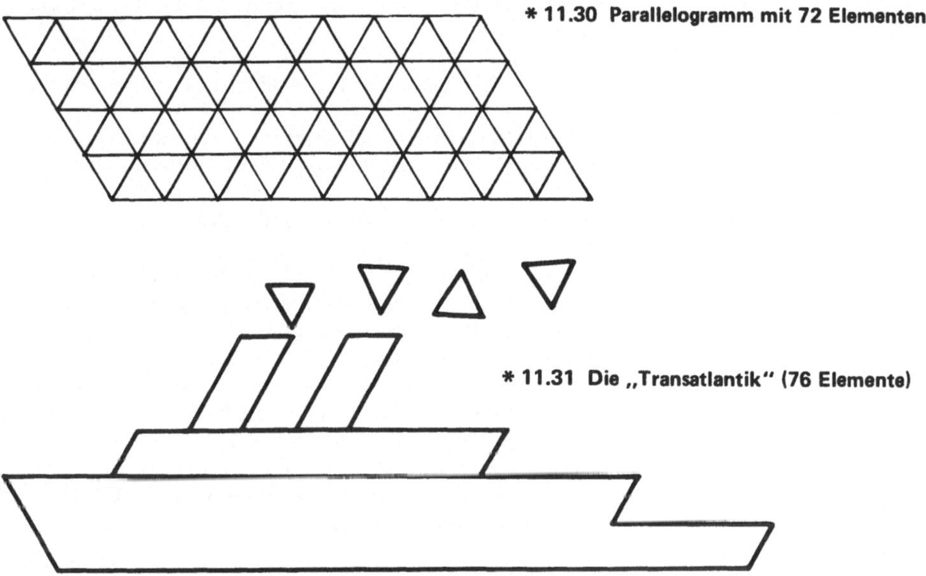

* **11.30 Parallelogramm mit 72 Elementen**

* **11.31 Die „Transatlantik" (76 Elemente)**

11.D5 Die vier letzten Elemente des Super-Trioker

Eine Frage, die nicht übergangen werden darf, ist noch
zu beantworten. Bild 11.14 zeigt:

T, die Spalte der 6 Tripelsteine
D1 bis D5, die 5 Spalten der Doppelsteine
EA, 3 Spalten der 18 Monosteine „A"
EB, 3 Spalten der 18 Monosteine „B"

Das ergibt 12 × 6 = 72 verschiedene Steine. Aber wir
müssen noch 4 Ergänzungssteine hinzufügen; und zwar
sind dies die zwei Elemente, die mit X bezeichnet sind,
und die beiden, die in der Tafel mit Y bezeichnet werden.
Betrachten Sie den Anfang der Spalte X. Der erste Stein
ist **024**. Der Regel gemäß hat das unmittelbar folgende
Stück darunter die Eckenwerte:

$(0 + 1), \quad (2 + 1), \quad (4 + 1)$

ordnungsgemäß aufzuweisen. Das ist dann der Stein **135**.

Welches Element muß auf die Kombination 135 folgen?
Es wird 240 sein, da wir uns in einer Algebra modulo 6
befinden. Auf Grund der Symmetrieeigenschaften der
gleichseitigen Dreiecke wissen wir, daß ein Element 024
auch die Folgen 240 und 402 repräsentiert. Desgleichen
kann der Stein 135 auch für die Folgen 351 und 513
eingesetzt werden. Somit sind zwei Steine 024 und 135
notwendig und auch ausreichend, um die 6 Kombinationen:

024   135   240   351   402   513

darzustellen. Ebenso übernehmen die zwei Y Elemente
042 und 153 die Darstellung der Kombinationen:

042   153   204   315   420   531.

Die zwei X und die zwei Y Elemente sind eine logische
Konsequenz unserer Ausgangsdefinition, aber sie können
nicht wie alle anderen Steine an den zyklischen Vertau-
schungen teilnehmen.
Das ist der Grund, weshalb sie in Bild 11.14 gesondert
aufscheinen. Die interessantesten Puzzles, die Sie untersuchen können, sind solche mit 72 Elementen — wobei
Sie die vier X und Y Steine beiseite lassen. Diese können
anschließend in Form kleiner Rhomben (s. Bilder 11.25
oder 11.26) angefügt werden.

11.D6 Gesellschaftsspiele?

Was die Gesellschaftsspiele mit 72 oder 76 Steinen betrifft, gestehen wir, wir haben sie noch nicht ausprobiert! Es ist schwer, 6 Spieler gleicher Fähigkeiten zu
vereinen. Bei zwei Spielern wiederum liegt das Problem
in der Anzahl der Spielsteine: 38 Steine für jeden. Für
die Verteilung der Spielsteine sind Regeln aufzustellen.
Beispielsweise werden die 72 Steine auf 3 Spieler folgendermaßen aufgeteilt:

zwei Tripelsteine
zehn Doppelsteine
zwölf Einfachsteine

Jeder Spieler wird 24 Steine erhalten — schon fast ein
echtes Trioker. Auf diese Weise bringt uns unsere Ab-
schweifung vom eigentlichen Thema: „Trioker" hier
wieder darauf zurück. Es ist vielleicht an der Zeit, auf
die Vorteile dieses 24-Stück-Vorrates hinzuweisen: 24 ist
teilbar durch 2, oder durch 3, oder 4, oder 6, 8, 12 ...
12 ...

12 Doppel-Trioker, dann Dreifach-Trioker und dann...

In allen bisher besprochenen Spielen vom Mikrotrioker mit 4 bis zum Super-Trioker mit 76 Elementen gilt das Gesetz, daß jede mögliche Bewertung *ein und nur einmal* auftreten darf. Es gibt in Ihrem Spiel nur einen einzigen Stein 332.

Wir gehen davon aus, daß Sie *alle* Möglichkeiten der erwähnten Spiele ausgenutzt haben. Dann können Sie jetzt Puzzles vollständig erneuern, gleichzeitig damit auch die Gesellschaftsspiele: Sie entscheiden sich für die gemeinsame Verwendung zweier identischer Steinmengen. Diese gestatten Ihnen beispielsweise die Bildung des Puzzles von Bild * 12.1.

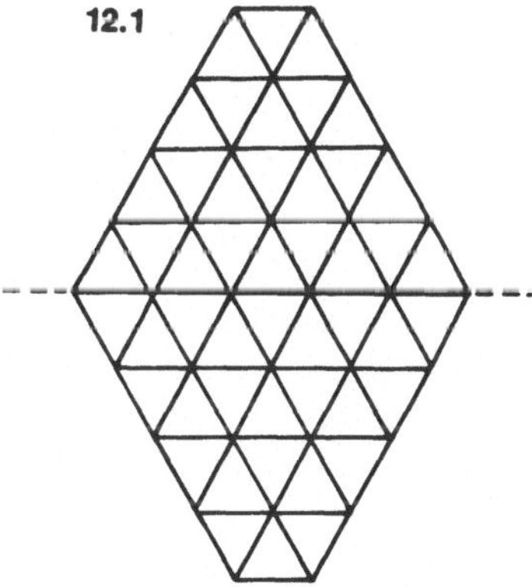

12.A Zwei Mini-Trioker

Zuerst einmal improvisieren Sie als Beispiel zwei Spiele mit je 11 Elementen: zwei „Mini-Trioker"; es wurde bereits auf Seite 89 beschrieben. Somit verfügen Sie über 22 Elemente, bestehend aus 2 Elementen 000, 2 Elementen 001 ... Es liegt an Ihnen, sich selbst eine geeignete Systematik der möglichen Zusammensetzungen zu erarbeiten.

Die zwei Bilder 12.2 zeigen, daß 000 zweimal im gleichen Sechseck vorkommen kann, ohne unmittelbar aneinanderzugrenzen ... Dies ist ein völlig neues Spiel, daß Ihnen jedoch gestattet, viele der Puzzleformen des „eigentlichen" Trioker wieder zu verwenden. Zu den Gesellschaftsspielen: sie sind vor allem für zwei Spieler interessant. Jeder erhält eine vollständige Menge mit 11 Steinen, so daß unabhängige Gleichheit garantiert ist. Um die Steine der beiden Spieler auseinanderzuhalten, genügt es, die 11 Steine eines Spiels mit einem schwarzen Punkt in der Mitte zu kennzeichnen: man hat dann die „schwarzen" und die „weißen" Steine. Das Spiel kann beginnen ...

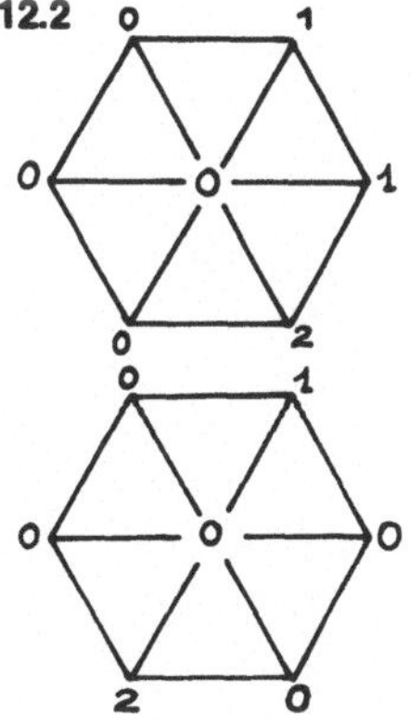

12.B Doppel-Trioker

Vereinen Sie zwei Mengen mit je 24 Elementen, kennzeichnen Sie alle Steine einer Menge durch einen schwarzen Punkt in der Mitte. Sie verfügen nun über 48 Steine, davon 2 Steine 000, 6 Steine mit 00 usf. Diese 48 Steine bieten Ihnen eine Fülle interessanter Möglichkeiten, von denen wir nur folgende anführen:

12.B.1 Einfache Puzzles

Sie können Worte bilden (Bild 12.3) oder auch den Ozeandampfer von Bild 11.18 konstruieren. Es wird Ihnen selbst eine Vielzahl von großartigen Puzzles mit 48 Elementen einfallen.

12.3

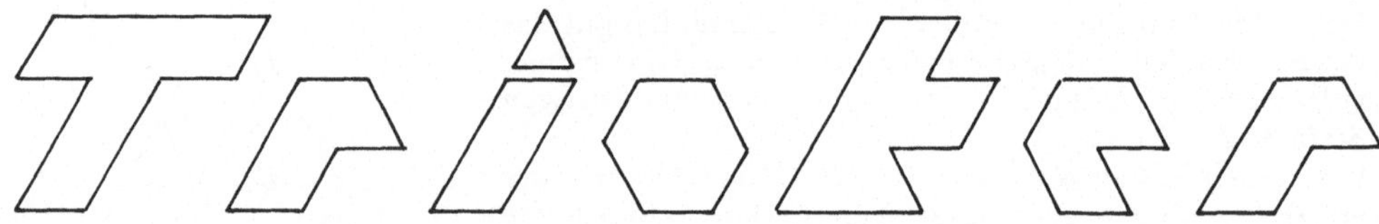

12.B.2 Schwierige Puzzles

Es ist an der Zeit, Ihnen ein bis jetzt wohlbehütetes Geheimnis anzuvertrauen. Mit den 24 logischen Elementen einer einzigen Menge ist es unmöglich, das Riesensechseck von Kapitel 3 (Bild 3.56) zu konstruieren.

*12.B.3 Können Sie mit aller Exaktheit beweisen, daß dies unmöglich ist und daß es allein an *einem einzigen Wert einer einzigen Ecke eines einzigen Dreieckeckes* liegt?

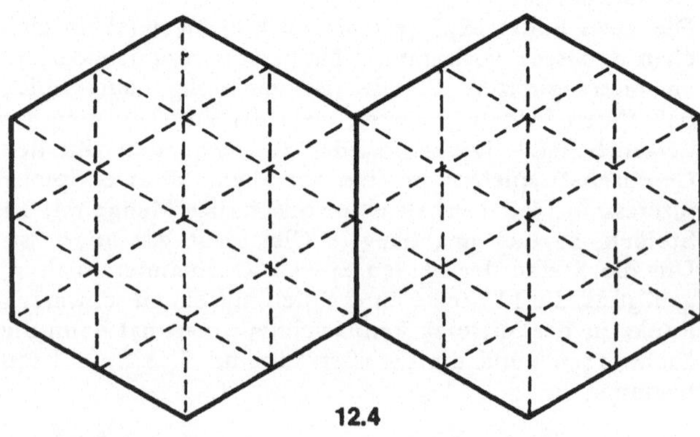

12.4

* **12.B.4** Aber wenn Sie zwei Mengen zu je 24 Elementen zusammenfassen, können Sie ohne weiteres *zwei* Riesensechsecke verwirklichen (Bild 12.4). Das erste wird durch 23, mit je einem schwarzen Punkt markierte Steine gebildet, der 24. Stein wird der anderen Menge entnommen. Symmetrisch dazu ...
Schauen Sie nicht allzu rasch auf Seite 182 nach!
Selbstverständlich können Sie alle bereits bekannten Formen mit 24 Teilen wieder aufnehmen und weiter entwickeln.
Zum Beispiel:

* **12.B.5** „Bilde einen Tisch mit 23 Elementen und stelle eine Zuckerdose mit 24 Elementen darauf — natürlich so, daß die Werte übereinstimmen!"

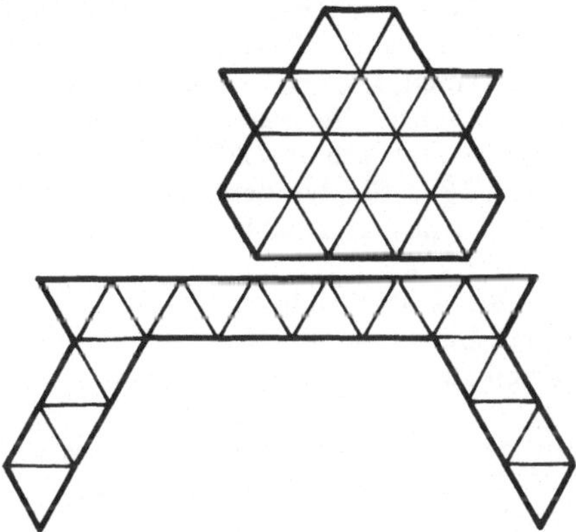

12.5 Tisch mit Zuckerdose (23 + 24 Steine)

12.B.6 Gesellschaftsspiele

Wenn bei zwei Spielern jeder eine Menge mit 24 Steinen erhält, so ist das Spiel vollkommen chancengleich, aber lang und schwierig. Wir sind keine Spitzenspieler und bevorzugen deshalb ein Spiel für 4 Teilnehmer mit folgender chancengleicher Aufteilung:
Zwei Spieler bilden die „schwarze Partei". Sie teilen sich die 24, mit je einem schwarzen Punkt markierten Steine entsprechend der Aufteilung, die Sie bereits im symmetrischen Zweikampf (Kap. 4, S. 29) kennengelernt haben. Einer der beiden wird die 12 „geraden" Steine der schwarzen Partei haben und sein Partner die „ungeraden".
Selbstverständlich teilen sich die beiden anderen Spieler die 24 „weißen" Steine symmetrisch dazu auf.

Die vier Spieler nehmen an den vier Seiten eines Tisches
Platz und spielen auf einer unbegrenzten Fläche. Jeder
Teilnehmer hat ständig alle Steine im Blickfeld. Wichtig
ist nun, daß jeder Spieler einen seiner Steine der Triokerregel entsprechend richtig plaziert und dabei versucht,
seine Gegner zu behindern, ohne seinen Partner allzu
sehr zu beeinträchtigen. Es ist verboten auszusetzen, solange man einen Stein setzen kann.

Hat sich *ein Spieler* aller seiner 12 Steine entledigt, so
ist seine Partei Sieger. Es ist darauf zu achten, daß es
nicht durch gegenseitige Blockade zu einem „Unentschieden" kommt. Viel Spaß am Spiel!

12.C Dreifach-Trioker

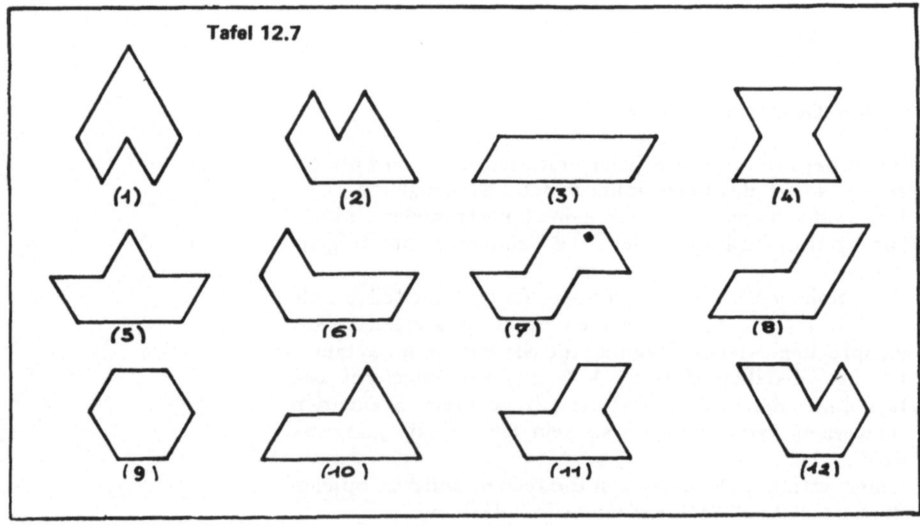

Warum sollten wir nicht ein „Dreifaches-Trioker", das
sind drei Spiele zu je 24 Elementen, ausprobieren?
Mit den 72 Steinen können Sie eine Unmenge großer
Puzzles verwirklichen, Sie verfügen bereits über geeignete Modelle — mit genau 72 Steinen — auf den Seiten 900 und 100. Sie werden feststellen, daß einige
dieser Puzzles leicht herzustellen sind.

* 12.C.1 ... Sie sollten sich ein allgemeines Grundprin-
zip überlegen, bevor Sie mit der Zusammensetzung von
Triokersteinen aus drei Spielen beginnen.

12.C.2 Mit den 72 Steinen können Sie auch alle 12 Figuren der Tafel 12.7 auf einmal verwirklichen.

Sie haben es geschafft? Prima! Aber Sie sind noch nicht
fertig. Die zwölf Blöcke können mit Kleber fixiert
werden (genauso wie die 2-Puzzles, 3-Puzzles ... entstanden sind). Sie erhalten zwölf 6-Puzzles mit ganz
unterschiedlichen Formen.

12.C.3 Können Ihre zwölf 6-Puzzles so zusammengesetzt werden, daß sie einen 72-teiligen Riesenrhombus
bilden? Zum Beispiel so wie in Bild 12.8?
Mit den Formen der verwendeten Figuren sind auch andere Spiele möglich, beispielsweise benützt man die 12
Teile von Bild 12.7, ohne die Werte an den Ecken oder
Kanten zu berücksichtigen [14] und [18]. Erstaunliche
Zusammensetzungen sind möglich — oder unmöglich;
die Erleichterung, daß jetzt jedes Stück „umgedreht"
werden kann, ist beachtlich.

12.8

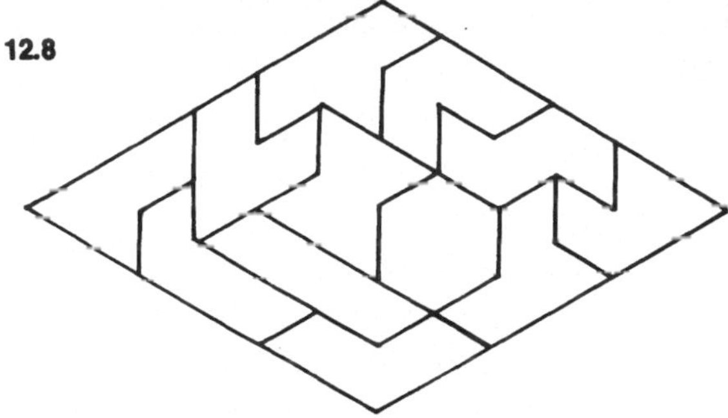

* **12.C.4** Doch wenn das Umdrehen der Steine verboten ist, was dann? Welche Formen sind in Tafel 12.7
zu verdoppeln, um gleichzeitig alle möglichen Formen
der 6-Puzzles ohne Spiegelung zur Verfügung zu haben?
Das Entchen „7" von Bild 12.7 schaut nach rechts: ein
zweites Entchen, das nach links blickt, ist vorzusehen
usw. Wieviele verschiedene Figuren werden Sie insgesamt erhalten?

* 12.D Eine schwere Frage

Wir wollen auch die Phantasie zu ihrem Recht kommen
lassen — und stellen eine schwierige Frage, die Sie faszi-
nieren wird. Kennen Sie, abgesehen von Trioker, ein
anderes logisches Spiel mit 24 Elementen, die folgende
Eigenschaften haben:

— dreieckig
— gleichseitig
— kongruent

und jedes Element unterscheidet sich von den 23 anderen durch eine bestimmte Wertverteilung, derart daß alle
möglichen Bewertungen ein und nur einmal auftreten?
Schauen Sie sich nicht gleich die Lösung an — eigentlich
die Lösungen, denn wir behandeln zwei sehr verschiedene in ausführlicher Form auf Seite 184. Suchen Sie zuerst selbst einmal. Ihre Lösung wird möglicherweise
anders sein und — warum nicht — auch besser als die
unsrige?

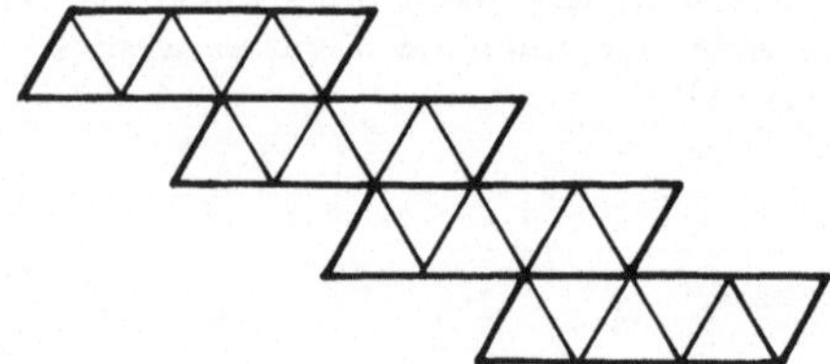

13 Das Anti-Trioker

Wie Sie wissen, haben alle motorisierten Fahrzeuge im
Straßenverkehr Kennzeichen; jedes Auto ist durch eine
Nummer zu identifizieren; doch wird die Zahl „13"
allein nur ungern verwendet. Wir, die wir nicht so aber-
gläubisch sind, nehmen das Risiko, ein Kapitel 13 zu
schreiben, auf uns. Doch um das Trioker nicht allzu
sehr zu gefährden, widmen wir dieses Kapitel dem Anti-
Trioker. Worum geht es hier?
Wenn Sie alle Möglichkeiten des Trioker erforscht haben, wenn Sie die den Zusammensetzungen innewohnen-
de Logik erfaßt haben — oder auch wenn Sie einfach
genug davon haben, stets nur Ecken mit gleichem Wert
zusammenzusetzen — dann werden Sie sich ein Anti-
Trioker ausdenken. Es handelt sich — beispielsweise —
darum, lineare Folgen zu bilden, d.h. Ecken zu Dreiergruppen zusammenzusetzen. Aber diese drei Eckenwerte
müssen nicht alle gleich sein. Man kann zum Beispiel
verlangen, daß ihre Gesamtsumme gleich 4 sein muß
(Bild 13.1).

13.1

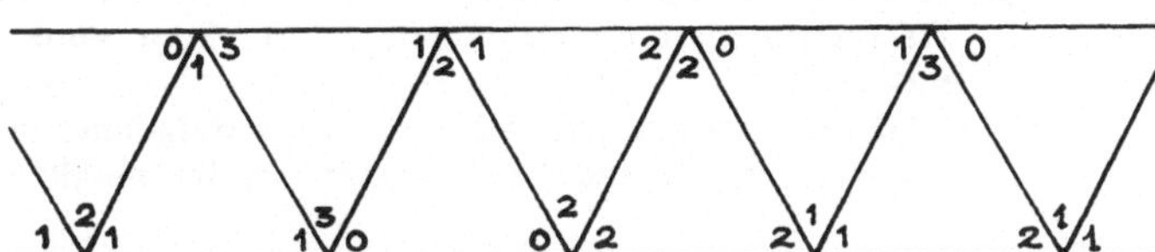

* 13.1 Wenn Sie von dieser Regel ausgehen, was können Sie dann voraussagen?

13.2 Oder auch: In einem Knoten werden jeweils drei Ecken zusammengefügt, die Summen der Eckenwerte solcher Knoten müssen am oberen Rand der Folge gerade sein, am unteren Rand ungerade (Bild 13.2)!

13.2

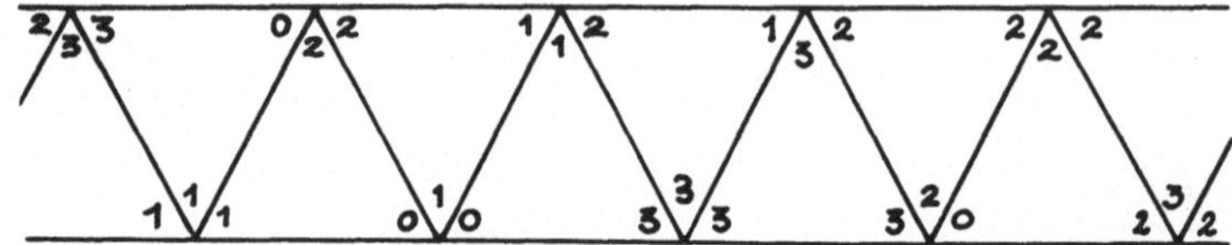

13.3 Oder auch noch: Am oberen Rand müssen die Summen der drei zusammengesetzten Eckenwerte gerade sein und immer größer werden bis 8, am unteren Rand müssen die Summen ungerade sein und ebenfalls von links nach rechts zunehmen bis 9 (Bild 13.3).
Wenn Sie eine solche Regel festlegen, welche Schlußfolgerungen lassen sich daraus ableiten?

13.3

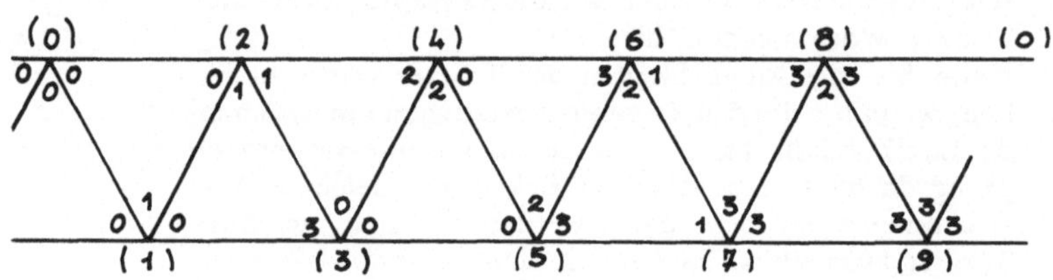

* 13.4 Noch im Rahmen des Trioker ist eine merkwürdige Frage zu stellen: Wenn es vier mögliche Werte für die Ecken Ihrer Steine gibt, können Sie die Steine dann folgendermaßen zusammensetzen:

1. Zu einer Form, die die größtmögliche Anzahl von *Vierer-Knoten* (4 Ecken treffen sich in einem Punkt) enthält.
2. In jedem Knoten mit 4 Ecken sollen möglichst die vier Werte 0, 1, 2 und 3 aufscheinen. Ist dies möglich?

Wie dem auch sei, vergessen Sie dieses Kapitel 13, wenn Sie von neuem mit dem echten Trioker spielen.

14 Neue Anregungen

14.A Kodierung und Umbenennung der Steine

Wir haben in diesem Buch seit Beginn eine bestimmte „Ordnung" der 24 verschiedenen Triokersteine verwendet. Diese Anordnung ist willkürlich: in Kapitel 6 haben Sie selbst nach anderen möglichen Ordnungen gesucht, die ebenso willkürlich, aber vielleicht vorteilhafter sind.
Weitere Auswahlkriterien sind notwendig, um jeden Stein eindeutig zu definieren. Der Name eines Steines wurde bis jetzt durch die drei Eckenwerte festgelegt, die in trigonometrischer (d.h. gegen den Uhrzeigersinn) Reihenfolge zu lesen waren. Die Symmetrien des gleichseitigen Dreieckes bewirken, daß jedem Nicht-Tripel-Stein drei verschiedene Namen zugeordnet werden könnten (Seite 49). Das Wesentliche daran ist, daß ein einziger Name ausreicht, ein und nur ein Triokerelement fehlerfrei zu identifizieren.
Man kann willkürlich eine Folge von mindestens 24 verschieden Symbolen auswählen und eine bijektive Abbildung mit der Liste unserer Elemente vereinbaren. Zum Beispiel:

000 → A, 001 → B, 002 → C, 003 → D   usw.

Dies ist ein Beispiel für einen „Kode", den wir später im „Buchstabenspiel" wiederfinden werden (Seite 142). Gibt es andere interessante Kodes? Wir werden einige angeben, wobei wir von vornherein betonen, daß diesen Numerierungssystemen teilweise eine Leistungsfähigkeit und Tragweite innewohnt, die unabhängig von unserem Spiel besteht; der einzige Verdienst, der hierbei dem Trioker zukommt, ist der, daß Sie diese Kodierungen kennenlernen, wenn Sie Ihnen nicht bereits schon bekannt sind.

14.A0 Zuerst ein Beispiel, um zu zeigen, daß es nicht immer leicht ist, eine Menge total zu ordnen. Wir erinnern uns der ersten „schnellen" Übungen von Kapitel 5. Jedem Stein kann man ein Zahlenpaar (S, P) zuordnen; S bezeichnet die Summe der Eckenwerte und P ihr Produkt.

Die Triokermenge mit den 24 Steinen kann in 10 Klassen entsprechend der Summe S, von S = 0 bis S = 9 aufgeteilt werden. Die Klassen werden nun geordnet, zuerst die Klasse 0 = [000], dann die Klasse 1 = [001], dann 2 = [002, 110] etc. Diese Anordnung ist für die Steine selbst unzureichend, da in bestimmten Klassen mehrere Elemente vereinigt sind.

*** 14.A1** Man kann sich dazu entschließen, die Elemente einer Klasse nach ihrem Produkt zu ordnen. Führt dies innerhalb der 24-Stück-Menge zu einer Totalordnung? Warum?
Können Sie diese Ordnung verbessern, indem Sie zuerst entsprechend dem Produktkriterium ordnen und anschließend entsprechend der Summe?

14.A2 Kodierung und Umbenennung

Jedem geordneten Paar (x, y) natürlicher Zahlen läßt sich eine Nummer zuordnen (Bild 14.1). Infolgedessen kann man die Zahlenpaare total ordnen. Für Dreierkombinationen natürlicher Zahlen, wie es die Namen der Triokersteine sind, läßt sich (beispielsweise) auf einer Achse die Totalordnung der Paare angeben, und auf einer Achse Z wird der dritte Wert zugeordnet. Man erhält Bild 14.2.
Somit wird dem Namen eines Triokersteines eine natürliche Zahl zugeordnet. Zum Beispiel:

dem Stein **111** $\rightarrow$ 16,   dem Stein **012** $\rightarrow$ 12.

Zweideutigkeit ist ausgeschlossen. Dies ist der entscheidende Vorteil dieser Kodierung.
Aber, hat sie auch Nachteile?

*** A2.1** Welche Überlegungen führen zur Gesamtzahl der „Knoten", die Sie numerieren müssen, um alle Triokersteine zu verschlüsseln? Können Sie diese Zahl berechnen, ohne Bild 14.2 weiter auszuführen?

*** A2.2** Welche Bedeutung haben die Felder, die der horizontalen Linie, die mit 14 beginnt, angehören?

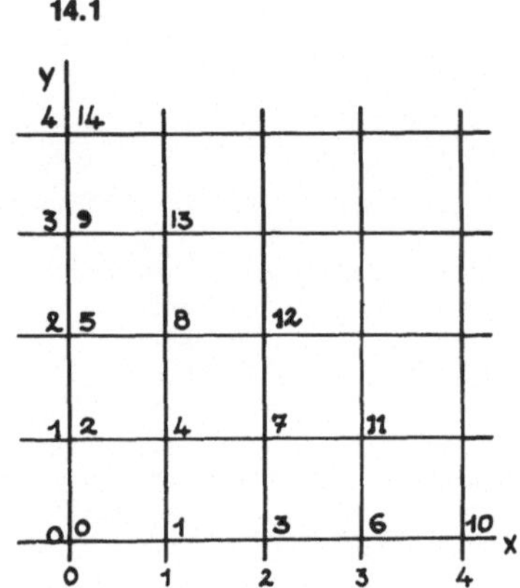

14.1

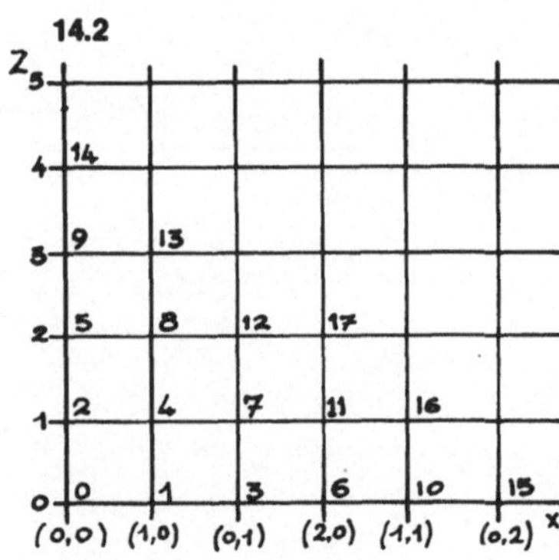

14.2

14.A3 Versuch einer anderen Kodierung

Im Dezimalsystem heißen die vier möglichen Werte
0, 1, 2 oder 3. Werden diese Werte binär interpretiert,
wird man 00, 01, 10 oder 11 schreiben. Der **Name**
eines Steines wird dann zu einer Binärzahl mit 6 Zeichen, die man anschließend ins Dezimalsystem übertragen kann. Rasch ein Beispiel: Der Stein mit dem
Namen **012** wird binär mit 00, 01, 10 bezeichnet.
Dieser Binärzahl entspricht $0 + 0 + 0 + 4 + 2 + 0 = 6$
im Dezimalsystem. Wir erhalten auf diese Weise (Tafel 14.3) eine Totalordnung für die 24 Steine, von 0
für das Element **000** bis 63 für das Element **333**.

* 14.A3.1 Fällt Ihnen an diesem Wert 63 etwas auf?

14.3

Name	binär –						dezimal	« x »	« y »
	$2^5 = 32$	$2^4 = 16$	$2^3 = 8$	$2^2 = 4$	$2^1 = 2$	$2^0 = 1$			
000	0	0	0	0	0	0	0	0	0
001	0	0	0	0	0	1	1	4	16
002	0	0	0	0	1	0	2	8	32
003	0	0	0	0	1	1	3	12	48
012	0	0	0	1	1	0	6	24	33
021	0	0	1	0	0	1	9	36	18
111	0	1	0	1	0	1	21	21	21
112	0	1	0	1	1	0	22	25	37
113	0	1	0	1	1	1	23		
110	0	1	0	1	0	0	20		
123	0	1	1	0	1	1	27		
132	0	1	1	1	1	0	30		
222	1	0	1	0	1	0	42		
223	1	0	1	0	1	1	43		
220	1	0	1	0	0	0	40		
221	1	0	1	0	0	1	41		
230	1	0	1	1	0	0	44		
203	1	0	0	0	1	1	35		
333	1	1	1	1	1	1	63		
330	1	1	1	1	0	0	60		
331	1	1	1	1	0	1	61		
332	1	1	1	1	1	0	62		
301	1	1	0	0	0	1	49		
310	1	1	0	1	0	0	52		

14.A.3.2 Können Sie trotz Schließen des Buches die
vorhergehende Tafel 14.3 erstellen?

* 14.A.3.3 In der vorangegangenen Totalordnung Ihrer
24 Steine gibt es den Fall, daß die Dezimalzahl zweier
spiegelbildlicher Einfachstücke nicht unmittelbar aufeinander folgt. Wie lautet ihre Bezeichnung?

* **14.A.3.4** In der Tafel 14.3 haben wir zwei Kolonnen „x" und „y" begonnen. Können Sie diese identifizieren und vervollständigen?

14.A4 Weitere Binärkodierungen

Man schreibt den Wert jeder Ecke in der Reihenfolge des Namens binär an und fügt zwischen die drei Binärwerte jeweils eine Null ein.
Die so zustande gekommenen Binärzahlen variieren von:
$00000 \rightarrow 0$ dezimal für den Stein **000** bis zu
$11011011 \rightarrow 219$ dezimal für den Stein **333**.
Tafel 14.4 zeigt den Beginn einer Tabelle, zu deren Vervollständigung wir Sie einladen.

14.4

Name	1. Wert	Zwischen-null	2. Wert	Zwischen-null	3. Wert	Binär-Wert	Dezimal-Wert
000	0	0	0	0	0	00000	0
001	0	0	0	0	1	00001	1
002	0	0	0	0	10	000010	2
003	0	0	0	0	11	000011	3
012	0	0	1	0	10	001010	10
021	0	0	10	0	1	001001	9
111	1	0	1	0	1	10101	21
112	1	0	1	0	10	101010	42
		0		0			
		0		0			

14.A.5 Kodierung mit der Basis 3

Gegeben sei eine Numerierung mit der Basis 3, die die Zeichen 0, 1 und 2 verwendet. Die Eckenwerte: 0, 1, 2, 3 der Steine werden dann in der Form: 0, 1, 2, 10 geschrieben.
Jeder Wertfolge mit dem üblichen Namen eines Steines können wir dann eine Zahl mit der Basis 3 zuordnen.

Zum Beispiel:

> der Stein **000** wird weiterhin mit 000 beschrieben und 0 wert sein;
> der Stein **001** wird weiterhin mit 001 beschrieben und 1 wert sein;
> der Stein **002** wird weiterhin mit 002 beschrieben und 2 wert sein;

Aber der Stein **003** schreibt sich 010 und wird 3 wert
sein;
der Stein **012** schreibt sich 012 und wird 5 wert
sein ...
* Zu welchem Stein gehört der Dezimalwert 273?

14.A.A6 Kodierung mit der Basis 4

Die soeben besprochene Kodierung ist ziemlich kompliziert bei mäßigem Resultat. Im Gegensatz dazu ist die
Numerierung mit der Basiszahl 4 recht vielversprechend.
Für jede Ecke haben wir 4 mögliche Werte. Diese Werte
0, 1, 2 und 3 werden ganz einfach in der gleichen Form
0, 1, 2 und 3 geschrieben.

der Stein **000** schreibt sich 000 mit dem Zahlenwert 0
(dezimal)
der Stein **001** schreibt sich 001 mit dem Zahlenwert 1
(dezimal)
der Stein **110** schreibt sich 110 mit dem Zahlenwert 20
(dezimal)
der Stein **111** schreibt sich 111 mit dem Zahlenwert 21
(dezimal)
der Stein **230** schreibt sich 230 mit dem Zahlenwert 44
(dezimal)

* Diese Aufzählung ist zu Ende zu führen. Was halten Sie
davon?

14.A7 Weitere Kodierungen

Man kann ein anderes Numerierungsprinzip, das auf
Gödel zurückgeht, anwenden, wobei zu bemerken ist,
daß es sich hierbei um ein mathematisches Hilfsmittel
mit außerordentlichen Fähigkeiten handelt. Das Prinzip
dieser Kodierung beruht auf folgender Schreibweise:

$$2^x \quad 3^y \quad 5^z$$

x, y, z sind die numerischen Werte der jeweiligen Dreierkombination; hier bilden die drei Zahlen den Namen
eines Steines.
Zum Beispiel,

der Stein **000** schreibt sich $2^0 \cdot 3^0 \cdot 5^0 = 1$
der Stein **111** schreibt sich $2^1 \cdot 3^1 \cdot 5^1 = 30$
der Stein **123** schreibt sich $2^1 \cdot 3^2 \cdot 5^3 = 2250$

* A.7.1 Setzen Sie diese Kodierung fort.

* A.7.2 Warum werden die numerischen Werte 2, 3 und
5 gewählt? Wenn Sie eine Kombination von vier Zahlen
zu kodieren haben, welcher Wert wird auf „5" folgen?

Wenn Sie die besprochenen Kodierungen durch Übungen ergänzen wollen, können Sie die Namen der 24 Steine entsprechend abändern.
Beispielsweise gehen Sie von folgender Definition aus:

Der Name eines Steines ist eine Zahl, bestehend aus drei Ziffern, die die drei im trigonometrischen Sinn gelesenen Eckenwerte angeben, wobei mit dem jeweils kleinsten begonnen wird.
Da es mehrere Ecken mit dem kleinsten Wert gibt, wird der Name gewählt, der den kleinsten Zahlenwert der drei Ziffern repräsentiert.
Überzeugen Sie sich selbst, daß in der Ordnungstafel auf Seite 9 die Steine der dritten Reihe dann folgendermaßen bezeichnet werden:

222   223   022   122   123   132

Sollten Sie besonders eifrig sein, dann wenden Sie die verschiedenen Kodierungstechniken auf das Maxi-Trioker (Seite 91) und auf das Super-Trioker (Seite 96) usw. an.

14.B Allgemeines zu „Darstellungen"

Es ist nicht anzunehmen, daß ein Schüler, auch wenn er ungeschickt ist, eine Zahl mit einer ihrer Darstellungsarten verwechselt; um hier nicht nur von gewissen Darstellungen zu sprechen, ein Beispiel: jeder weiß, daß $3 + 2$, fünf, five, $+ \sqrt[2]{25} \ldots$ Beschreibungen eines einzigen Sachverhaltes, einer bestimmten Zahl sind.
Aber es kann komplizierter werden, und Verwechslungen zwischen dem darzustellenden Objekt und einer seiner Darstellungsarten sind häufig anzutreffen; man spricht auch von dem Bezeichneten und dem Bezeichnenden oder bei anderer Gelegenheit von Strukturiertem und Struktur. Gewiß, wir haben Sie in diesem Buch mit der Darstellung bestimmter „Situationen" bekannt gemacht, doch gibt es in diesem Bereich zahlreiche Auswahlmöglichkeiten.

14.B1 Beispielsweise ist die Information, die aus den beiden Diagrammen in Bild 14.5 zu erhalten ist, dieselbe. Ebenfalls haben die zwei Graphen von Bild 14.6 denselben Informationsgehalt. In beiden Fällen reicht eine einfache Umformung des dargestellten Sachverhaltes aus, um einen recht unterschiedlichen Eindruck einer bestimmten Relation zu vermitteln.

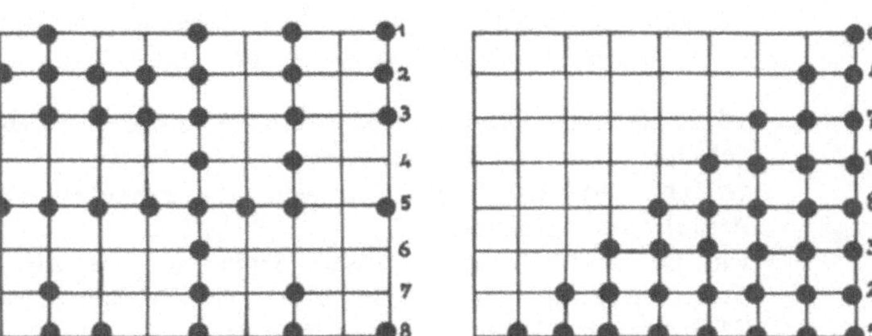

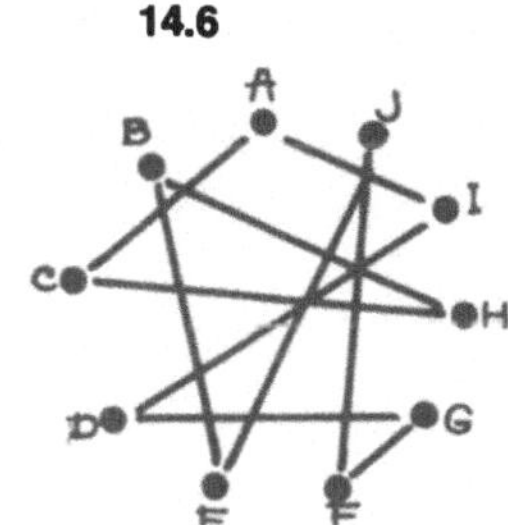

Vielleicht bedürfen unsere Darstellungen doch einer Verbesserung. Bestimmte einfache Gesetze können durch eine mittelmäßige Veranschaulichung verschleiert werden: es ist wesentlich, die Darstellungsmöglichkeiten durchzugehen, um die beste herauszufinden.

Zum Beispiel verwendet das karthographische Institut der "Ecole Pratique des Hautes Etudes" in Paris ein Dominospiel (schwarz und weiß) um eine rasche Durchführung von Permutationsversuchen zu ermöglichen. Jeder der Dominosteine ist zweifach durchlöchert.

Folglich ist es möglich, „mit der Hand" eine Zeile mit einer anderen zu vertauschen und dieselbe Operation auch mit einer oder mehreren Spalten durchzuführen. Sie merken schon, das Thema ist unerschöpflich ...

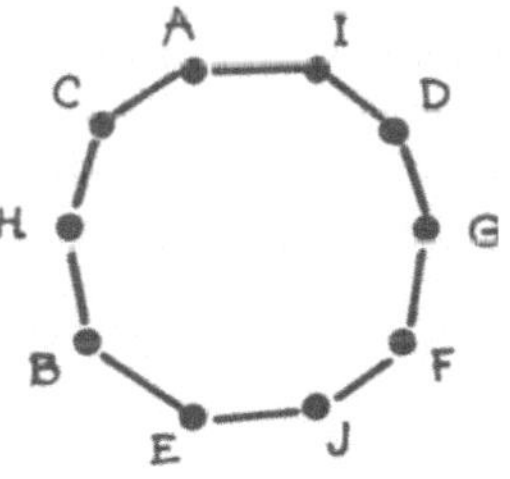

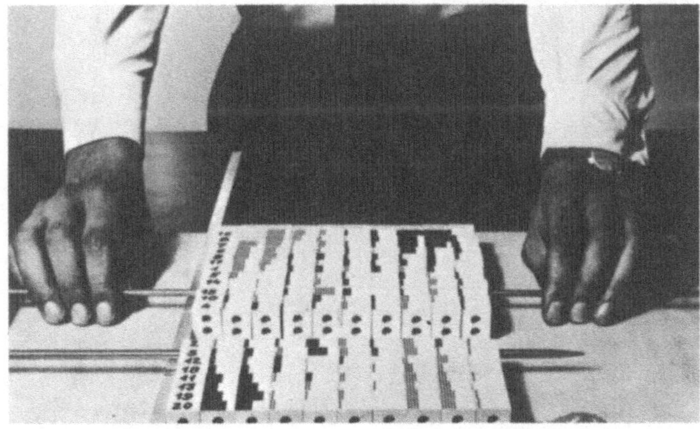

Bild 14.7 verwenden wir mit der freundlichen Genehmigung von Bertin, Sémiologie graphique, Gauthier Villars, Paris.

Bild 14.7 verwenden wir mit der freundlichen Genehmigung von Bertin, *Sémiologie graphique*, Gauthier Villars, Paris.

14.B2 Weitere Abbildungen bedürfen sicherlich ausgefeilter Darstellungen. In bestimmten einfachen Begriffen sind Anregungen zu weiterem Forschen und Ausarbeiten enthalten.
Ein Beispiel: wir setzen unsere Steine so, wie wir es bereits gewohnt sind. Nennen wir M die Menge der 24 Steine und R die Menge der Ränder.

R = [00, 01, 02, 03, 10, 11, 12, 13, 20, 21, 22, 23, 30, 31, 32, 33].

Sofort kann die Abbildung „Rand" von R nach M erstellt werden. Aber sehr rasch wird bei bestimmten Rändern klar, daß die vorgeschlagene Zuordnung keinerlei wünschenswerte Information vermittelt. Infolge der Reichhaltigkeit des Trioker haben Steine, die nicht einfach sind, mehrere „gleiche" Ränder. Schauen Sie sich Bild 14.8 an. Welche neue(n) Zuordnung(en) ist (sind) vorzuschlagen? Welche Darstellung(en) ist (sind) auszuwählen? Vielleicht erreichen Sie durch weitere Studien neue Erkenntnisse in der hohen Kunst des Trioker?
Beachten Sie die grundlegende Bedeutung dieser Fragen, in denen implizit die Erkenntnisse und Erfahrungen vom ersten Puzzle an enthalten sind.

14.8

	000	001	002	003	012	021	111
00	(3)	1	1	1	0	0	0
01	0	1	0	0	1	0	0
02	0	0	1	0	0	1	0
03	0	0	0	1	0	0	0
10	0	1	0	0	0	1	0
11	0	0	0	0	0	0	(3)
?	?	?					

14.C Symmetrien der Steine und Puzzles

14.C1 Symmetrien der Steine

Die Theorie der Symmetrie gleichseitiger Dreiecke ist
bereits vollständig entwickelt, und wir gehen hier nicht
weiter darauf ein. [01], [24], [31]
Doch ist uns daran gelegen, dann die Triokersteine
sind bemerkenswerte Beispiele, um teilweise schwierige
Begriffsbildungen zu veranschaulichen.

- Die Symmetrien eines Tripelsteines?
               eines Doppelsteines?
               eines Monosteines?
- Vergleichen Sie im besonderen den Stein 012 mit
sich selbst. Schneiden Sie zwei gleichseitige Dreiecke
aus und bilden Sie *zwei* Steine 012. Sie stellen fest,
daß sie nicht triokergemäß zusammengesetzt werden
können.
- Nehmen Sie aber den Stein 012 und den Stein 021,
so können Sie diese zwei Steine unabhängig von den
drei Seiten zusammenfügen!
Dies ist auch der Anlaß, den Namen der Steine „Mono
B" besonders hervorzuheben. Bei dem veröffentlichten
Spiel mit Plastiksteinen trägt jedes Element eine schmale
vertiefte Zentralachse — außer den vier „Einfachsteinen
B", die jeweils eine erhöhte Zentralachse haben.

* 14.C2.0 Welche Änderung ist in der Tafel der logischen Anordnung vorzunehmen, um die Existenz des
Spiegelbildes eines jeden Monosteines besonders deutlich
werden zu lassen? (Spiegelbildlichkeit der Steine A und
der Steine B).

14.C2.1 Symmetrien der N-Puzzles: Eine Frage zu den
N-Puzzles: Mit welchen Einfach-Formen können Sie
zwei spiegelbildliche Puzzles erzeugen? Als Beispiel:
Bild 14.9.
Es handelt sich hier um die vollständige Symmetrie
zweier 2-Puzzles.

14.C3.2 Finden Sie eine vollständige Symmetrie zu
zwei 4-Puzzles. Da bei Ihrem Spiel das Prinzip gilt,
daß jeder Stein „einmalig" ist, ist es klar, daß eine vollständige Symmetrie nicht existieren kann, sobald ein
„Tripel" im Spiel ist — weil es nicht verdoppelt werden
darf.

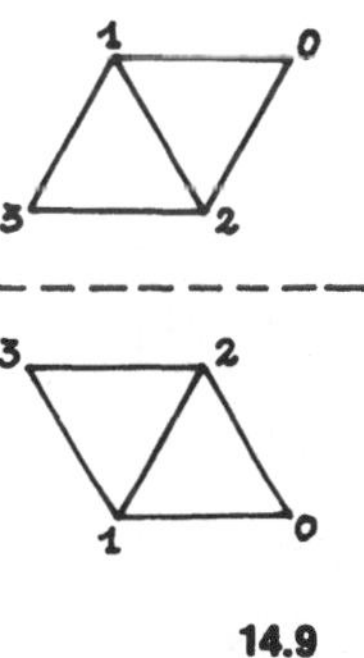

14.9

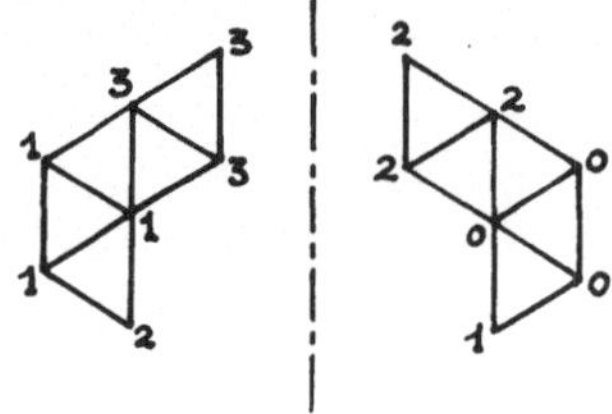

14.10

Zur weiteren Besprechung werden auch sog. „Quasisymmetrien" zugelassen: eine solche besteht zwischen zwei N-Puzzles, die aus Elementen gleichen Typs wie zum Beispiel „Tripel" oder Doppelsteinen bestehen und symmetrischen Umriß haben. Der einfachste Fall ist jener, bei dem eine Quasisymmetrie dadurch entsteht, daß die Eckenwerte genau um eine Einheit niedriger sind als die vorgegebenen.
Ein Beispiel: Die zwei Fünfer-Puzzles von Bild 14.10 werden als „quasisymmetrisch" (= qs) bezeichnet.

* **14.C3.3** Bilden Sie zwei qs. Sechsecke.

* **14.C3.4** Bilden Sie zwei qs. Zwölfer-Puzzles.
Man begegnet hier wieder dem Begriff der zyklischen Permutation, der es ermöglicht, den logischen Zusammenhang innerhalb einer Ordnungsspalte herzustellen (Tafel auf Seite 9):

— für alle Tripelsteine,
— für alle Doppelsteine, beispielsweise vom Typ: 001 — 112 — 223 — 330
— für alle Einfachsteine, beispielsweise vom Typ: 012 — 123 — 230 — 301.

14.C4 Um die Verwendung numerischer Werte zu vermeiden, kann man Buchstaben wie a, b, c, und d aneinanderfügen, um damit die Eckenwerte darzustellen.
Die Tripel werden zu „aaa, bbb, ccc, ...
Die Doppelsteine werden zu „aab, bbc, ccd, ...
Die Einfachsteine werden zu „abc, bcd, cda ...
Das Trioker verwandelt sich zu:

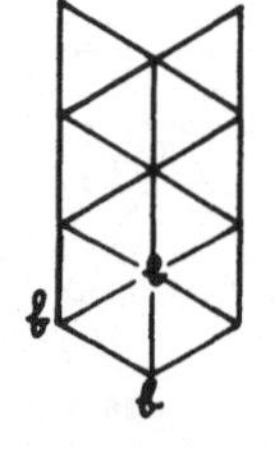

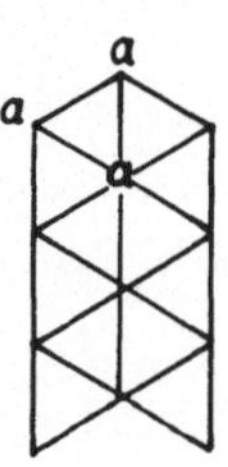

14.12

14.11

Tripel-steine	Doppelsteine			Einfachsteine	
				A	B
aaa	aab	aac	aad	abc	acb
bbb	bbc	bbd	bba	bcd	bdc
ccc	ccd	cca	ccb	cda	cad
ddd	dda	ddb	ddc	dab	dba

Diese Benennung ist besonders praktisch für Wiederholungspuzzles (Seite 49) und vor allem im „Maxi-" und „Super"-Trioker, wobei die Alphakodierung auf sechs mögliche Eckenwerte zu erweitern ist.

120

14.D Aufzählung der Formen von N-Steinen

In diesem Abschnitt kümmern wir uns nicht um die
Eckenwerte; das einzige, was uns hier interessiert, ist
der Umriß einer Form, die durch die Zusammensetzung
von N Triokersteinen entsteht.

14.D1 Für N = 1, einen einzigen Stein, ist es klar,
daß es nur eine einzige Form geben kann.

14.D2 Für N = 2 ist es bereits *weniger* klar, daß zwei
zusammengesetzte Steine stets die gleiche Form ergeben. Dies liegt daran, daß die beiden gegenüber gestellten Umrisse (Bild 14.13) identisch sind.

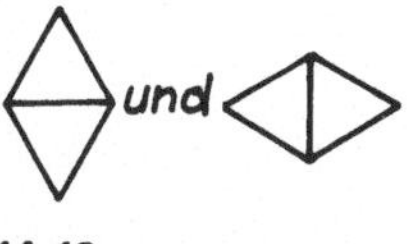

14.13

14.D3 Für N = 3 ist es *noch weniger* klar, daß drei
zusammengesetzte Triokersteine stets denselben Umriß haben.

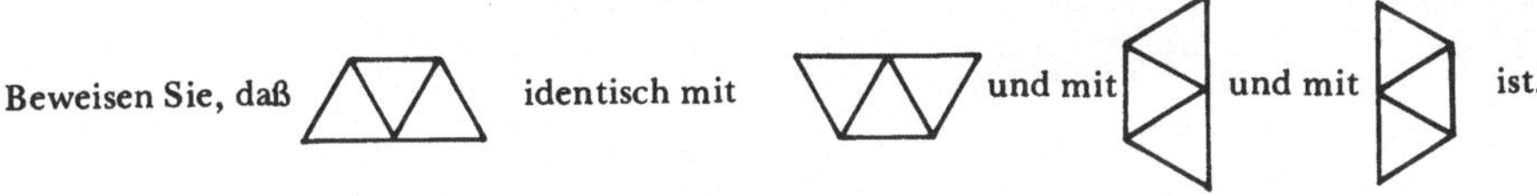

Beweisen Sie, daß   identisch mit   und mit   und mit   ist.

14.D4 Unerwartet erhält man für N = 4 vier verschiedene Umrisse A, B, C und D (Bild 14.14).

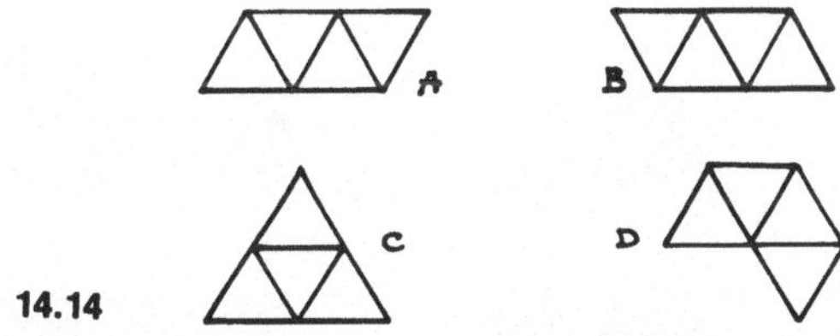

14.14

Es ist wichtig zu beachten, daß die Form A nicht identisch mit der Form B ist: wird B in seiner Ebene gedreht,
so gelangt man nicht zu einer Identität mit A.
Im Unterschied dazu erkennen Sie, daß

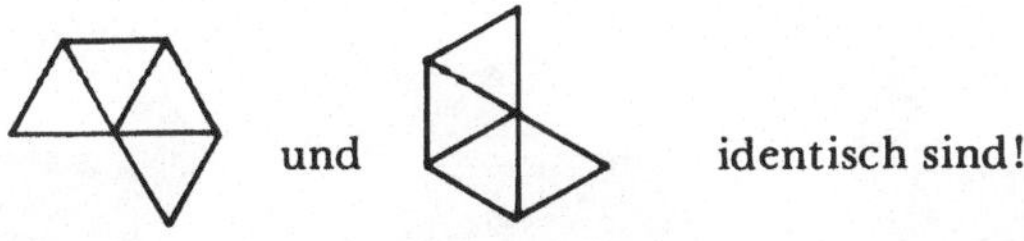

und   identisch sind!

* **14.D5** Wieviele verschiedene 5-Puzzles, bzw. *Penta-Dreiecksflächen* — 5 gleichseitige Dreiecke werden zusammengesetzt — können Sie entdecken?

* **14.D6** Wieviele Hexa-Dreiecksflächen oder ,,6-Puzzles" sind möglich?

* **14.D7** Bild 14.15 ist einem Buch von Gardner [14] entlehnt; werden in diesem Bild alle 7-Puzzles oder *Hepta-Dreiecksflächen* aufgezeigt?

14.15

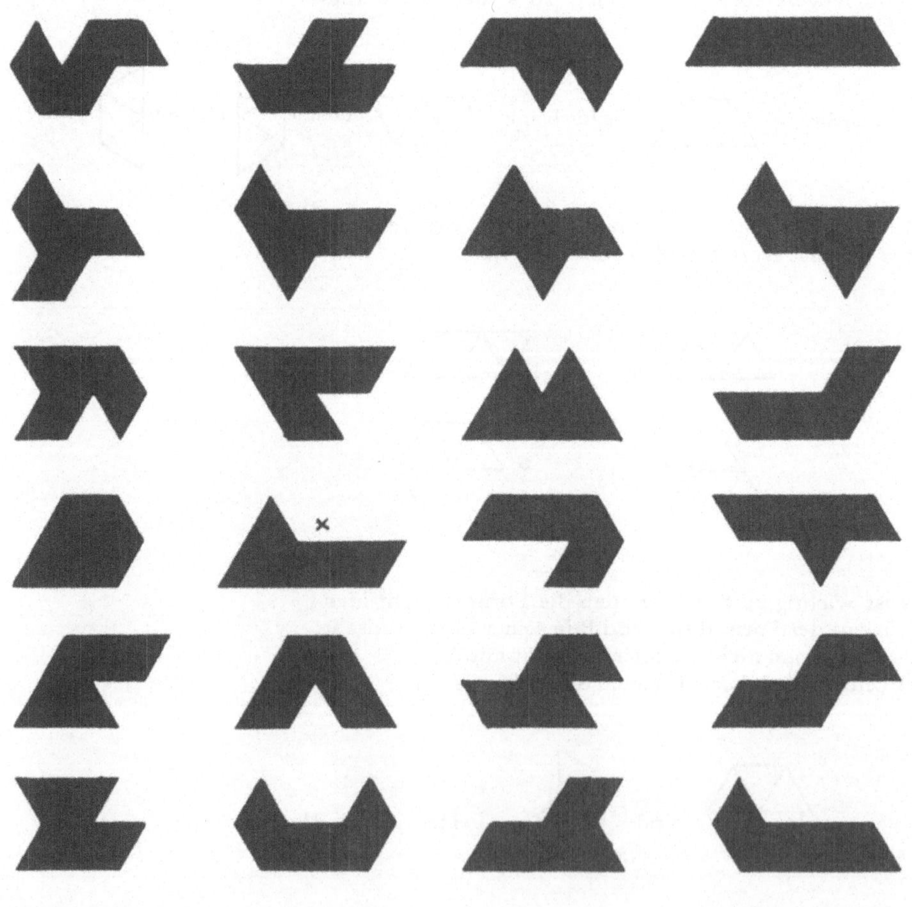

14.D8 Zwei Variationsmöglichkeiten werden vorgeschlagen, um diese Fragen nach den möglichen Formen für N Steine zu beantworten.

14.D8.1 Man kann den Umriß der elementaren Fläche verändern. Bis jetzt haben wir das gleichseitige Dreieck verwendet, um 3-Puzzles, 4-Puzzles, 5-Puzzles ... N-Puzzles zu bilden.
Im Unterschied dazu gehen wir jetzt von unserem einzigen 2-Puzzle als Grundfläche aus: einem Rhombus mit Winkeln von 60° und 120°. Bei Myx [24] werden sie als die „Mandelschnitten" bezeichnet.

*** 14.D8.1.1** Wieviele verschiedene Formen können mit zwei zusammengesetzten Schnitten verwirklicht werden? Antworten Sie nicht voreilig ...

14.D8.2 Wieviele verschiedene Formen sind mit „Dreier-Schnitten" zu verwirklichen?

14.D8.3 Die zweite Variante, die Formenzahl zu bestimmen, besteht darin, das „Drehen" eines Steines außerhalb seiner Ebene zu gestatten.
Nun, in Bild 14.14, die 4-Puzzles A, B, C und D betreffend, erkennt man, daß A, wird seine Form im Raum gedreht, identisch mit jener von B wird. Für N = 4 haben wir dann nicht mehr als drei verschiedene Formen.
Alle diese Fragen werden in dem Buch von S. Golomb *Polyominoes* [18] erörtert.
Aber es bleibt zumindest eine ungelöste Frage: definiere einfach und ohne Mehrdeutigkeit die Form eines bestimmten N-Puzzles. Das zweite N-Puzzle in der vierten Reihe von Bild 14.15 ist als Beispiel durch ein Kreuz markiert: betrachten Sie es einige Sekunden und kehren Sie dann zu dieser Seite zurück. In Bild 14.16 sind vier Formen von 7-Puzzles zu sehen: welches ist, oder welche sind verschieden zu der in 14.15 markierten Figur? Nicht mogeln ... Vielleicht — dies nur als Anregung — muß man nach einer Symbolik suchen, die es ermöglicht, jede Form, die mit einem N-Puzzle möglich ist, anzugeben. Es ist sicher schwierig, Zweideutigkeit zu vermeiden — ein Grund mehr es auszuprobieren; man wird sich auf einige N-Puzzles beschränken: **14.E** wird Ihnen weiterhelfen.

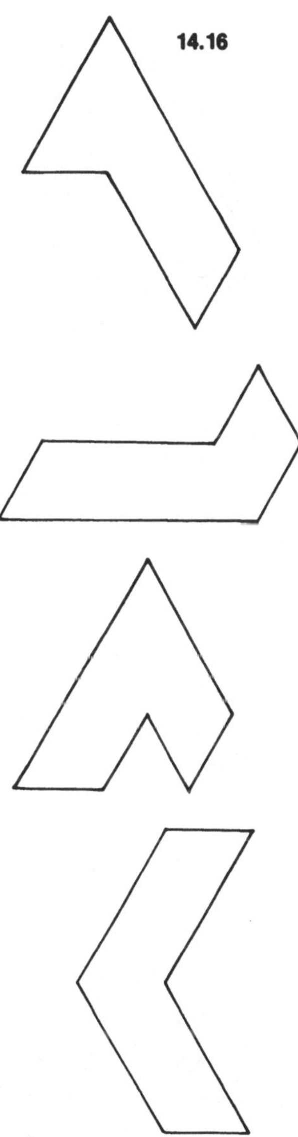

14.16

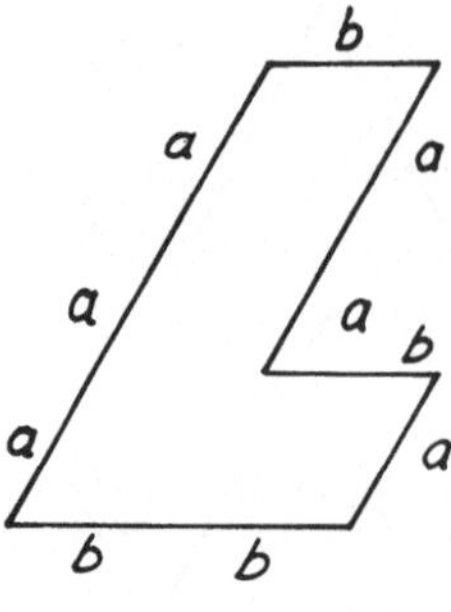

14.17

14.E Beschreibung der Formen durch ihren Umriß

Mit Hilfe eines Netzes mit Dreieckmaschen stellt man den Umriß einer sehr einfachen Figur dar: zum Beispiel den Buchstaben L (Bild 14.17). Um diesen Umriß zu beschreiben, verwenden wir ein Alphabet mit drei Elementen a, b, c, die folgendermaßen zugeordnet werden:

a: /   b: —   c: \

Die vorgegebene Form kann somit durch das Wort: „aaa—b—aa—b—a—bb" oder auch durch „a^3—b—a^2—b—a—b^2" beschrieben werden.
Was sagt uns die Summe der Exponenten im zweiten Wort?
Können Sie andere Wörter, die dasselbe Puzzle beschreiben, mit diesem Alphabet bilden? Bilden Sie alle möglichen; wieviele gibt es?

14.E.1.1 Nehmen Sie eines der „Wörter", die das vorangehende Puzzle beschreiben. Können Sie mit den Buchstaben dieses Wortes ein neues Wort bilden, das ein anderes Puzzle beschreibt?

14.E.1.2 Wieviele Buchstaben brauchen Sie mindestens, um ein Wort, das ein Puzzle mit 6 Steinen beschreibt, zu bilden? Beantworten sie dieselbe Frage für ein Puzzle mit 10 Steinen.

14.E.1.3 Erscheint Ihnen die verwendete Kodierung sinnvoll?

14.E.2 Es ist offensichtlich, daß dieses Alphabet unzureichend ist. Versuchen Sie nun auch, den Umlaufsinn für den Umriß der angegebenen Form zu verschlüsseln.

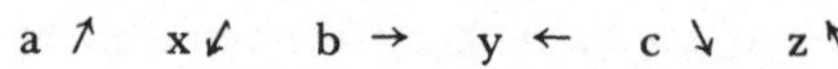

Jetzt haben wir ein Alphabet mit sechs Elementen. Es soll damit die Puzzleform (Bild 14.18) mit 13 Elementen beschrieben werden.
Ich kann ihr das Wort aac-ac-ac-acc-yyyyy zuordnen.
Man kann das Wort beliebig trennen, zum Beispiel:

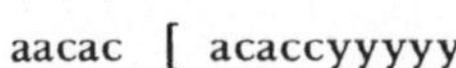

aacac [acaccyyyyy

und ein neues Wort durch Verbinden der zwei Wortteile in umgekehrter Reihenfolge erhalten.
Ein neues Wort entsteht. Kann man ihm ein Puzzle zuordnen? Ist es dasselbe? Kann ich dieses Wort beliebig trennen und wieder zusammensetzen, um ein Wort zu erhalten, das tatsächlich ein Puzzle beschreibt?

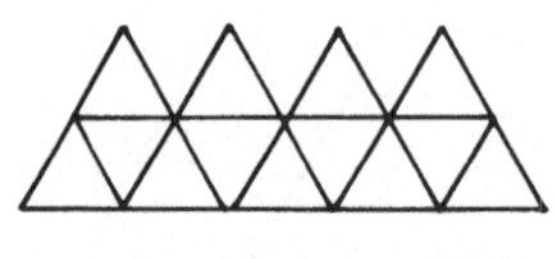

14.18

14.E.3 Zur Entspannung

Mit dem gleichen, soeben definierten Alphabet wird eine Form beschrieben:

acaazabcbxycccyzxyyz.

Können Sie diese Figur angeben?

14.E.4.1 Beschreiben Sie mit dem gleichen Alphabet zuerst die Form von Bild 14.19 (mit 13 Steinen), anschließend die Form von Bild 14.20 (mit 12 Steinen).
... Daraus folgt: das „Wort" beschreibt nur die äußere Kontour.

14.E.4.2 Welche Angabe muß einem Wort hinzugefügt werden, damit man Figuren, wie in den Bildern 14.19 und 14.20, unterscheiden kann?

14.E.4.3 In welchem Fall sind Wort *und* Gesamtzahl der Steine ausreichend, um ein Puzzle eindeutig zu bestimmen?

* **14.E.4.4** Führen Sie ein Beispiel an, bei dem Wort und Gesamtzahl der Steine nicht ausreichen, um ein Puzzle eindeutig zu bestimmen.

14.E.4.5 Schreiben Sie Wörter mit dem Alphabet von 14.E.2. Welche Regeln müssen beachtet werden, damit ein Wort einer Form entspricht?

14.E.6 Sie werden feststellen, daß mit diesem Kodierungsversuch nur Formen, bzw. ihre Umrisse festgehalten werden — nicht aber die Puzzles selbst!
Wer wird sich an das schwierige Problem der Kodierung von Puzzles heranwagen? Wir, wir sind zumindest dabei ...

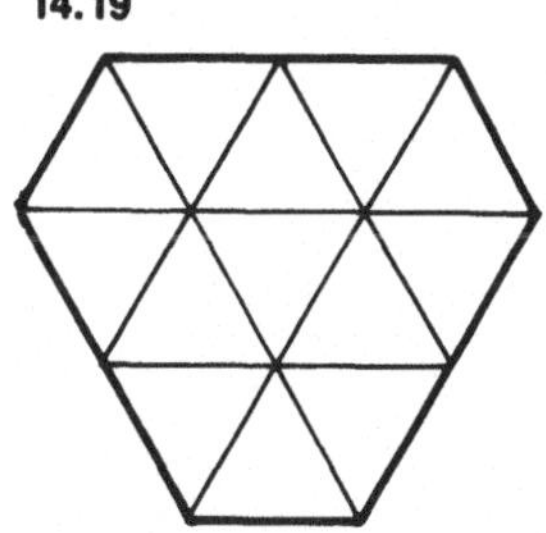

14.19

14.20

14.F Einige Worte zum Computer

Dieses leistungsfähige Werkzeug, der Computer, führt Operationen innerhalb von Nanosekunden durch, in einer Sekunde also eine Milliarde von Operationen. Er ist zu Vergleichen fähig, er kann Zwischenergebnisse speichern usf. Aber wie können wir dieses raffinierte Hilfsmittel für Triokerprobleme, anwenden, bei denen eine bestimmte Form mit einem entsprechenden Puzzle nachzuvollziehen ist.

14.F.1 Der Faden der Ariadne

Die Geschichte ist Ihnen sicherlich bekannt: Wie findet man in einem Labyrinth den Ausgang, vorausgesetzt, daß es einen gibt?

Ariadne läßt einen Faden abrollen; er hilft ihr, bereits gegangene Wege zu vermeiden und Sackgassen zu erkennen. Kehrt sie zu einer Kreuzung zurück, so wird sie einen neuen Weg einschlagen. Von dieser, beim Programmieren, wohlbekannten Technik hat unser Freund Pierre Lescanne (CNRS, Nancy) Gebrauch gemacht.

14.F.2 Der Algorithmus

In Bild 14.21 ist der Lösungsalgorithmus zu folgender Problemstellung skizziert: „Bilde zu einer gegebenen Form ein Triokerpuzzle."

14.21

„Man geht vom ersten Platz aus; kein Trioker ist plaziert"
Solange: „der letzte Platz nicht korrekt besetzt ist, ist folgendermaßen **vorzugehen:**"

    wenn: „es in der gewählten Ordnung einen weiteren Trioker gibt"

        dann: „nehme und plaziere ihn"

            wenn: „er verträglich ist"

                dann: „gehe zum nächsten Platz und zum Beginn der Triokerfolge"

                wenn nein: „entferne ihn wieder und gehe zum nächsten verfügbaren Trioker"

        wenn nein: „es gibt keine weiteren Trioker" (dann ist man auf dem falschen Weg, und ein Schritt zurück ist erforderlich)

        wenn: „es keinen vorangehenden Platz gibt" (d.h. man ist auf dem ersten Platz)

            dann: „Halt, Lösung unmöglich"

        wenn nein: „gehe zum vorangehenden Platz, entferne den Trioker, der sich dort befindet"

beginne von neuem

Einige Erläuterungen zum verwendeten Vokabular:
- „gehe zum nächsten Trioker": die Triokersteine werden kurz mit Trioker bezeichnet und willkürlich von 1 bis 24 durchnumeriert. Mehrdeutigkeit ist ausgeschlossen. Zu Beginn wird der erste Trioker verwendet.
- „Platz": innerhalb einer Form wird ein „Platz" genau von einem Trioker überdeckt. Selbstverständlich sind auch die Plätze durchzunumerieren. Man geht von einem Platz zum nächsten, wie bei den Steinen.
- „verträglich" zeigt an, daß ein Trioker korrekt zu den bereits plazierten Steinen hinzugefügt werden kann.

14.F.3 Erstes Anwendungsbeispiel: Das Sechseck mit sechs Steinen

a) Ich numeriere die Plätze (Bild 14.22)
b) Ich numeriere willkürlich die Trioker (Bild 14.23)

14.22

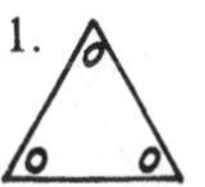

000:1	**001**:5	**113**: 9	**221**:13	**012**:17	**230**:21
111:2	**002**:6	**110**:10	**330**:14	**021**:18	**203**:22
222:3	**003**:7	**223**:11	**331**:15	**123**:19	**301**:23
333:4	**112**:8	**220**:12	**332**:16	**132**:20	**310**:24

14.23

c) Ich erhalte nun (Bild 14.24)

14.24

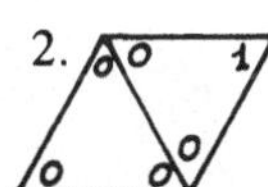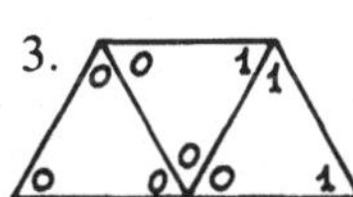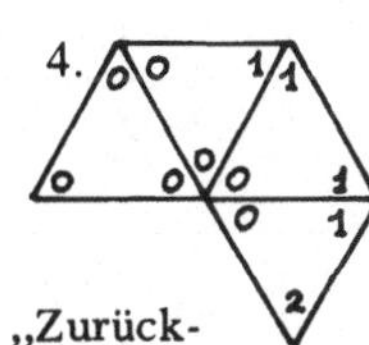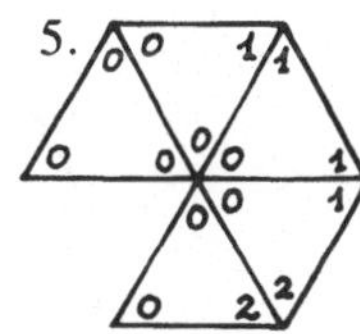

Hier gibt es keine weitere Möglichkeit, d.h. „Zurückgehen" (Bild 14.25).

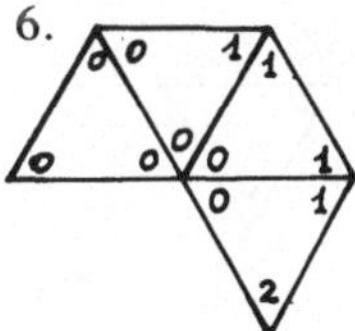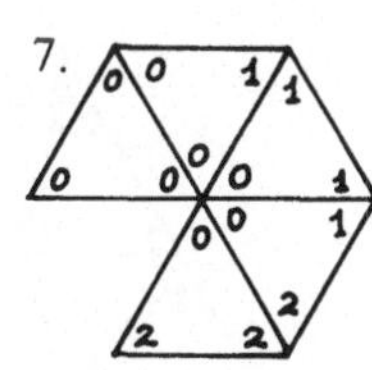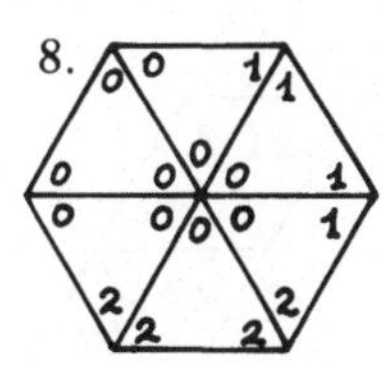

14.25

Fertig

Gehen Sie selbst die Einzelschritte, die der Computer durchzuführen hat, durch.

14.F.4 Zweites Anwendungsbeispiel: Der Riese aus 24 Steinen (Bild 14.20)

— Ich numeriere die Plätze (Bild 14.20).
— Ich numeriere die Steine (wie in Bild 14.23).

Das Ergebnis ist in Bild 14.27 zu sehen.
Überlegen Sie sich den Weg! Diese Lösung wurde von dem Rechner CII 10070 nach sechs Sekunden ausgegeben. Wenn Sie einige lange Minuten benötigen, um über die Konstruktion des Riesen aus 24 Steinen nachzudenken, sind Sie dann verblüfft oder entmutigt, daß der Computer dieses Problem innerhalb von Sekunden löst? Doch haben Sie den Vorteil, daß Sie bei manchen Formen durch entsprechende Schlußfolgerungen bereits wissen, daß jede Suche negativ verlaufen wird. Der Computer weiß davon aber nichts — früher oder später werden wir es ihm sicherlich auch beibringen, wie man die Undurchführbarkeit eines Puzzles von vornherein feststellen kann — so muß er eben unzählige Male probieren.
Wir lassen den Computer rechnen und unsere Phantasie spielen ..... wir haben uns noch andere Spiele einfallen lassen, unter anderem jene, die im nächsten Kapitel „Andere Formen ..." erwähnt werden.

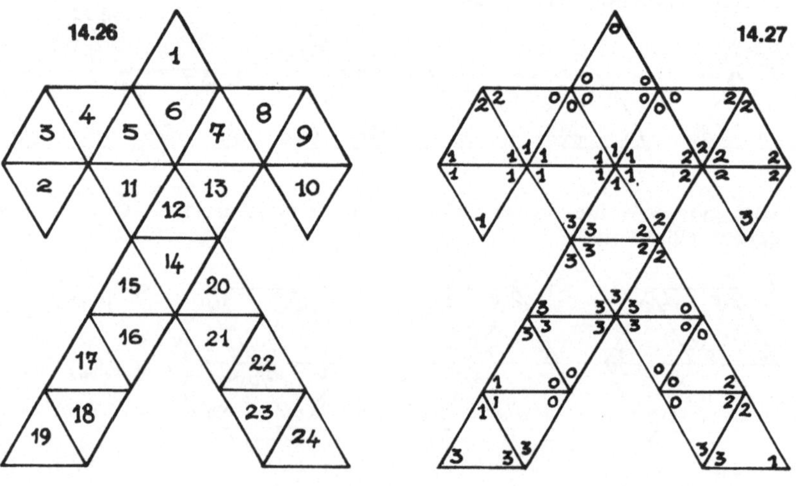

15 Andere Formen anstelle des gleichseitigen Dreieckes

Wenn Sie all die Zusammensetzmöglichkeiten von gleichseitigen Dreiecken in der Ebene erforscht haben, können Sie sich anderen Pflasterungen der Ebene zuwenden; Pflasterungen, die durch Steine gleicher Form und Größe erzeugt werden[1]. Dabei ist nur eine einzige Bedingung zu erfüllen und zwar, daß mit dem gewählten Element eine ebene Überdeckung durchgeführt werden kann. Das Thema ist unerschöpflich; wir begnügen uns hier mit einem Überblick. Im Anschluß an die angeführten Beispiele werden Sie einige Fragen mit * gekennzeichnet finden, d.h. daß wie üblich die zugehörigen Antworten im zweiten Teil dieses Buches (ab Seite 156) zu suchen sind.

15.A Ungleichseitige Dreiecke

Wählen Sie ein beliebiges Dreieck. Durch Zusammensetzung mit einem zweiten kongruenten Dreieck bilden Sie ein Parallelogramm. Kongruente Parallelogramme ermöglichen die Bildung einer ebenen Überdeckungsfläche. Die dreieckigen Steine unterscheiden sich voneinander durch eine Bewertung der Ecken. Zu zwei möglichen Werten $W = 2$ gibt es $2^3 = 8$ verschiedene Steine; ist $W = 3$, so gibt es 27 verschiedene; ist $W = 4$, so gibt es 64 unterschiedliche Dreiecksteine. Dies kann beliebig fortgesetzt werden.

Doch wollen wir uns hier bestimmten Dreiecksformen zuwenden, die interessante Zusammensetzungen ermöglichen. Beispielsweise:

— Das gleichschenkelige, rechtwinkelige Dreieck weist besondere Symmetrieeigenschaften auf; es gestattet im besonderen, Figuren mit rechten Winkeln zu erzeugen, was beim Trioker nicht möglich ist.

— Das gleichschenkelige Dreieck mit einem Scheitelwinkel von $45°$: werden acht solche Elemente zusammengefügt, entsteht ein „Rad". Sie sollten die Geduld aufbringen, sich ein Spiel mit 64 gleichschenkeligen Dreiecken (Basiswinkel: $67°30'$, Scheitelwinkel: $45°$) zu basteln, wobei den Ecken ein Wert von vier möglichen zugeordnet wird. Sie werden dann erkennen, daß die Konstruktion von 8 Rädern zu je 8 Steinen möglich ist. Jeder Wert kommt zweimal als Mittelpunkt vor und zeigt interessante Permutationen.

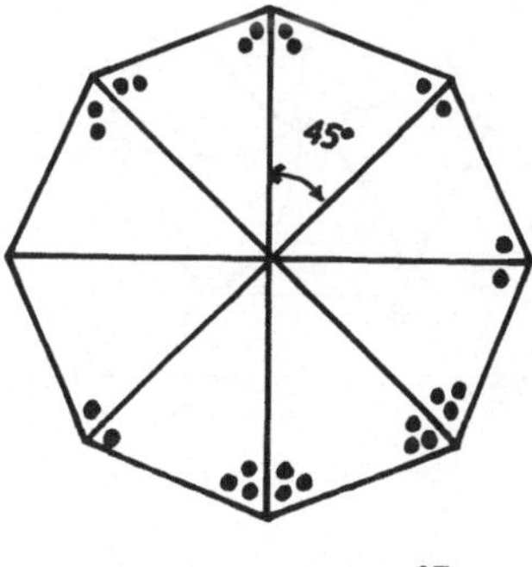

15a

---

[1] Einige dieser Überdeckungen sind einem Spiel von ANVAR entnommen (s. auch [02])

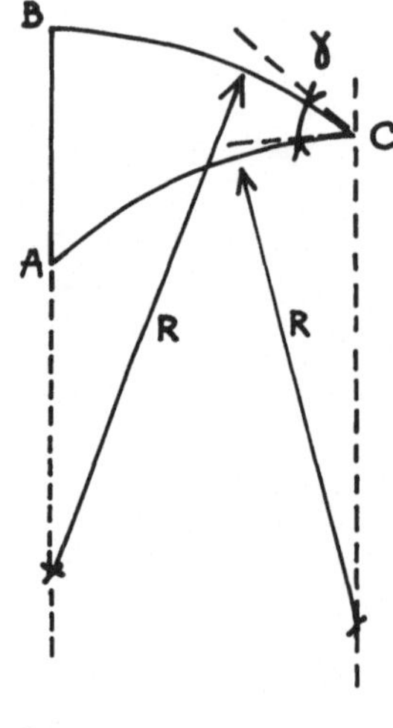

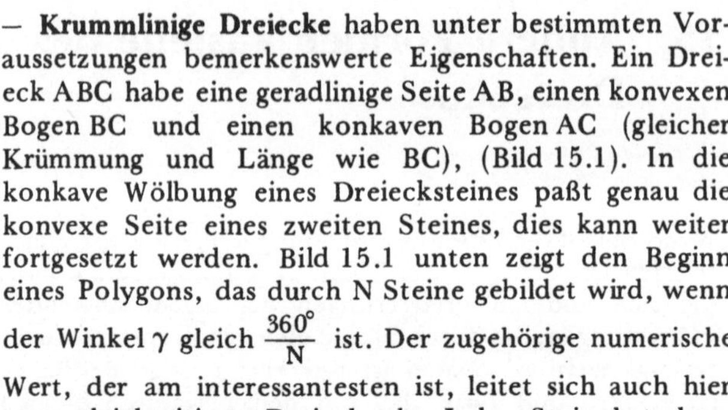

— **Krummlinige Dreiecke** haben unter bestimmten Voraussetzungen bemerkenswerte Eigenschaften. Ein Dreieck ABC habe eine geradlinige Seite AB, einen konvexen Bogen BC und einen konkaven Bogen AC (gleicher Krümmung und Länge wie BC), (Bild 15.1). In die konkave Wölbung eines Dreiecksteines paßt genau die konvexe Seite eines zweiten Steines, dies kann weiter fortgesetzt werden. Bild 15.1 unten zeigt den Beginn eines Polygons, das durch N Steine gebildet wird, wenn der Winkel γ gleich $\dfrac{360°}{N}$ ist. Der zugehörige numerische Wert, der am interessantesten ist, leitet sich auch hier vom gleichseitigen Dreieck ab. Jeder Stein hat dann folgende charakteristische Merkmale:

— die Abstände AB, BC, CA sind gleich lang
— die Seite AB ist geradlinig
— die Begrenzungen BC und CA sind Kreisbögen, der eine konvex, der andere konkav mit dem gleichen Radius R = AB.

Wenn Sie ein regelmäßiges Sechseck mit sechs derartigen Steinen formen, so hat die Form nichts Krummliniges mehr an sich (Bild 15.2). Mit regelmäßigen Sechsecken ist eine ebene Überdeckung möglich. Ein „einfaches" Spiel wird durch 27 „krumme" Dreiecksteine gebildet, die die angegebenen Eigenschaften aufweisen und deren Ecken Werte — es gibt drei verschiedene — tragen.

Eine Erweiterung dieses Spiels vereinigt zwei Mengen mit 27 Steinen. Die erste ist identisch zur eben beschriebenen, die zweite ist das Spiegelbild dazu. Sie verfügen auf diese Weise über 27 „links" gekrümmte Elemente und über 27 „rechts" gekrümmte Dreiecksteine. Die Wechselfolge von linken und rechten Steinen ermöglicht eine Überdeckung der Ebene durch Streifen mit konstanter Breite (Bild 15.3). Doch vergessen Sie niemals, welche Möglichkeiten Sie auch immer haben mögen, ob „krummlinig" oder „gerade", ob „links" oder „rechts", daß Steine stets nur dann zusammengefügt werden dürfen, wenn die aufeinandertreffenden Ecken gleiche Werte tragen.

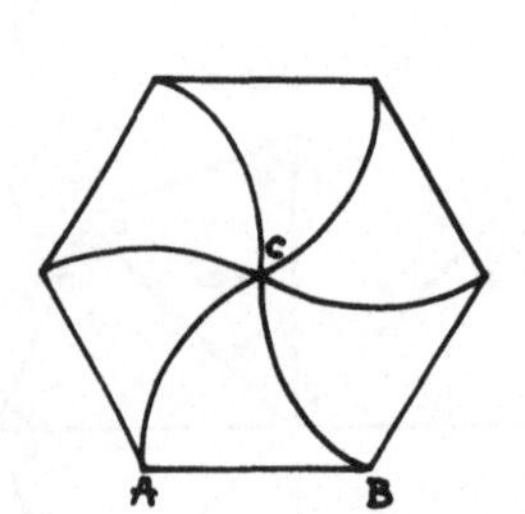

15.1

15.2

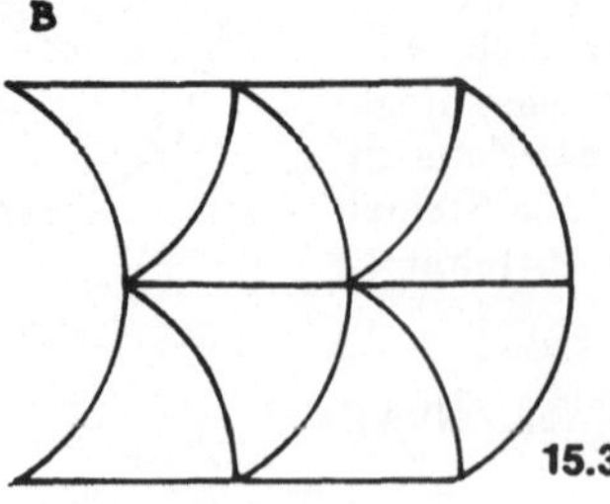

15.3

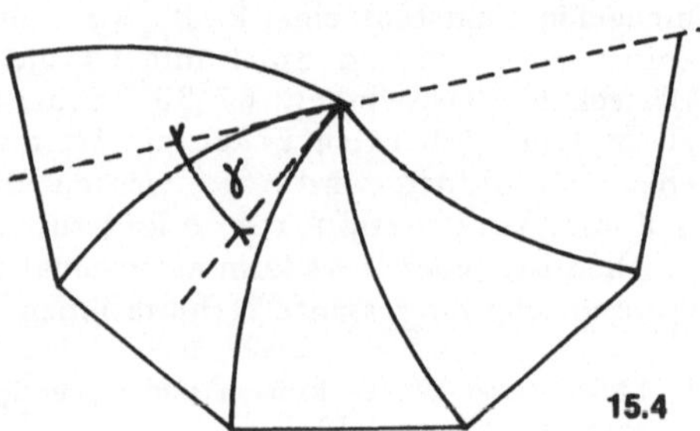

15.4

130

*** 15.A.1 Eine Frage:**

Warum ist, Ihrer Meinung nach, das krummlinige Dreieck von Bild 15.4 besonders interessant?

15.B Vierecke

Welche Vierecke sind zur Überdeckung einer Ebene geeignet? Es gibt das Quadrat, das Rechteck, das Parallelogramm, den Rhombus, aber auch andere, an die man weniger denkt. Im folgenden wollen wir die Grundlage für weiterführende Überlegungen schaffen.

15.5

15.6

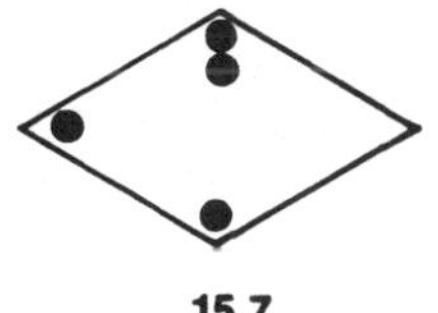

15.7

Quadrate (Bild 15.5)
Werden W = 1, 2, 3, 4 ... mögliche Werte den Ecken zugeordnet, so bilden die verschiedenen Steine eine Spielmenge mit 1, 6, 24, 70 ... Elementen. Die Menge der 24 Quadratsteine kann beispielsweise auf 8 Spalten aufgeteilt werden: 3 Quadrupelsteine, 6 Tripelsteine, 3 Steine mit zwei Doppelrändern, 3 Steine mit zwei Doppeldiagonalen, schließlich 3 Steine mit einer einzigen Doppeldiagonale usw. [28].

Rechtecke (Bild 15.6)
Ein Rechteck mit den Seitenlängen L und 2L hat weniger Symmetrieeigenschaften als ein Quadrat. Es läßt sich zeigen, daß ein Spiel 1, 10, 45 verschiedene Steine umfaßt, wenn W = 1, 2, 3 mögliche Eckenwerte zur Verfügung stehen. Diese letzte Formel wird sich im Zusammenhang mit den „45 Rhomben" als besonders interessant erweisen.

15.B.1 Rhomben (Bild 15.7)

Das interessanteste Parallelogramm ist der Rhombus. Es ist zu zeigen, daß es für W = 1, 2, 3 mögliche Eckenwerte Spielmengen mit 1, 10, 45 verschiedenen Steinen gibt. Dank der so bestimmten Elementanzahl, kann man *anschließend* die Winkelgrößen aller Steine festlegen.
Das einfachste Spiel hat 10 Steine (mit 2 möglichen Werten für die Ecken). Wählt man, zum Beispiel wie hier, einen Winkel von $\frac{2\pi}{5} = 72°$, so lassen sich 5 Steine zu einem „Stern" (Bild 15.8) zusammenfügen.

15.8

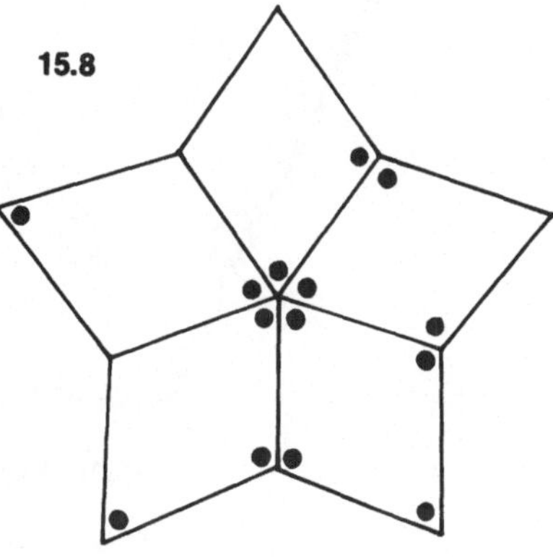

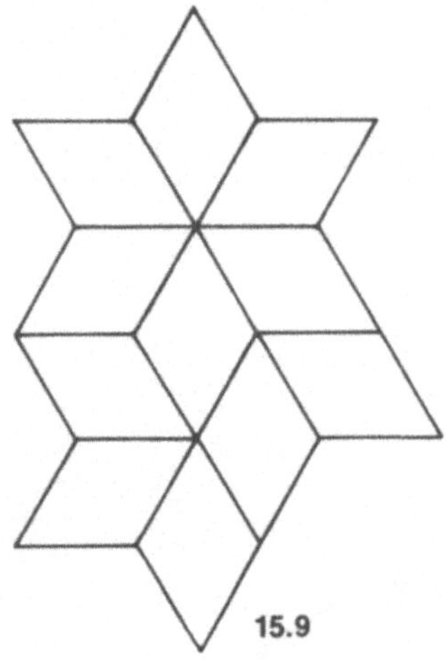

15.9

*** 15.B.1.1** Welche fünf Steine bleiben übrig, wenn man den Stern von Bild 15.8 geformt hat? Können Sie einen zweiten Stern zusammensetzen?

Betrachten wir nun ein Spiel mit 45 Rhomben (für jede Ecke kommen 3 verschiedene Werte in Frage). Die Winkel sind am geeignetsten so zu wählen, daß eine zyklische Aufgliederung einer Form entsprechend einer Permutation der 3 Eckenwerte möglich ist.

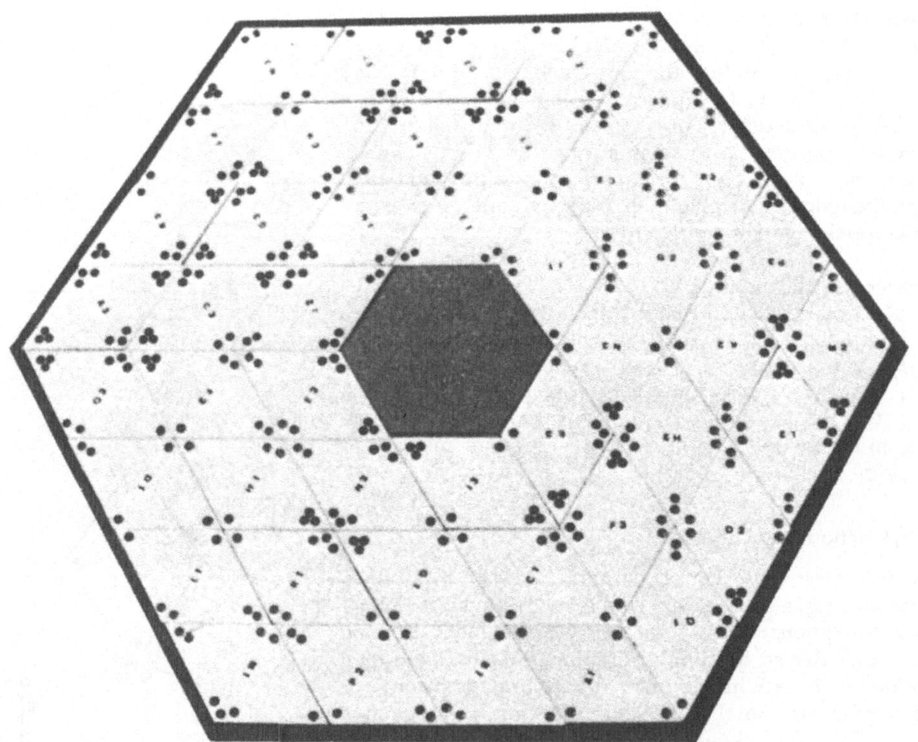

15.10 Regelmäßiger Sechseckring mit 45 Steinen

15.B.2 Krummlinige Vierecke

Ebenso wie wir ausgehend vom gleichseitigen Dreieck
die krummlinigen Dreiecke beschrieben haben, so werden die krummlinigen Vierecke vom Quadrat ausgehend
erläutert (Bild 15.11). Bild 15.12 zeigt das Muster, das
durch Aneinanderfügen solcher Steine entsteht.

15.B.2.1 Zeigen Sie, daß 45 solcher krummliniger „Quadrate" ein logisches Spiel bilden, wenn für die Bewertung
der Ecken 3 mögliche Werte zur Verfügung stehen.

15.B.3 Deltoide

Das Viereck in Bild 15.13 hat einen Winkel von 60°,
demgegenüber liegt einer von 120°, die beiden anderen sich gegenüberliegenden Winkel haben 90°. Dieses
Deltoid verdient besondere Aufmerksamkeit. Eine Fläche wird damit, wie in Bild 15.13 zu sehen ist, folgendermaßen gepflastert:

— im Punkt X treffen 3 Ecken mit 120° zusammen,
— im Punkt Y treffen 6 Ecken mit 60° zusammen,
— im Punkt Z treffen 4 Ecken mit 90° zusammen.

15.B.3.1 Zeigen Sie, daß 16 solcher Deltoide notwendig und hinreichend sind, um eine Menge verschiedener
Deltoid-Steine mit 2 möglichen Eckenwerten zu bilden.

15.B.3.2 Zeigen Sie, daß sich diese 16 Steine zu einer
ebenen Fläche zusammensetzen lassen, und daß interessante Formen möglich sind.

*** 15.B.3.3** Zeigen Sie, daß 81 Deltoidsteine notwendig
sind, um eine Menge zu bilden, in der **drei** mögliche Werte für die Ecken zugelassen sind.

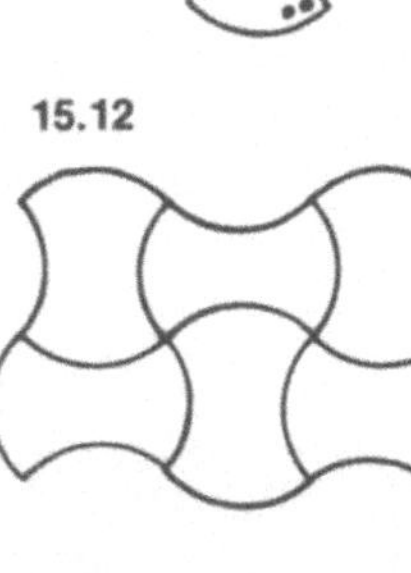

15.11

15.12

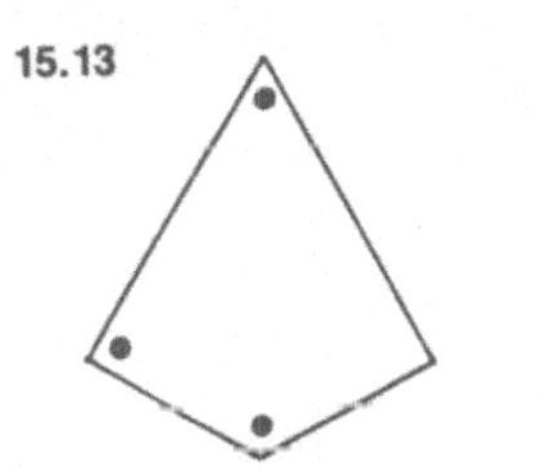

15.13

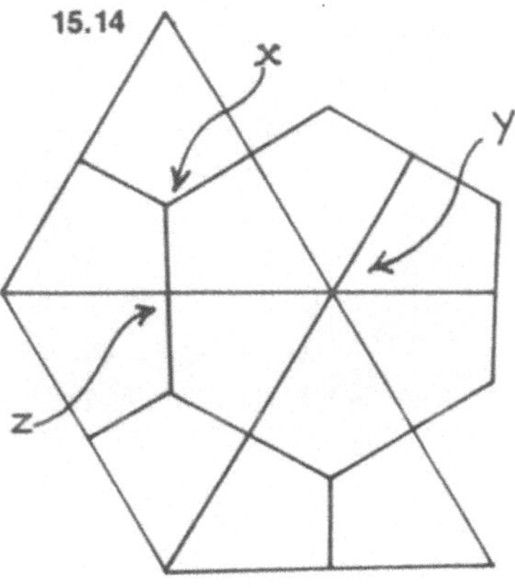

15.14

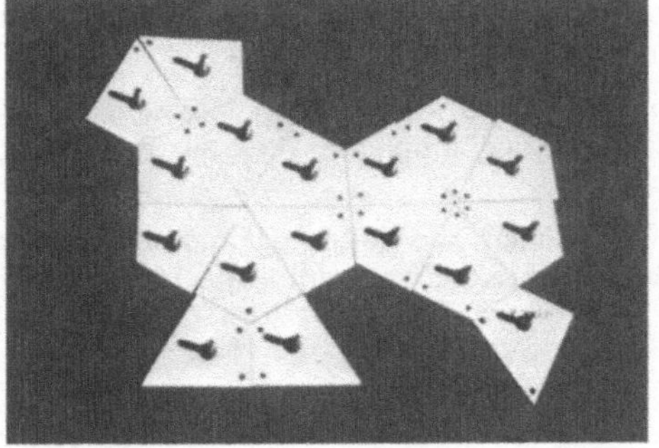

15.15 Das pickende Küken

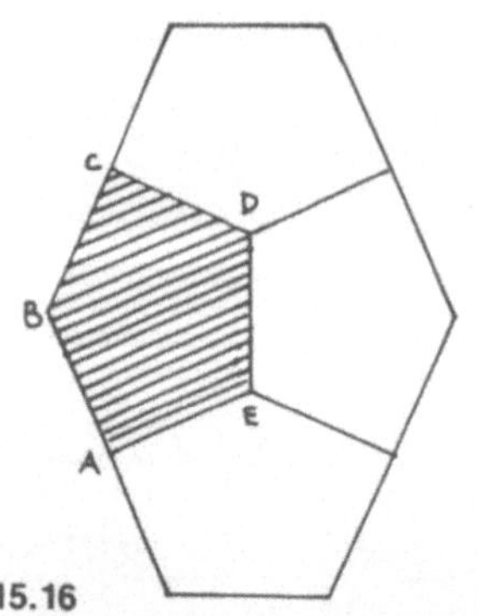

15.16

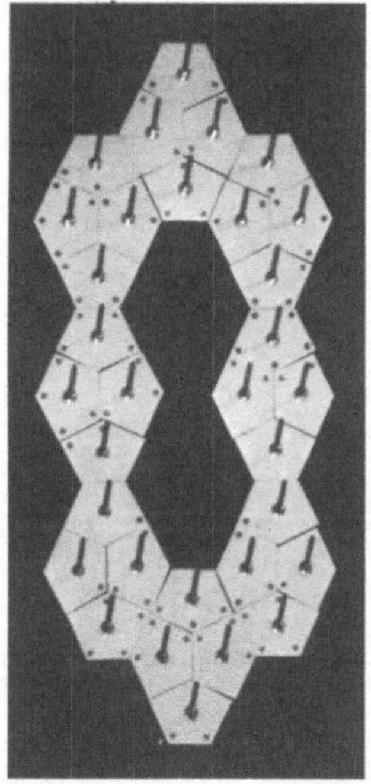

15.17

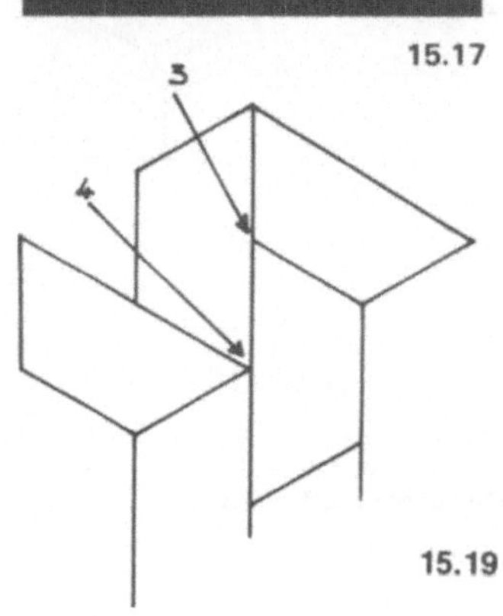

15.19

15.C Steine mit 5 Bewertungspunkten

15.C.1 Mit regelmäßigen Fünfecken ist keine geschlossene Überdeckung einer ebenen Fläche möglich; warum nicht?

Um Sie zu den zahlreichen, interessanten Formen, die möglich sind, hinzuführen, zeigen wir Ihnen hier **drei** Formen [28].

1. Das Fünfeck als Viertel eines „Sechseckes"

Bild 15.16 zeigt ein unregelmäßiges Sechseck, das in kongruente Fünfecke zerlegt ist; die Seiten der Fünfecke sind alle gleich lang. $AB = BC = BD = DE = EA$. In den Punkten A und C hat das Fünfeck rechte Winkel.

*** 15.C2** Berechnen Sie die anderen Winkel — die numerischen Werte werden nicht ganzzahlig ausfallen, doch hat dies keinerlei Bedeutung. Werden diese Fünfecke gleicher Form zu einem Sechseck zusammengefügt, so ist es tatsächlich möglich, die Ebene vollständig zu überdecken.

15.C3 Zeigen Sie, daß 32 Fünfecke ein Spiel bilden, in welchem *zwei* mögliche Eckenwerte auftreten.

15.C4 Zeigen Sie, daß diese 32 Steine zu 8 unregelmäßigen Sechsecken zusammengesetzt werden können und diese wiederum zu einer geschlossenen Fläche in der Ebene.

*** 15.C5** Zeigen Sie, daß eigenwillige Puzzles verwirklicht und logische Problemstellungen dargestellt werden können (Bild 15.17).

2. Das gleichschenkelige Trapez

Hat ein Trapez eine Basis, die doppelt so lang ist wie die übrigen drei Seiten, so kann man, wie in Bild 15.18 an 5 Stellen Werte zuordnen und zwar in den 4 Ecken und einen im Halbierungspunkt der Grundlinie.

15.C6 Zeigen Sie, daß 32 solcher Trapezsteine ein Spiel bilden, bei welchem zwei mögliche Werte zur Bewertung verwendet werden.

*** 15.C7** Wieviele Ecken und (oder) Halbierungspunkte können in einem Punkt vereinigt sein? (Bild 15.19).

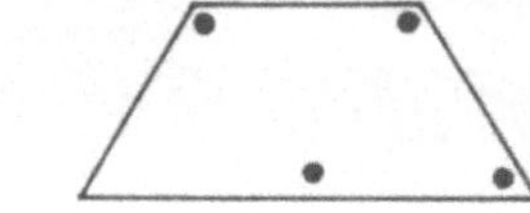

15.18

15.C8 Zeigen Sie, daß Sie mit 32 Steinen eine Fläche
pflastern und mit dieser eine Ebene überdecken können.
Verwirklichen Sie beispielsweise die „Transatlantik" von
Bild 15.20. Suchen und finden Sie andere Formen!

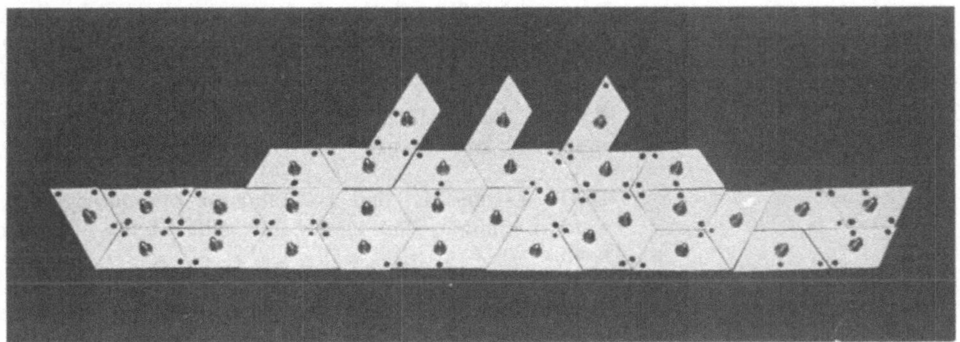

15.20 Die „Transatlantik"

3. Das Dreieck mit zwei Halbierungspunkten

Es sei ein gleichschenkeliges Dreieck gegeben, dessen
Basis halb so lang ist wie die beiden gleich langen Seiten
(Bild 15.21).
Dieses Dreieck kann jetzt zusätzlich zu den Ecken auch
an den beiden Halbierungspunkten, also an fünf Stellen,
bewertet werden.

*** 15.C9** Die Größe der Winkel dieses Dreieckes ist zu
bestimmen.

15.C10 Zeigen Sie, daß die 32 Dreiecksteine dieses Typs
eine besondere Menge bilden.
Setzen Sie mit den Steinen Puzzles, z.B. jenes von
Bild 15.22, zusammen!

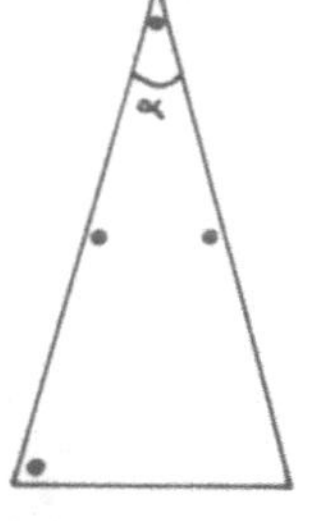

15.21

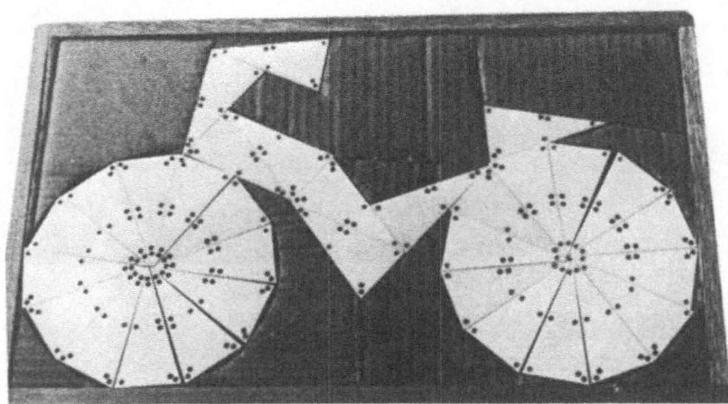

15.22 Das Fahrrad

15.D Steine mit 6 Bewertungspunkten

Auch hier finden Sie drei Lösungsvorschläge [27] und
[28].

Das regelmäßige Sechseck kann ein Spielstein sein;
jede der 6 Ecken erhält einen von 2 möglichen Werten
(Bild 15.23).

* **15.D1** Zeigen Sie, daß 14 verschiedene Sechseck-
steine eine bemerkenswerte Menge bilden.

15.D2 Zeigen Sie, daß 14 Steine so zusammengesetzt
werden können, daß man damit eine Ebene pflastern
kann.

Das krummlinige Sechseck wird vom regelmäßigen
Sechseck abgeleitet und hat abwechselnd eine konkave und eine konvexe Seite (Bild 15.24).

* **15.D3** Zeigen Sie, daß 32 krummlinige Sechsecke
notwendig und hinreichend sind, um ein logisches
Spiel zu bilden.

* **15.D4** Zeigen Sie, daß man ausgehend von 24 Steinen
eine Ebene überdecken kann.

15.23   **15.24**

Das gleichseitige Dreieck kann in den Halbierungspunkten der Seiten bewertet werden. Jeder Stein hat jetzt 6 Bewertungsstellen (Bild 15.25).

15.D5 Zeigen Sie, daß 24 verschiedene Steine notwendig und hinreichend sind, um ein logisches Spiel zu bilden.

15.D6 Zeigen Sie, daß diese 24 Steine zu einer Fläche, mit der man eine Ebene überdecken kann, zusammengesetzt werden können.

15.D.7 Zeigen Sie, daß mit diesen 24 Steinen alle klassischen Triokerpuzzles durchgeführt werden können.

*** 15.D8** Warum kann man mit diesen Steinen das Riesensechseck (Seite 24) ganz leicht herstellen?

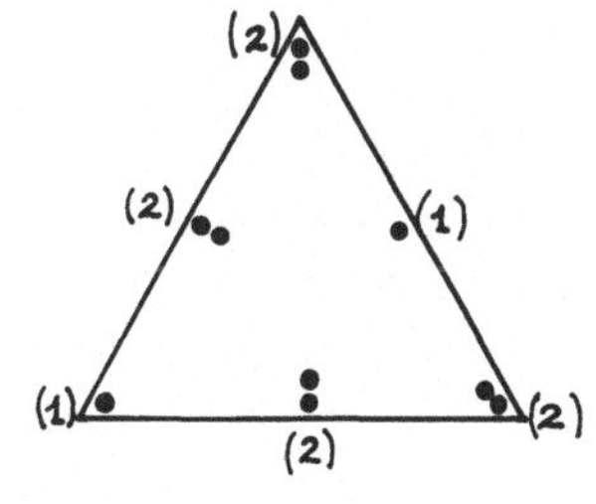

15.25

15.E Steine, die 7 Bewertungspunkte aufweisen

Wir raten Ihnen davon ab, solche zu suchen.
* Sie wollen uns vielleicht fragen, warum?

15.F „Umkehrbare" Steine

Wir haben die Grundprinzipien von interessanten Zusammensetzspielen in der Ebene entwickelt, wobei stets nur eine einzige Fläche der Spielsteine von Bedeutung war. Wenn man sich im Gegensatz dazu „umkehrbare" Steine ausdenkt, wird der *Elementvorrat* bestimmter Spielmengen deutlich verändert und folglich werden alle zugehörigen Spiele zu erneuern sein.
Steine werden genau dann umkehrbar genannt, wenn man beliebig die Oberseite **oder** die Unterseite **ein und desselben** Steines als Spielfläche verwenden kann. Die Werte der Ecken können beispielsweise durch Löcher an den Steinecken erzeugt werden; auf diese Weise wird aus dem gleichseitigen Dreieck **012**, wenn man es umklappt der Stein **021**. Dieser Stein kann nun die Rolle zweier verschiedener Einfachsteine des Trioker übernehmen (Bild 15.26).

15.26

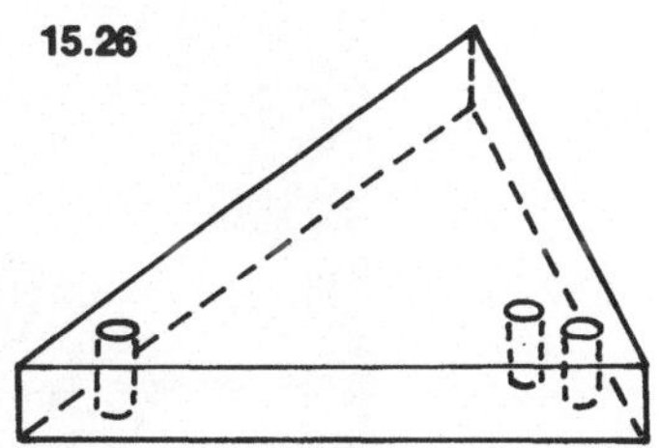

*** 15.F1** Wieviele Elemente hat ein Trioker mit umkehrbaren Steinen?

15.F2 Wieviele verschiedene Steine hat ein Spiel, das durch gleichschenkelige, umkehrbare Dreiecke mit W = 2, 3 oder 4 möglichen Werten erzeugt wird?

*** 15.F3** Wieviele Steine umfaßt ein Spiel, das durch umkehrbare Quadrate mit W = 2, 3 oder 4 möglichen Eckenwerten erzeugt wird?

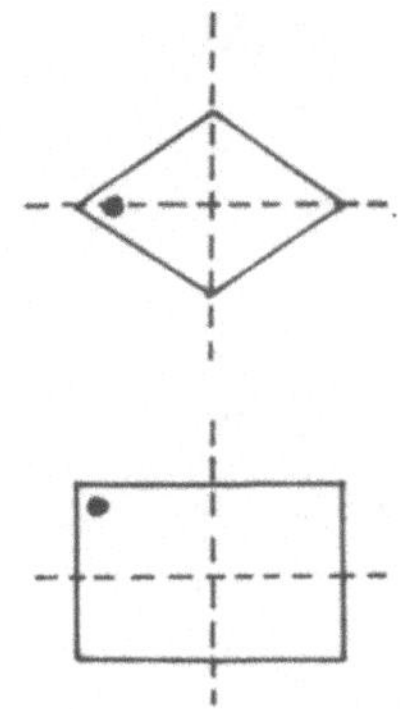

15.F4 Wieviele Steine umfaßt ein Spiel, das durch umkehrbare Rechtecke mit W = 2 oder 3 möglichen Eckenwerten erzeugt wird?

*** 15.F5** Wieviele umkehrbare Steine sind für ein Spiel mit „Rhomben" mit je 2 oder 3 möglichen Eckenwerten nötig?

*** 15.F6** Warum zwei so unterschiedliche Antworten auf die beiden vorausgegangenen Fragen?

*** 15.F7** Wieviele umkehrbare Steine hat ein Spiel, das sich aus Fünfecken von Bild 15.16 zusammensetzt? Welche? Können Sie die Steine so zusammensetzen, daß

— eine Ebene gepflastert wird?
— abwechslungsreiche Formen entstehen? (Bild 15.27)

15.F8 Wieviele umkehrbare Steine hat ein Spiel, das aus gleichschenkeligen Trapezen gemäß Bild 15.18 besteht, wenn 2 mögliche Werte auftreten können?
Es gibt noch eine Unmenge von Entwicklungsmöglichkeiten, die Sie nach Belieben ausführen können. Denken Sie zum Beispiel an das Spiel mit 32 Steinen, bei welchem die 5 Ecken den Wert **0** oder **1** tragen; ein Stein hat den Namen **10101**, er kann aber ebenso gut **10011** genannt werden — ein Ausblick in die Informatik ...

15.27

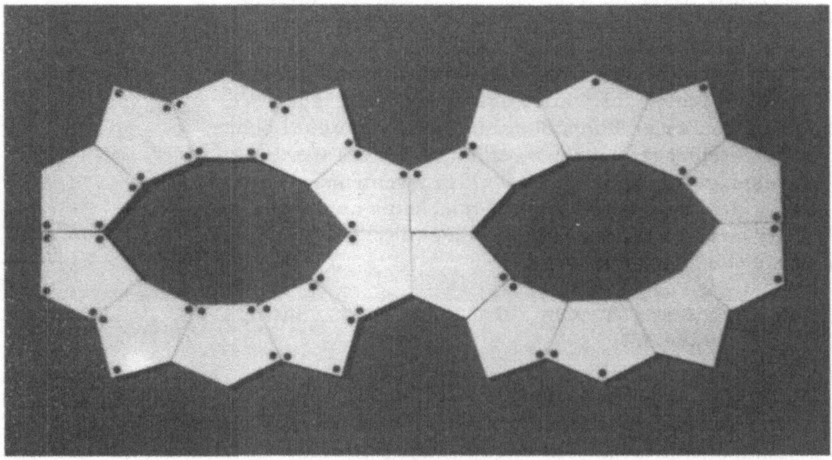

15.G Und im Raum?

All die vorangehenden Überlegungen hatten ein Ziel,
nämlich die Ebene zu pflastern. Eine Pflasterung des
Raumes ist mit Polyedern möglich. Gibt es dafür:
— regelmäßige Polyeder?

* **15.G1** Welche?
— unregelmäßige Polyeder?

* **15.G2** Welche?
Es werden nur zwei Beispiele angeführt:
23 Würfel sind notwendig und hinreichend, um alle
möglichen Verteilungen zweier Werte (0 und 1) auf die
8 Ecken eines kubischen Steines darzustellen. (Bild 15.28
und 15.29)
16 gerade Prismen mit dreieckiger Grundfläche sind notwendig und hinreichend, um die möglichen Verteilungen
zweier Werte (0 und 1) auf den 6 Ecken der kongruenten
Steine darzustellen (Bild 15.30 und [28]).

15.28

Ein Spiel, das von Kuben einer Dimension ≥ 4 erzeugt
wird, haben wir noch nicht in Betracht gezogen.

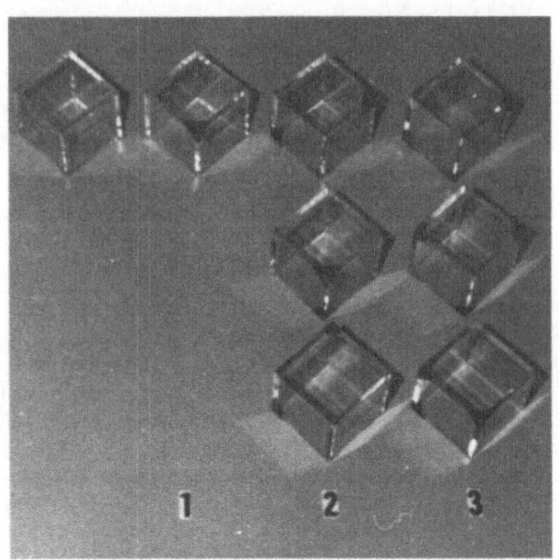

Bild 15.29: Links befindet sich der einzige Würfel, der an allen acht Ecken den Wert „0" trägt.
Rechts davon, der einzige Würfel, der an sieben Ecken den Wert „0" hat und an **einer** Ecke den Wert „1".
Rechts davon sind drei Würfel, von denen ein jeder **zwei** Ecken mit dem Wert „1" hat usw.

16 Anwendungen

In den vorangehenden Kapiteln haben wir vielleicht Begriffen, die Spezialisten recht einfach erscheinen mögen, zu viel Beachtung geschenkt. Auf den folgenden Seiten wollen wir nun versuchen, den Bezug zu speziellen Anwendungsgebieten herzustellen.
Es geht dabei nicht darum, durch ein einfaches Bild oder auch durch einen kurzen Text die verschiedenartigsten Problemstellungen zu erläutern, sondern wir geben in jedem Fall dem interessierten Leser einen Hinweis, sich weiter zu informieren — nebenbei hoffen wir, daß ihm die Beispiele auch Spaß machen.

Für Physiker

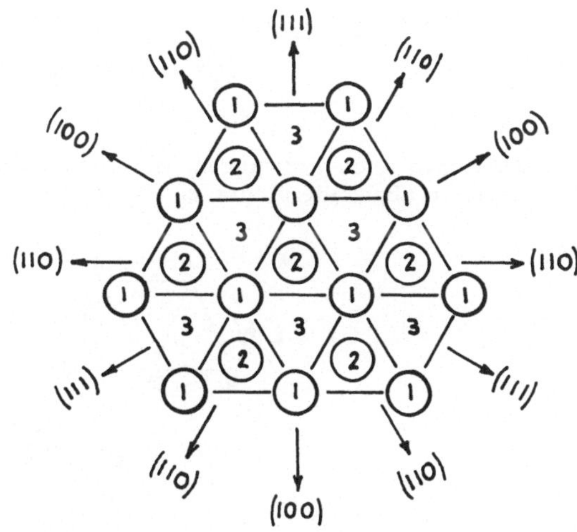

Die Anordnung von Nickelatomen (die Skizze wurde *Crucial Experiments in Modern Physics*, G. L. Trigg, Van Nostrand Ed. entnommen).

Für Rätselfreunde

A	: 021	N	: 220
B	: 113	O	: 132
C	: 000	P	: 222
D	: 211	Q	: 301
E	: 012	R	: 310
F	: 223	S	: 230
G	: 330	T	: 002
H	: 003	U	: 203
I	: 123	V	: 111
J	: 333	W	: 112
K	: 110	X	:
L	: 331	Y	:
M	: 332	Z	: 001

Ein Kreuzworträtselfan ist jemand, für den die Einschränkungen der deutschen Sprache „zu einfach" sind, infolgedessen fügt er Einschränkungen durch Wortspiele hinzu, und zwar solche, bei denen ein Buchstabe in zwei voneinander unabhängigen Wörtern vorkommen muß.

Ein ähnlicher Vorschlag wird hier für Kreuzworträtselfreunde in etwas veränderter Form — der ursprüngliche Gedanke geht auf *J.* und *S. Sauvy* zurück — erläutert. Den 24 Triokersteinen wird jeweils ein Buchstabe (X und Y wird übergangen) zugeordnet. Ein Beispiel hierfür zeigt die nebenstehende Tabelle.

Durch diese Kodierung kann man nun Triokersteine unter Beachtung der Triokerregel zu Wörtern zusammensetzen. Für kurze Wörter ist das recht einfach:

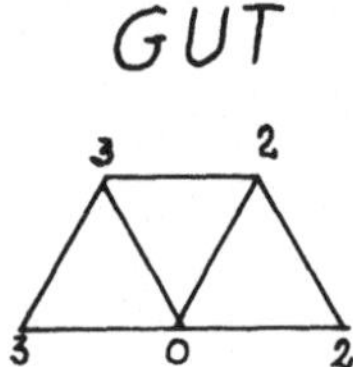

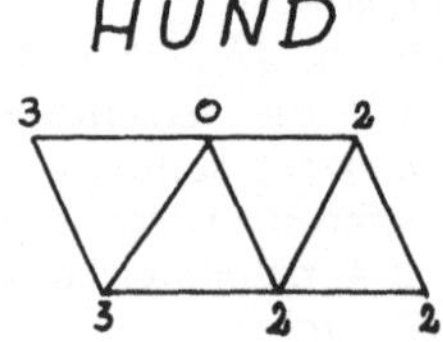

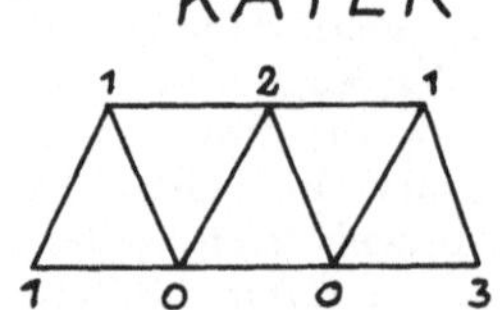

Bei längeren Wörtern treten allerdings Schwierigkeiten auf, wie zum Beispiel:

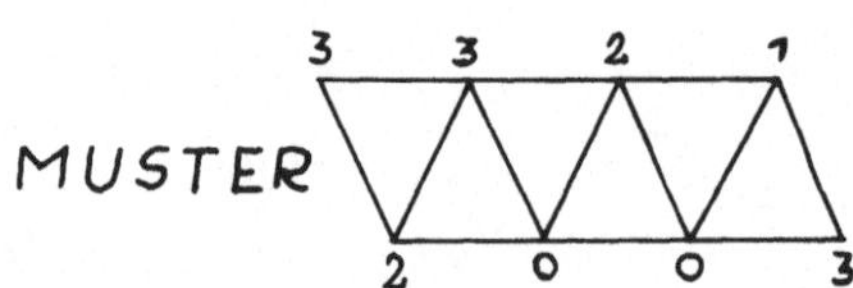

Manchmal ist man auch gezwungen, die lineare Folge der Triokersteine abzuändern, um ein Wort zu schreiben:

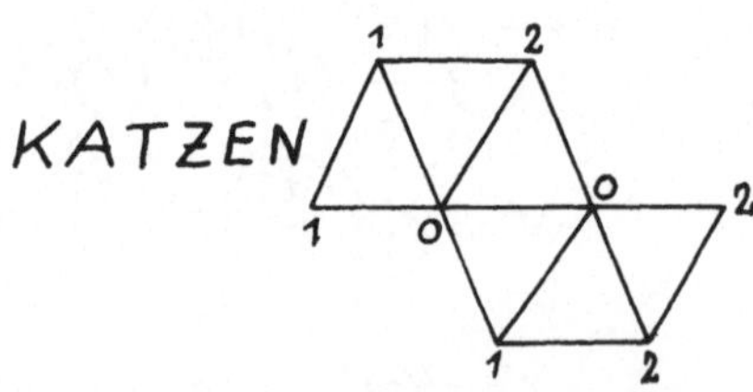

Wer hat Lust, das Spiel weiter fortzusetzen? Findet sich jemand, der einen, vielleicht besser geeigneten Kode vorschlägt? Auf alle Fälle ist klar, daß das Thema schwierig ist, weil hier *drei* und nicht zwei Forderungen erfüllt sein müssen.

*** Welcher Art sind diese Einschränkungen?**

Es wird sinnvoll sein, sich über die Art und Häufigkeit bestimmter Buchstabenkombinationen im Deutschen sowie über die Rolle bestimmter Triokersteine Gedanken zu machen.

In Analogie zu den „lateinischen Quadraten" wollen wir hier die „lateinischen Dreiecke" von Professor *M. Ellis* besprechen (J. of Mathem. Teachers, London, 1974).

* In jedes weiße Feld dieser Figur ist eine Zahl (1 bis 9) folgendermaßen einzuschreiben: die gleiche Zahl darf in jeder der vier Richtungen A, B, C und D nur einmal vorkommen. Ist das möglich?

Für Zahlentheoretiker

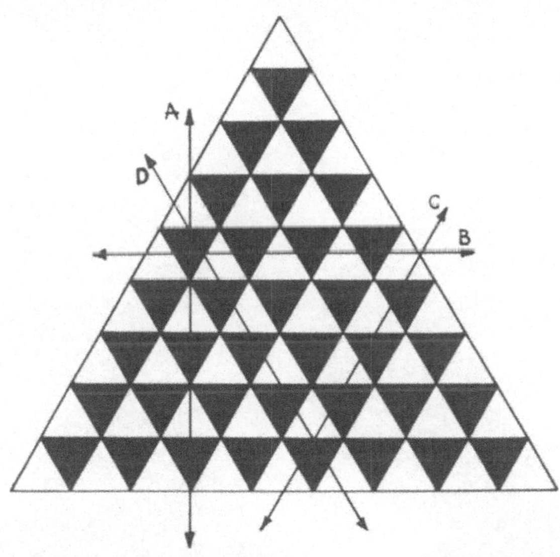

Es wird empfohlen, zuerst die Lösungen für kleinere Figuren zu suchen; die nebenstehend abgebildeten sollen Ihnen helfen, die richtige Spur zu finden. Die Pfeile zeigen, in welchen Richtungen Wiederholungen erlaubt sind. Lassen Sie sich ruhig Zeit, schlagen Sie nicht gleich die Lösung auf Seite 195 nach.

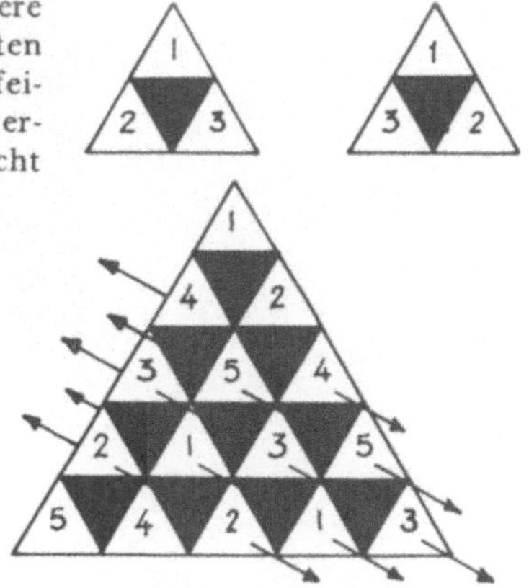

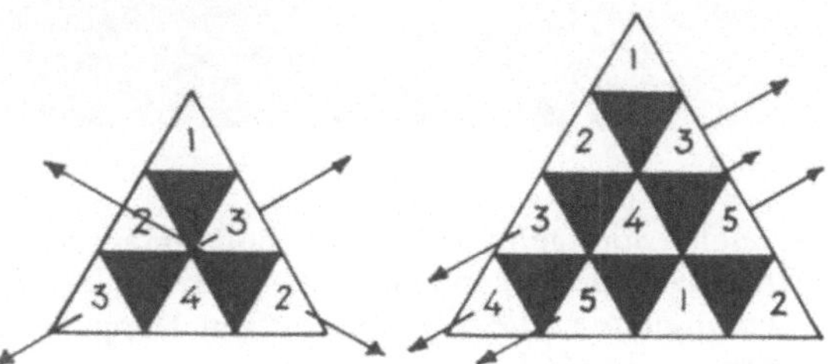

16.3

(Die Wendeltreppe geht aus einer Zusammensetzung von gleichseitigen Dreiecken hervor.)
Quasi-Schraubenlinie, die von fünfseitigen Doppelpyramiden erzeugt wird [29].

Phasenkontrastaufnahme nach Weber [37].

Für Pharmakologen

Die Molekülkonformation von Dopamin findet sich in
der Form von Chlorpromazin (Ring b und Seiten-
kette) wieder, das ein Hemmer der dopaminergen Re-
zeptoren ist (nach Hamon [19]).

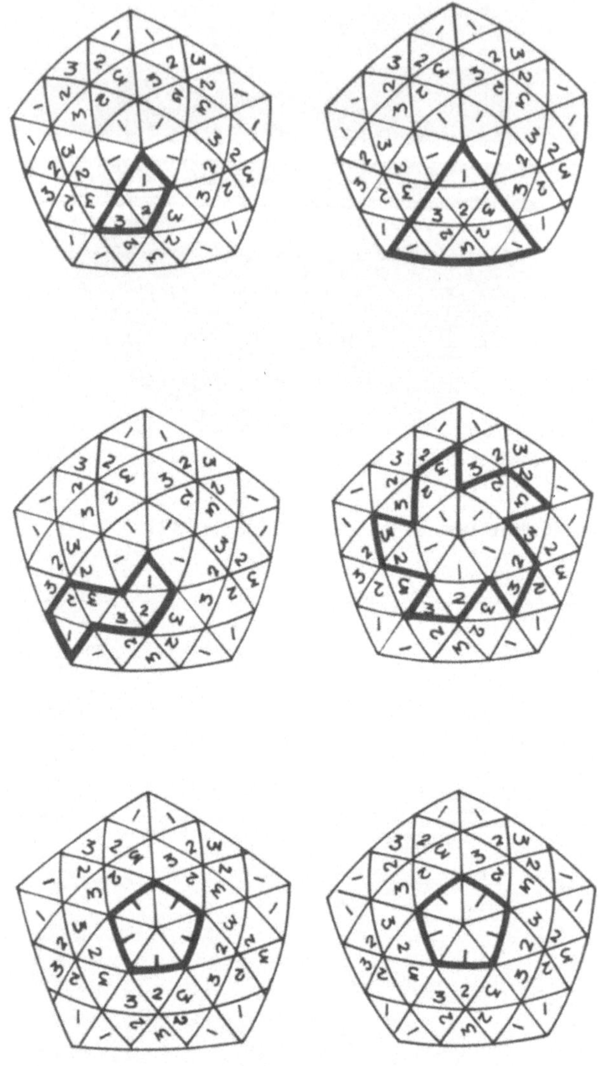

Beispiele für den räumlichen Aufbau von Viren, entnommen *Comparative Virology*, R. R. Rueckert, Academic Press, NY, 1971, (S. auch [7])

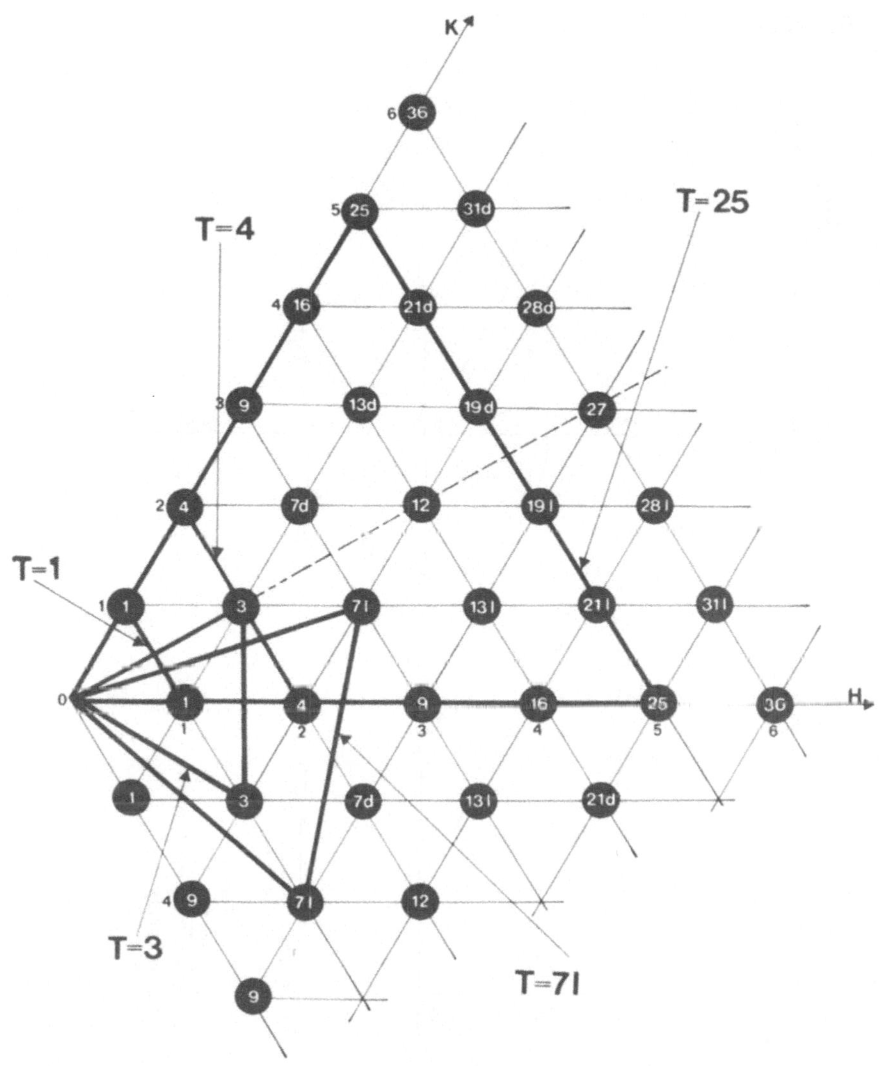

* Die Theorie der Quasi-Äquivalenz von Caspar und Klug hat das Verständnis für die geometrischen Gesetzmäßigkeiten ermöglicht, nach welchen sich Proteinmoleküle Seite an Seite binden können, um Kapside großer räumlicher Ausdehnung mit den Symmetrieeigenschaften eines Ikosaeders zu bilden.
Nach L. Hirth und J. Witz, *La Recherche*, Paris, November 1972.

Für Atomforscher

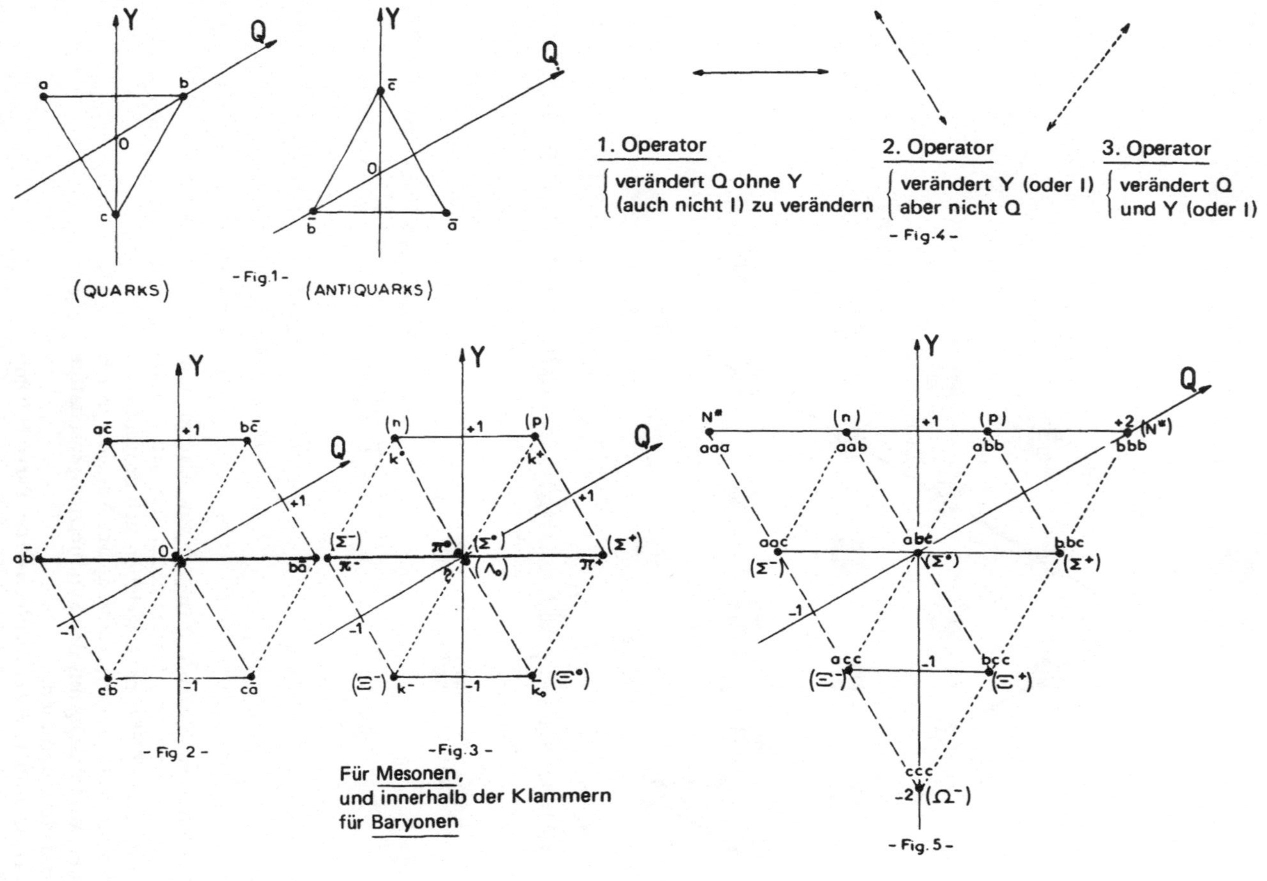

(Diese Darstellung der Elementarteilchen wurde schon vor einigen Jahren vorgeschlagen ...)

Können Sie die Angaben der numerischen Werte fortsetzen?

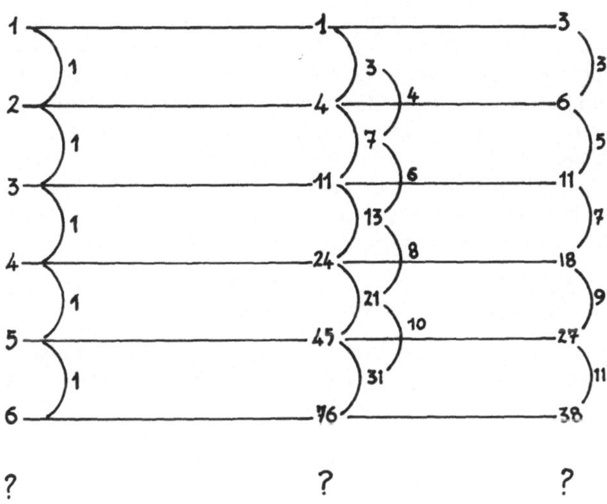

---

*Das Maschennetz mit gleichseitigen Dreiecken von Seite 201 ist in vieler Hinsicht interessant.

Für Geometer

1. Der Flächeninhalt A einer einfachen Polygonfigur, deren Ecken auf Knoten des Netzes liegen, ist unabhängig von der Form selbst und wird mittels folgender Formel bestimmt:

$$A = K \left(\frac{b}{2} + c - 1 \right)$$

wobei b = Anzahl der Knoten am Umriß
    c = Anzahl der Knoten im Inneren der Figur
    K = Konstante

Zeigen Sie die Gültigkeit dieser Formel.
Können Sie sie zerlegen?
2. Dieses isometrische Netz gestattet die „Auswahl" von symmetrisch verteilten Punkten, die

— Ellipsen,
— Hyperbeln angehören.

[6] und [26]

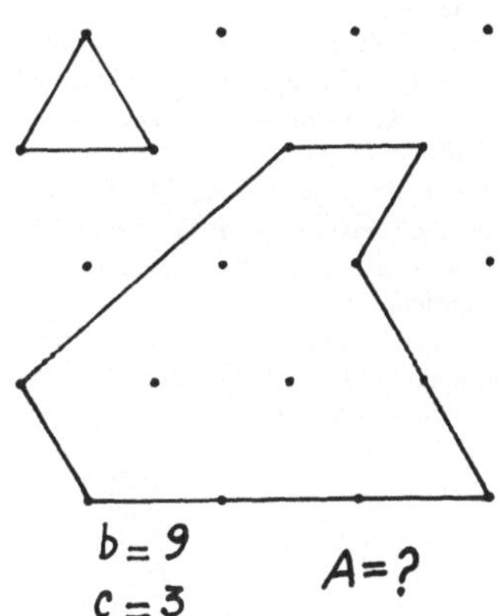

149

Für Wahrscheinlichkeitstheoretiker

Wir sind zwei Autoren — einer von uns wollte ein großes Kapitel mit dem Titel: „Wahrscheinlichkeitstheorie und Statistik *mit* Trioker *für* Trioker", der andere war entgegengesetzter Meinung. Sie begegnen hier dem gewählten Mittelweg, d.h. das ganze Kapitel wurde auf eine Seite mit Vorschlägen reduziert. Der interessierte Leser möge die Lücken auffüllen[1], außerdem wird er einige Lösungshinweise auf den Seiten 197 und 198 finden.

— Wie groß ist die Wahrscheinlichkeit, einen Tripelstein aus der Menge der 24 Steine herauszugreifen?

$$\frac{4 \text{ Tripelsteine}}{24 \text{ Triokersteine}} = \frac{4 \text{ Treffer}}{24 \text{ Möglichkeiten}} = \frac{1}{6} = 16{,}6\,\%$$

Wie groß ist die Wahrscheinlichkeit, einen Tripelstein *nach bereits erfolgter Ziehung* (der gezogene Stein wird nicht zurückgelegt) zu ziehen?

$$\frac{3 \text{ verbleibende Tripelsteine}}{23 \text{ verbleibende Steine}} = \frac{3}{23} = 13\,\%$$

Übungen

Wie groß ist die Wahrscheinlichkeit, einen Doppelstein aus der Menge der 24 Triokersteine herauszugreifen?

— Wie groß ist die Wahrscheinlichkeit, einen Doppelstein aus 23 Steinen zu ziehen, *die verbleiben*, wenn man bereits einen Doppelstein gezogen und beiseite gelegt hat?
— Wie groß ist die Wahrscheinlichkeit, unter den 24 Triokersteinen zuerst einen Tripelstein (den man sich zurück behält) und anschließend einen Doppelstein zu ziehen?
— Wie groß ist die Wahrscheinlichkeit, wenn man aus der Triokermenge zuerst einen Doppelstein ziehen will, den man behält und anschließend einen Tripelstein?
— Wie groß ist die Wahrscheinlichkeit, einen Tripelstein zu ziehen, den man sich behält, und anschließend einen Doppelstein, der sich mit dem Tripelstein zusammensetzen läßt?
— Dies alles führt uns auf die große Frage:
* Wie groß ist die Wahrscheinlichkeit, zwei zusammensetzbare Steine aus der Triokermenge herauszugreifen?

Für jedes der zahlreichen, möglichen Übungsbeispiele können Sie auch eine statistische Betrachtungsweise anwenden. Man hat eine ausreichende Anzahl erfolgreicher Ziehungen durchzuführen, wobei jedesmal alle erforderlichen Bedingungen beizubehalten sind.

1 — Eine große Anzahl von Ziehungen ist notwendig, damit das Ergebnis in einem „Vertrauensbereich" liegt.

2 — Zwischen zwei Ziehungen müssen die Steine stets gut durchmischt werden.

---

1 Siehe Maurice Glaymann und Tamas Varga, [17].

150

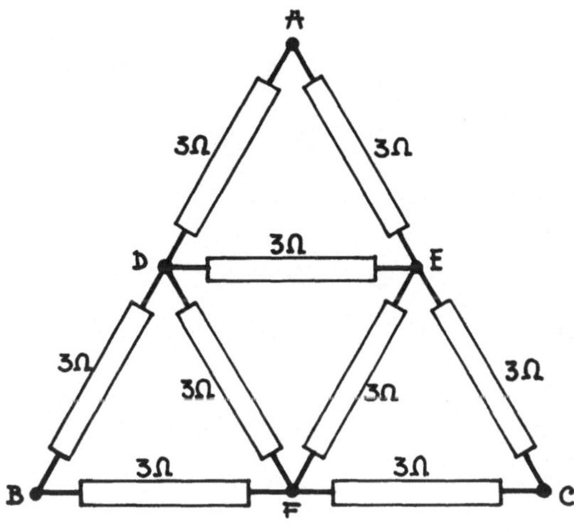

Das Widerstandsnetz

<table>
<tr><td>kann durch folgendes Schema ersetzt werden:</td><td>dieses wiederum ist zu folgendem reduzierbar:</td></tr>
</table>

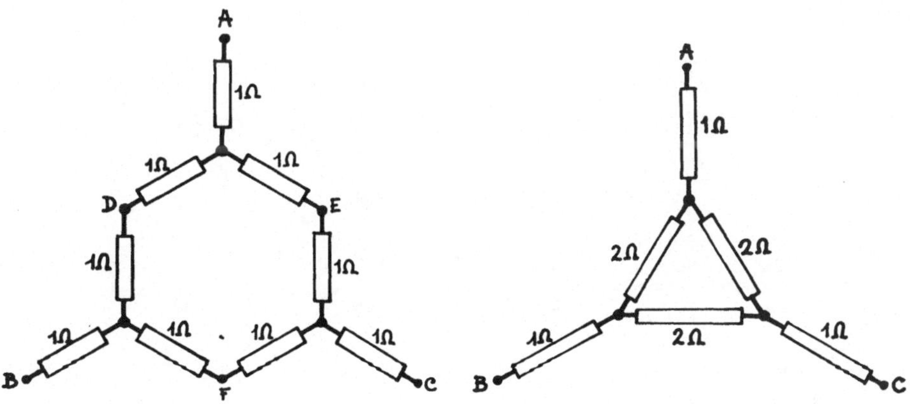

S. auch Benson, *Electric Circuit Problems*, Chapman Hall, London.

Cadmiumchlorid und Cadmiumjodid

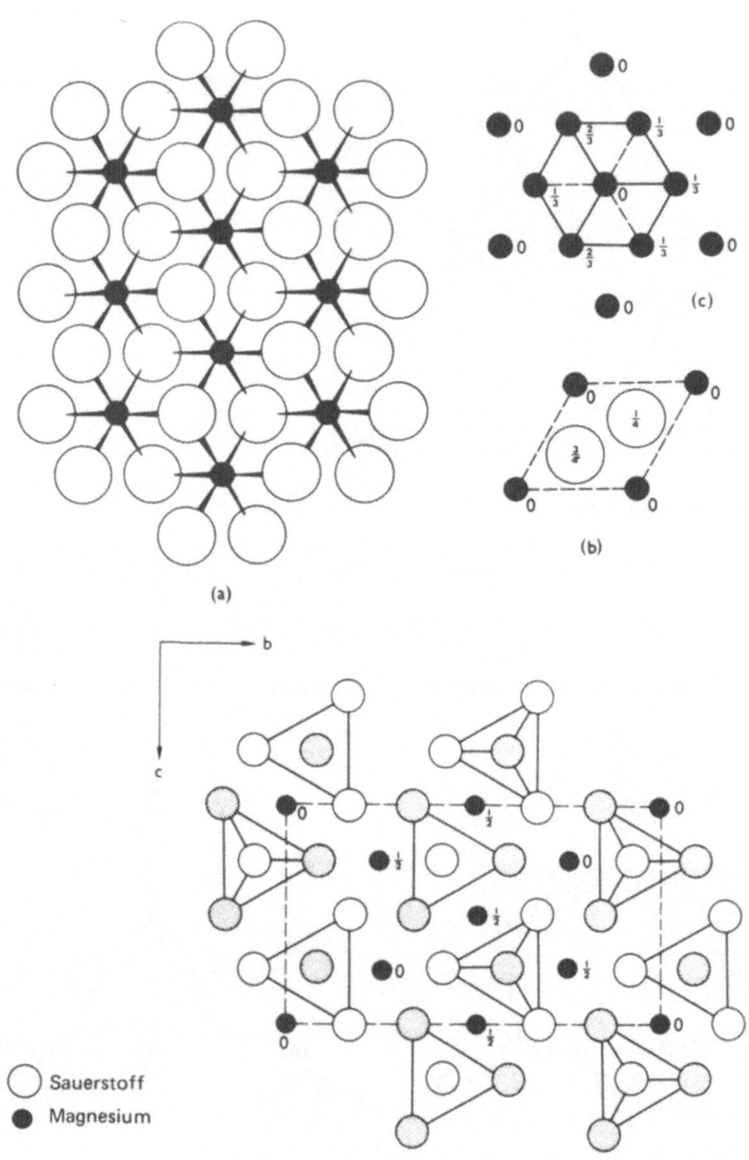

Die Struktur von Olivin (Magnesiumsilikat)
nach Brown und Forsyth, [5]

Es sei ein regelmäßiger Tetraeder gegeben: 4 Ecken, 6 Kanten, 4 Flächen. Den vier Ecken ordnen wir die Werte 0, 1, 2 und 3 zu. Ein Triokerstein, dessen Name aus lauter Nullen besteht, kann durch die Ecke 0 symbolisiert werden. Ihre vier Tripel sind somit auf die vier Ecken verteilt.

Ein Doppelstein benötigt zwei Werte; man ordnet ihm die Kante, die die beiden Werte verbindet, zu. Intuitiv wird man den Stein 110 näher an der 1-Ecke anbringen als an der 0-Ecke.

Wohin setzen Sie den Stein 001?

... so werden Ihre 12 Doppelsteine auf die 6 Kanten verteilt, denn zwei gehören zu einer Kante.

Einem Monostein sind drei verschiedene Werte zugeordnet — einer Tetraederfläche ebenfalls.

Die Fläche mit den Ecken 0, 1 und 2 entspricht dem Stein ... Hoppla! Man hat sich für einen der beiden Steine 012 und 021 zu entscheiden. Tatsächlich ist die Orientierung festzulegen, in welcher die drei Tetraederwerte zu lesen sind. Ich schlage Ihnen folgende Lösung vor: Lesen Sie die Werte im Gegenuhrzeigersinn. Von außen gesehen haben Sie dann die Fläche, die dem Stein 012 entspricht. Nun stellen Sie sich vor, daß der Tetraeder hohl und groß genug wäre, daß Sie in sein Inneres könnten, dann werden Sie sehen, daß die gleiche Fläche dem Stein 021 entspricht.

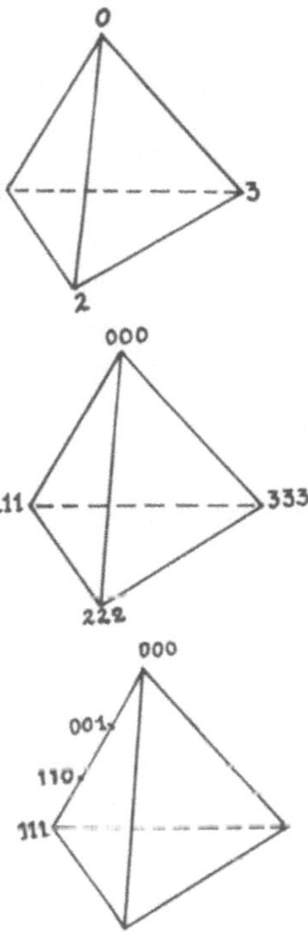

Für Mineralogen

Fluoroktaeder; das Klischee verdanken wir der Freundlichkeit von Professor René *HUYGHE*, ein Auszug aus *Formes et Forces*, Flammarion (s. auch Seite 154) Photo Flammarion.

Für Topologen

Sei $S = p_0 \ldots p_n$; eine *Simplizialzerlegung* von S ist eine Zerlegung in Simplexe $\overline{S} + US_i$, derart, daß der Durchschnitt der Berandung zweier Simplexe leer oder gleich der Berandung einer gemeinsamen Fläche (die auch die leere Menge sein kann) ist. Die Abbildung zeigt eine Simplizialzerlegung eines Dreieckes, wobei jedes kleine Dreieck, die zugehörigen Kanten und Ecken als Simplizialkomplexe der Zerlegung anzusehen sind

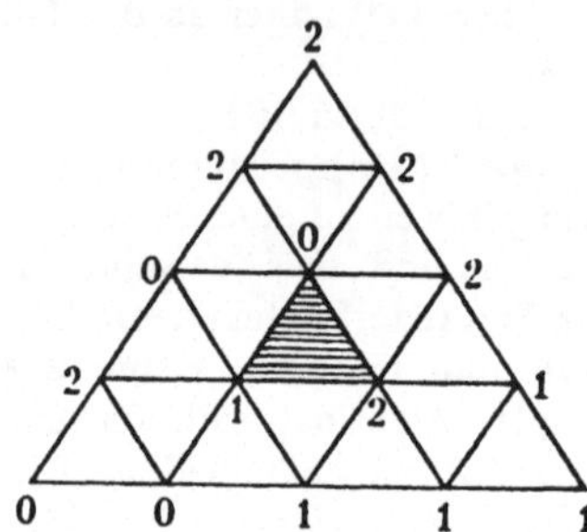

Nach K. Kuratowski, *Introduction á la theorie des ensembles et a la topologie*, Editions de l'Institut de Mathematiques de l'Université de Geneve, 1966.

Für Organiker

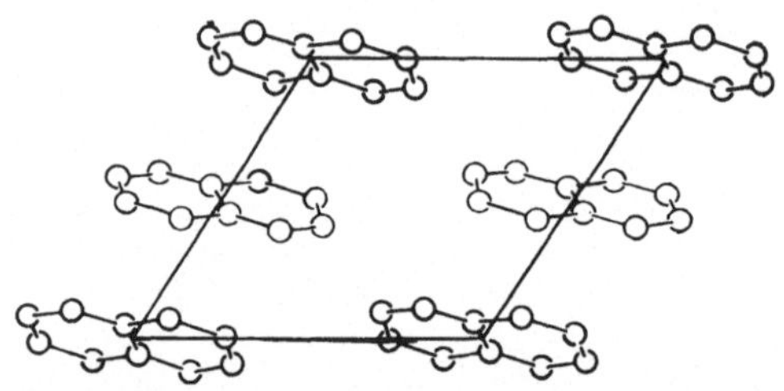

Naphtalin $C_{10}H_8$; nach Zeman [39]

Für Künstler

Wir können hier nicht die ästhetischen Gesichtspunkte aller Formen, die sich aus dem Vorangegangenen ableiten lassen, erörtern. Aber wir weisen daraufhin, daß im Werk von Rene Hugyhe: *Formes et Forces* in vorbildlicher Weise die „Form" als gemeinsames Element von Alltagswelt und künstlerischer Betrachtungsweise analysiert wird. Flammarion, Paris.

Symbol	triklin	monoklin und orthorhombisch	trigonal	tetragonal	hexagonal	kubisch
X	1	2	3	4	6	23
$\bar{X}$	$\bar{1}$	$m=\bar{2}$	$\bar{3}$	$\bar{4}$	$\bar{6}$	$\bar{2}3=\frac{2}{m}\,3$
$\frac{X}{m}$	$\frac{1}{m}=m=\bar{2}$	mm	$\frac{3}{m}=\bar{6}$	$\frac{4}{m}$	$\frac{6}{m}$	$m3=\frac{2}{m}\,3$
Xm		$m1=m=2$	$3m$	$4mm$	$6mm$	$2m3=\frac{2}{m}\,3$
$\bar{X}m$	$\bar{1}m=\frac{2}{m}$	$\bar{2}m=mm$	$\bar{3}m$	$\bar{4}2mm$	$\bar{6}m2=\frac{3}{m}m$	$\bar{4}3m$
$X2$	$12=2$	222	32	42	62	432
$\frac{X}{m}m$	$\frac{1}{m}m=mm$	mmm	$\frac{3}{m}m=\bar{6}m$	$\frac{4}{m}mm$	$\frac{6}{m}mm$	$m3m=\frac{4}{m}\,3m$

Symmetrieelemente der 32 Kristallgruppen, nach Brown und Forsyth [5].

17 Lösungen

Lösungen zu Kapitel 3

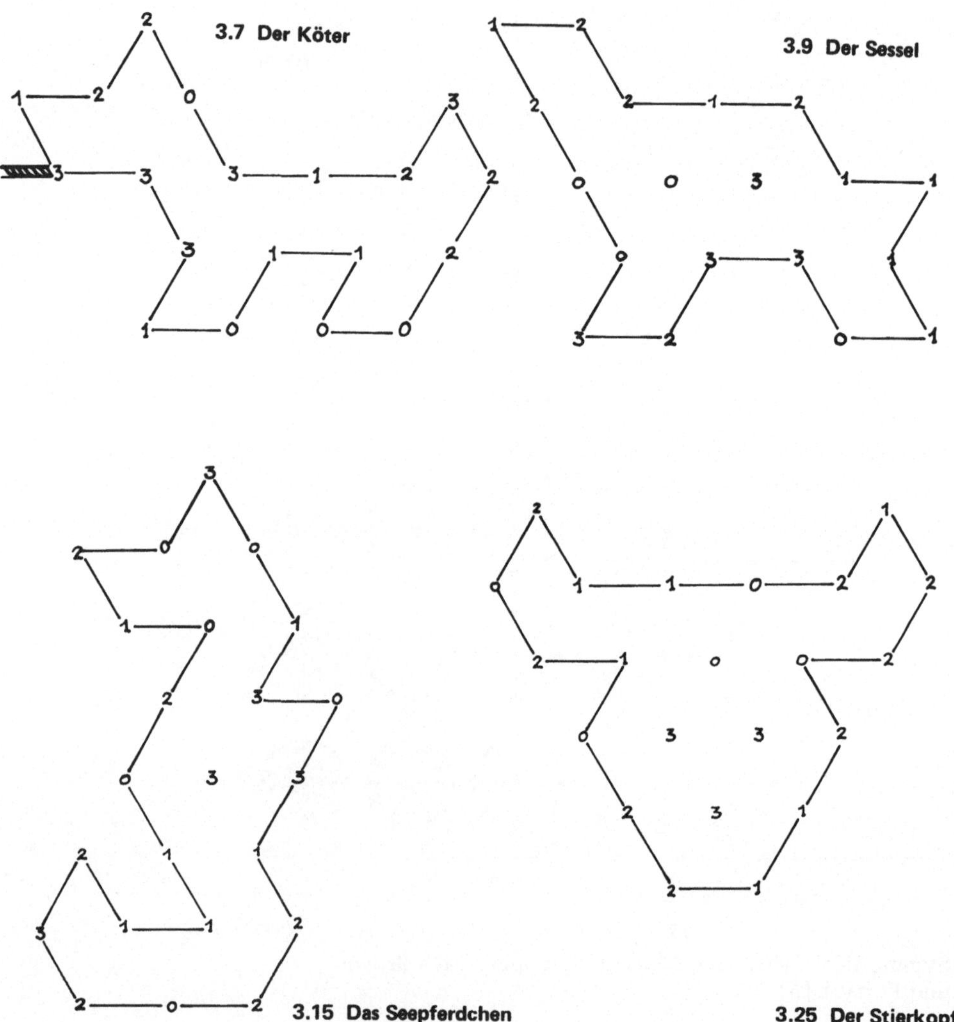

3.E.1 Es gibt 4 und nur 4 Steine, die nicht mit dem Jokerstein zusammengesetzt werden können: dies sind die Steine **000, 003, 330** und **333**.

3.G1 Von den achtzehn Ecken eines Wertes (zum Beispiel 3) sind jeweils drei in einem Treffpunkt (Knoten) zusammengefaßt: folglich gibt es sechs Vereinigungen mit dem Wert 3, ebenso gibt es zu jedem anderen Wert sechs Knotenpunkte. Auf Grund der Existenz eines Tripels zu jedem Wert muß jeder Wert mindestens einmal am äußeren und mindestens zweimal am inneren Rand — oder umgekehrt — vorkommen.

Sie sehen hier ein Beispiel einer vollständigen Lösung:

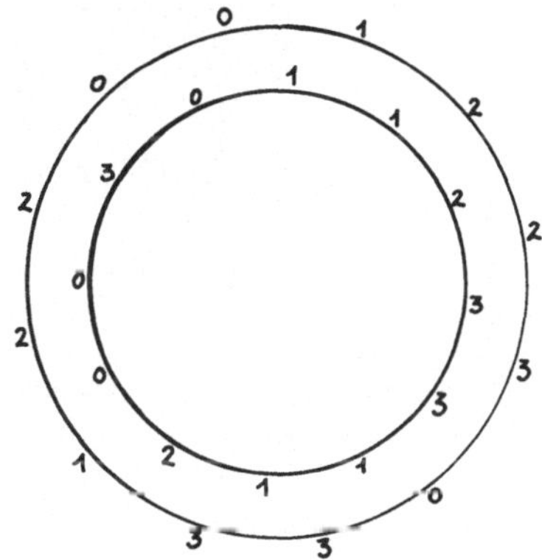

3.H.1 Einschränkungen (Bild 3.39)

Gehen wir von der Annahme aus, daß der Stein 333 das Feld ABC einnimmt. Alle in den Punkten B und C vereinigten Ecken haben den Wert 3. Es gibt einen Stein **BCx** und einen anderen **C3x**; da B = C müssen beide Steine von der Form **33x** sein, dies steht aber im Widerspruch zur Einzigartigkeit der Spielsteine. Folglich kann der Platz ABC nicht vom Stein **333** eingenommen werden.

Überlegen Sie selbst weiter: das Feld ABC kann nicht von einem „Dreiertripel", **33x** besetzt werden, wenn der Doppelrand mit dem Punkt B zusammentrifft.

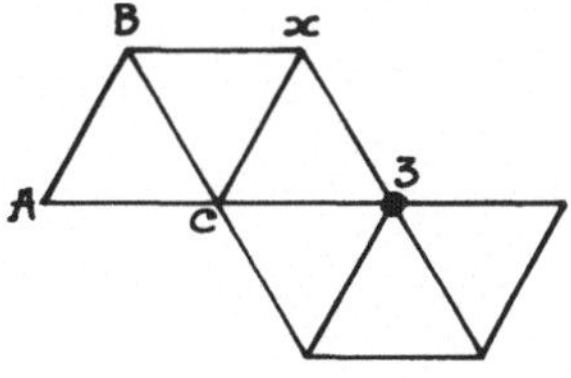

3.H.3 Da C ein Tripelstein ist, sind in den drei Punkten 0, 0′, 0″ die 18 Ecken des gleichen Wertes vereint. Der Block der 13 Steine, der um die Tripel-Null gruppiert ist, darf keinen Doppelrand auf einer kurzen Seite des unregelmäßigen Sechseckes haben. (s.a. Seite 64). Der 14. Stein B kann folglich kein Tripelstein sein: 111, 222, 333 sind verboten, außerdem darf keine Null-Ecke vorkommen.

3.I.3

Wenn A = B = C, dies ist völlig unmöglich.
Wenn A = B = D, so muß M ≠ C gelten.
Wenn 3 der Ecken A, B, C, und D verschieden sind ...

3.I.4

Wenn A = B = X, so muß D ≠ A und C ≠ A gelten.
Wenn X = D, so muß A ≠ B gelten
etc.

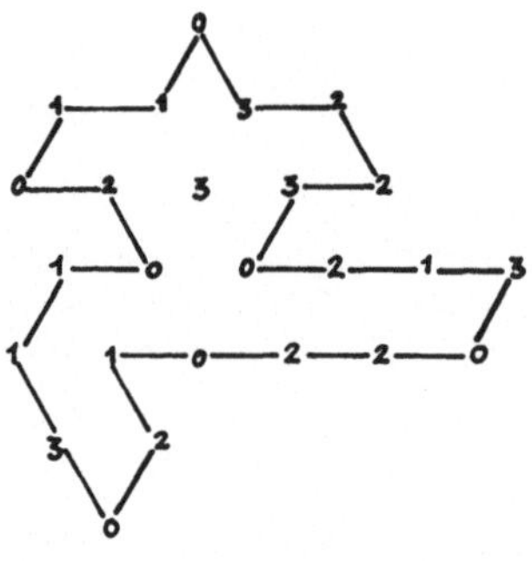

3.45 Der Kosakentänzer

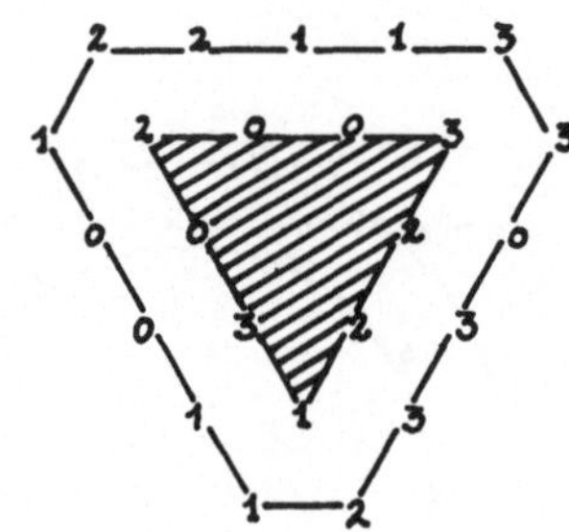

3.53 Der Dreiecksring.
Beachten Sie, daß der Jokerstein diesen Ring
mit freier Jokerecke vervollständigen könnte!

Lösungen zu Kapitel 4

4.A.1 Die sechs möglichen Spielkanäle sind hier unterhalb schematisch dargestellt. Zu Beginn können Sie einen Spielplan verwenden, der Sie leitet. Was können Sie von vornherein über die Werte in den Punkten A, B und C aussagen?

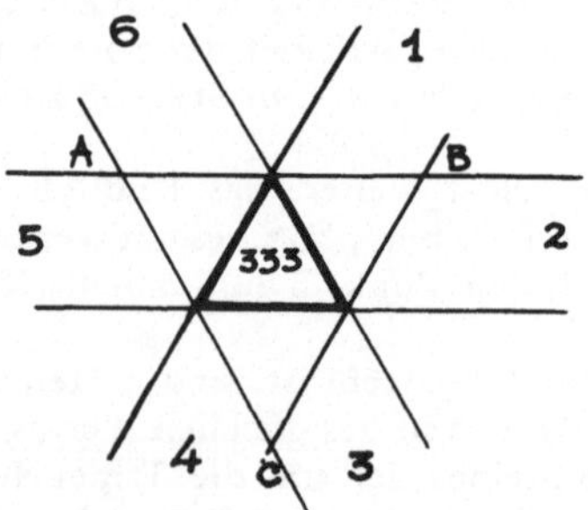

4.C.1 Überzeugen Sie sich durch Verschieben der sieben echten Spielsteine selbst, daß das Sechseck unmöglich, alle anderen Figuren aber möglich sind.

Lösungen zu Kapitel 5

5.A.1 Von null bis neun.
5.A.3 Die Steine 123 und 132.
5.A.7 Hier eine der (zahlreichen) Möglichkeiten, um die
24 Steine zu drei Rhomben zusammenzufassen.

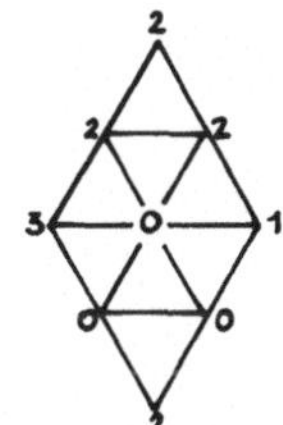 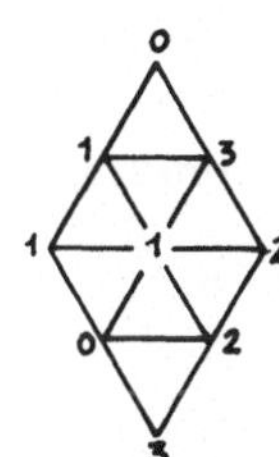 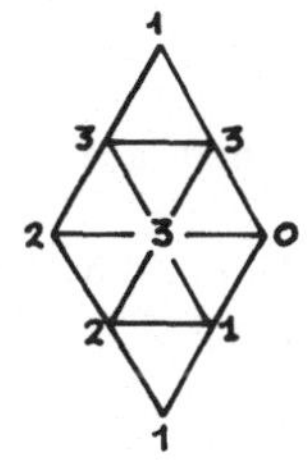

5.A.8 — 5.A.10 Schauen Sie in Kapitel 14 nach.

5.B.2

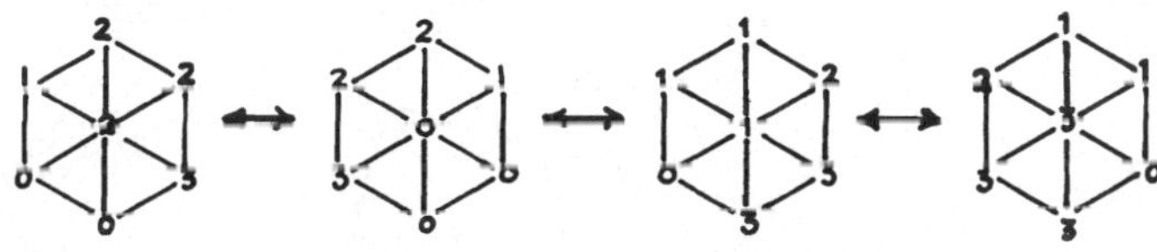

5.B.3 Bei den achtzehn Ecken der sechs Steine der
ersten Zeile kommt ein einziges Mal eine „3" vor, die
an keine andere angefügt werden kann.
5.B.4 Nur Monosteine: ja,
      nur Doppelsteine: nein,
      ein einziger Tripelstein: ja,
      mehrere Tripelsteine: nein.

5.C.4 Verlieren Sie keine Zeit. Unter den verschiedenen
Ecken der ausgewählten Steine gibt es *drei* mit dem Wert
Null. In Anbetracht, daß die Ecken bei diesem Beispiel
geradzahlig vereinigt werden müssen ...

5.D.1 Neun; dreizehn; neun; dreizehn ...
5.D.2 Vier; acht; vier.
5.D.4 $2^{10} = 1024$; $2^{11} = 2028$

5.F.2 Ja.

5.G.2 Ja, beispielsweise mit dem Stein 112 und einem
der acht folgenden: 110 — 111 — 113 — 012 — 021 —
221 — 123 — 132.
Achten Sie darauf, daß Sie den Stein 112 nicht nochmals
verwenden.

5.G.7 Mit zwei verschiedenen Puzzles aus Ihrem Spiel sind maximal vier verschiedene Zusammensetzungen möglich. Zum Beispiel:

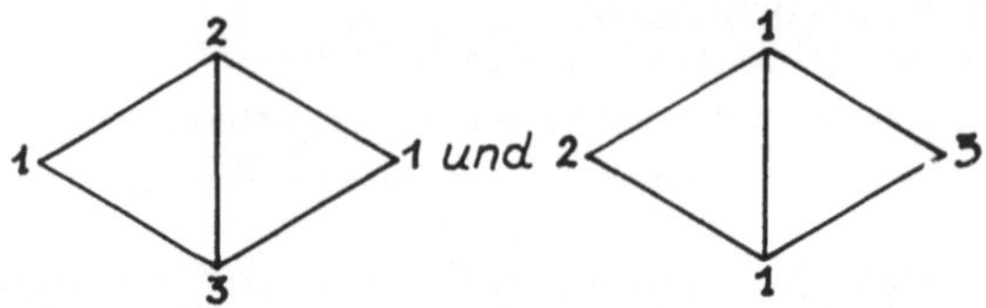

können aufeinander „abrollen"

5.G.9 und **5.G.10**: siehe S. 162
5.G.12

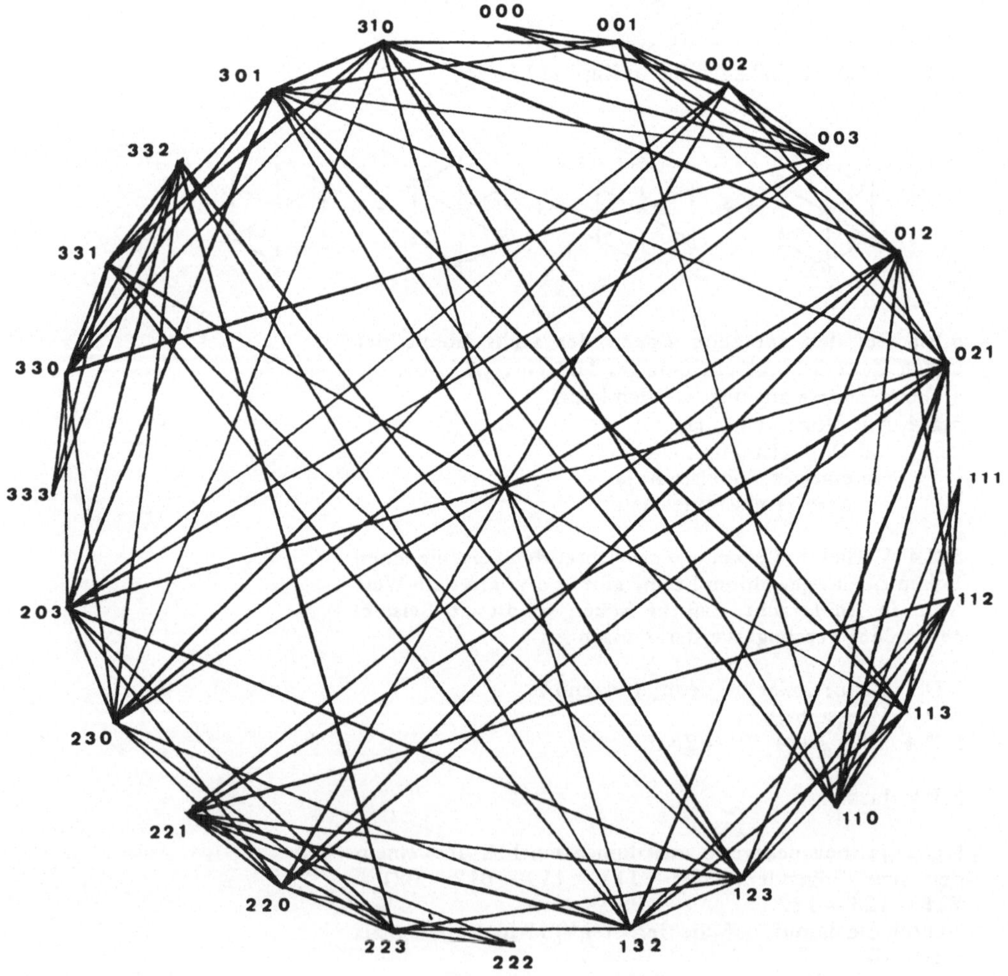

5.G.13 Eine gerade Linie zeigt die mögliche Zusammensetzung zweier Steine an. Zwei gerade Linien sind parallel, wenn die getroffene Anordnung so ist, daß zwischen A und C einerseits, B und D andererseits gleich viele Elemente eingefügt sind. Betrachten Sie beispielsweise die Linie, die 310 und 230 verbindet und die Linie 012–132: auf den Kreisbögen dazwischen liegen je vier Steine. Zwei andere parallele Linien (301–021 und 203–123) haben denselben Abstand. Unter welchen Bedingungen bilden diese vier Linien ein Quadrat? Bestimmen Sie, wie die fünf Quadrate unterschiedlicher Größe von Bild 5.G.13 entstanden sind. Warum gibt es kein sechstes Quadrat, das sich zwischen die fünf einfügt? Weil es in der gewählten Anordnung der Steine (S. 9) keine Spalte gibt, deren Elemente sich unmittelbar miteinander zusammensetzen lassen.

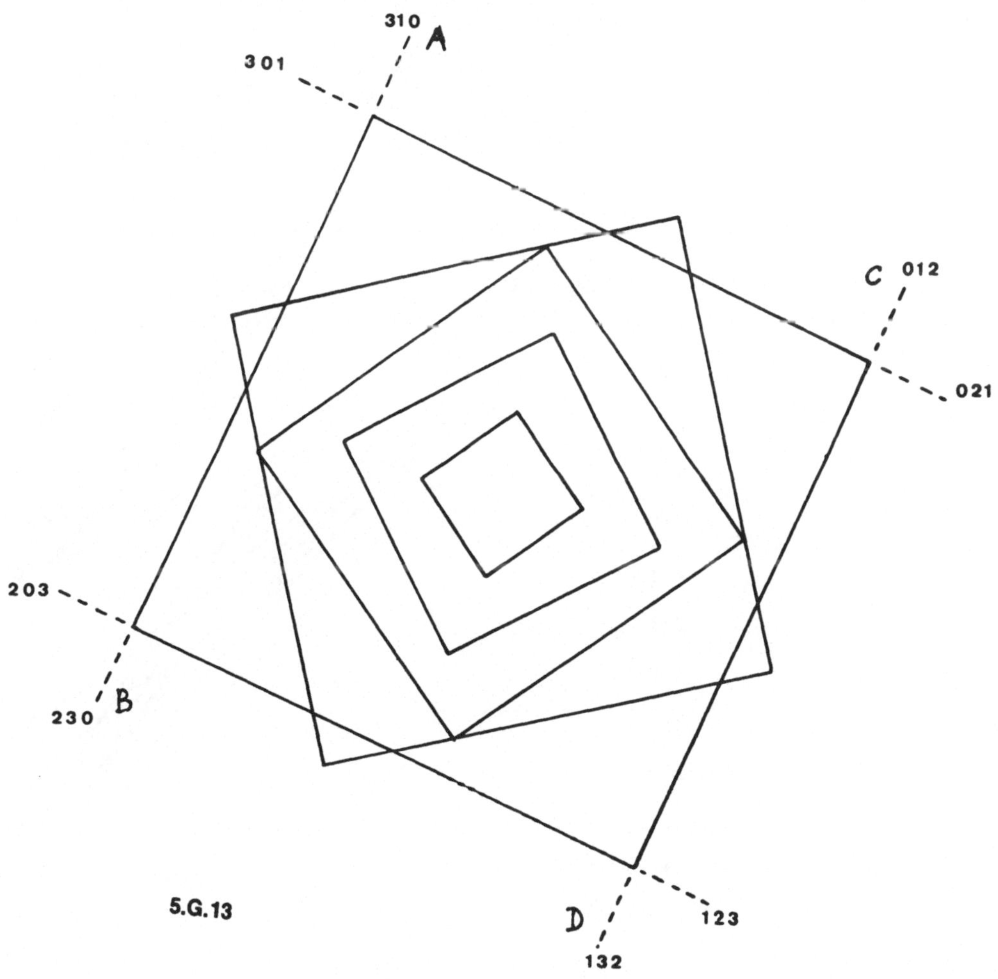

5.G.13

5.G.10 204, und zwar gehen von jedem Tripelstein 4
Pfeile aus, von jedem Doppelstein 9 und von jedem
Monostein 10.

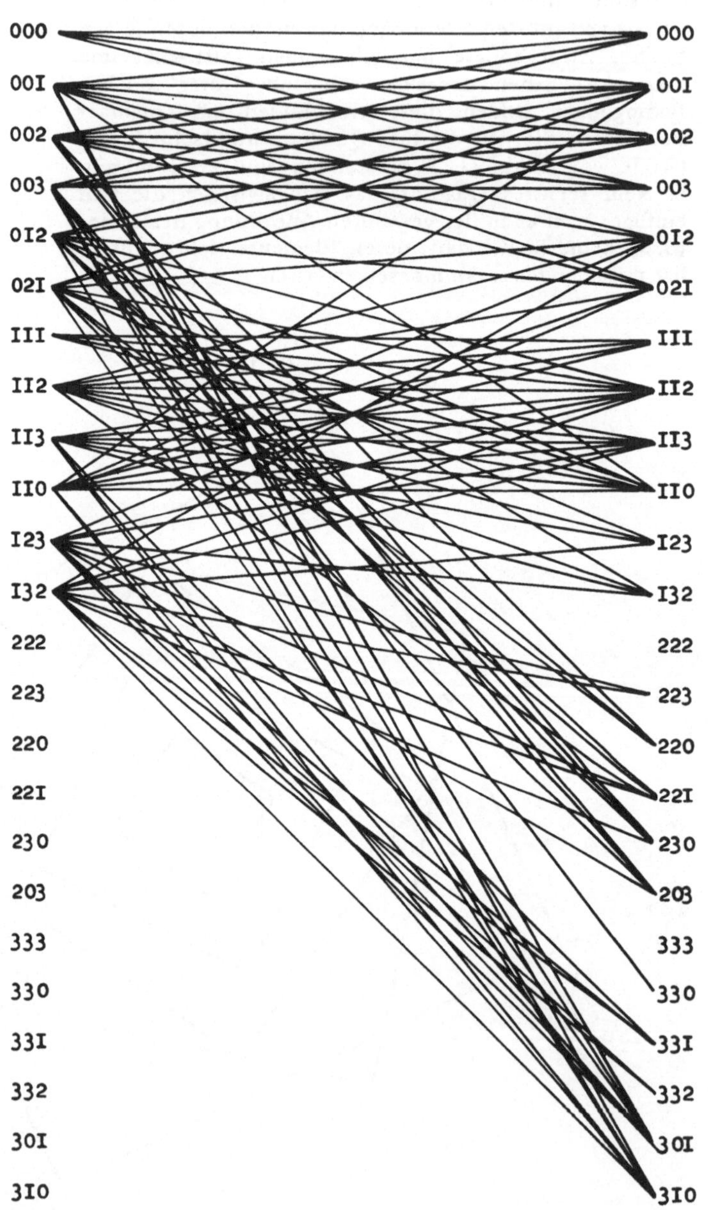

Lösungen zu Kapitel 6

6.B.4 Fünfundvierzig verschiedene Steine (s. Seite 91).
6.B.5 bis 6.B.10 Jeder Stein kann durch eine Zahlen-
kombination charakterisiert werden. Die vollständige
Aufzählung aller möglichen Dreierkombinationen erzeugt $W \times W \times W = W^3$ Variationsmöglichkeiten;
null für $W = 0$,
eins für $W = 1$,
acht für $W = 2$,
siebenundzwanzig für $W = 3$ usf.
Bei diesen Variationen sind zwei Arten zu unterscheiden:
1. Die, die dreimal hintereinander die gleiche Zahl aufweisen, wie z.B. 000, 111, 222 usf. Man nennt diese
Zahlenkombinationen kurz „Tripel". Jede „Tripel"-
Kombination kommt bei jeder Aufzählung nur ein einziges Mal vor und muß folglich bestehen bleiben. Zu W
möglichen Werten gibt es W verschiedene „Tripel", die
Anzahl der Tripelsteine T ist also gleich W. Die Anzahl
der Nicht-Tripelsteine ist gleich $(S - T)$.
2. Bei den *übrigen* Variationen treten keine Tripel auf.
Sie weisen mindestens zwei verschiedene Zahlenwerte
auf; so gibt es bei jeder Aufzählung die Dreierkombinationen $001 - 010 - 100$, die eine Ecke mit „eins"
und zwei Ecken mit „null" anzeigen. Die drei Kombinationen entsprechen drei voneinander nicht zu unter-
scheidenden Steinen, man läßt also nur *eine* Variante
gelten. Von dem Vorrat der „Nicht-Tripel", der $(W^3 - W)$
Elemente umfaßt, benötigt man also nur ein Drittel,
somit:

$$\frac{W^3 - W}{3} = S - T = \frac{W}{3} (W^2 - 1).$$

Diese Menge der „Nicht-Tripel" schließt einerseits „D",
die Doppelsteine, die zwei gleiche Eckenwerte aufweisen, und andererseits „E", die Einfachsteine, die 3 verschiedene Werte an den Ecken tragen ein. Für $W < 3$
gilt selbstverständlich $E = 0$.

6.B.6 Auf jedem Doppelstein sind zwei gleiche Eckenwerte mit einem anderen vereint. Ist W die Zahl der möglichen Werte, so ist D, die Anzahl der Doppelsteine, von
der Form $W(W - 1)$. Die Zahl E der Einfachsteine ist
dann durch die Differenz der verschiedenen „Nicht-Tripel"-Steine und der Doppelsteine gegeben; es gilt:

$$E = \frac{W}{3} (W^2 - 1) - W(W - 1)$$

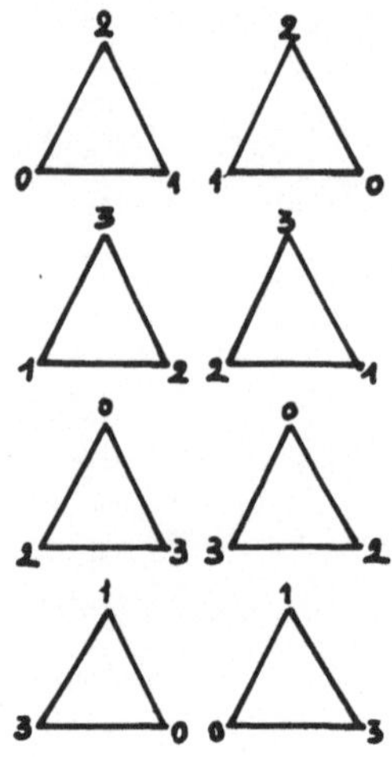

Mit diesem Wissen ist folgende Tabelle leicht zu erstellen:

Anzahl der möglichen Werte W	Anzahl der Tripel T	Anzahl der Doppelsteine D	Anzahl der Einfachsteine E	Gesamtzahl S
0	0	0	0	0
1	1	0	0	1
2	2	2	0	4
3	3	6	2	11
4	4	12	8	24
5	5	20	20	45
6	6	30	40	76
6.B.7. 7	7	42	70	119
10	10	90	240	340
—	—	—	—	—
6.B.8. 12	12	132	440	584

6.B.9 24 ist durch 1, 2, 3, 4, 6, 12 und 24 teilbar.

6.B.10 In der Gesamtsumme $(T + D + E) = \dfrac{W}{3}(W^2 + 2)$

ist die Zahl E der Einfachsteine stets gerade, da es zu jedem Einfachstein auch den spiegelbildlichen Stein gibt.

Die Zahl D der Doppelsteine ist ebenfalls stets gerade auf Grund der Form $W(W-1)$.

Die Summe $(E + D)$ ist gerade.

T ist stets gleich der natürlichen Zahl W, ist also wie W abwechselnd gerade und ungerade.

Die Gesamtsumme $(T + D + E)$ folgt dem gleichen Gesetz.

6.C.2 Eine geringfügige Änderung mag interessant erscheinen: sie besteht darin, die Steine „B" zu drehen und zwar so, daß die Steine der Spalte A genau das Spiegelbild zur Spalte B bilden.

6.E.2 Die Zahlenfolge $0 - 1 - 2 - 3 - 0 - 1 - 2$ entspricht einer zyklischen Permutation.

6.E.5 Die zwölf Steine der Zeilen 1 und 3 bilden eine zu den verbleibenden Steinen symmetrische Untermenge. Bilde zum Beispiel die Tanne (die gegenüberliegende Figur); eine zweite kann direkt von der ersten abgeleitet werden, indem jeder plazierte Wert um eine Einheit erhöht wird. Auf dieselbe Art erfolgt die Konstruktion eines ersten Sternes usw.

6.E.6 Ein Beispiel ist die Aufteilung in ein „gerades" und „ungerades" Feld, wie sie auf Seite 29 durchgeführt wurde; schauen Sie auch auf Seite 70 nach.

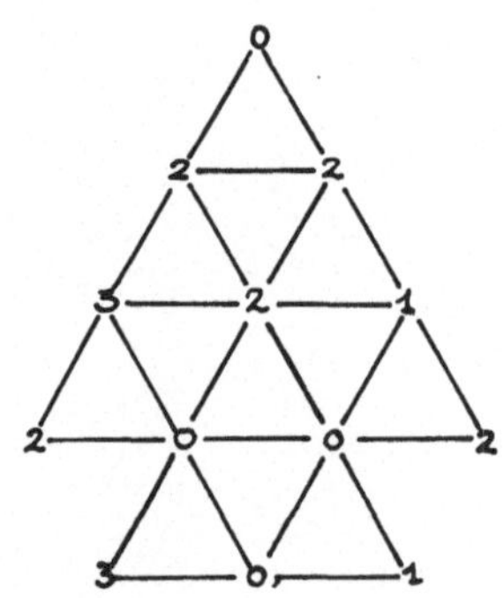

6.F Hier präsentieren wir Ihnen die vollständige Lösung zu den Blumen mit der Mitte „3". Es wird dabei auf die nebenstehende Figur Bezug genommen.

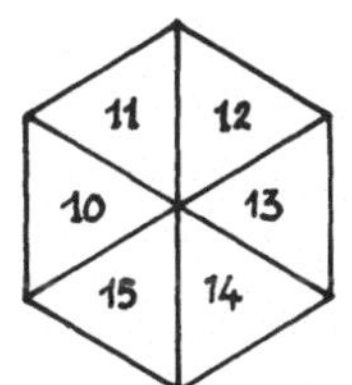

1. Mit dem Stein „333", dem „Dreiertripel" — man richtet sich stets nach der Anordnung auf Seite 9.
Notwendigerweise müssen zwei Steine „Dreierdoppel" angelegt werden; dafür stehen drei Steine zur Verfügung: 330, 331 und 332. Folglich gibt es für eine Halbblume sechs verschiedene Möglichkeiten.
Für jede dieser Halbblumen gilt: $X \neq Y$.
Die andere Halbblume, die zu der eben beschriebenen hinzuzufügen ist, kann:

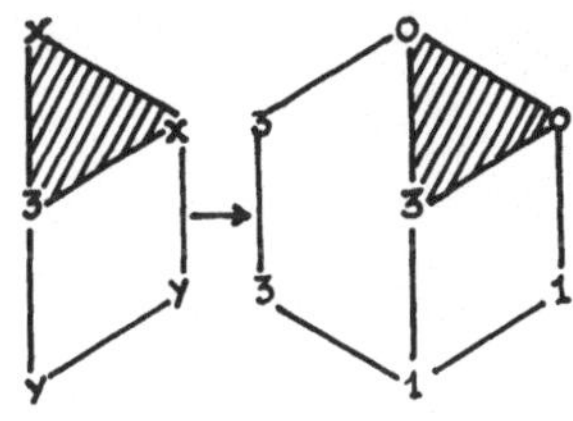

A. aus zwei Doppelsteinen, der Form **XX3** und **YY3** erzeugt werden, $X \neq 3$ und $Y \neq 3$. Sechs verschiedene Blumen vereinen dann folgende Steine:

— das Dreiertripel und zwei seiner Doppelsteine,
— zwei Doppelsteine, deren Doppelwert ungleich 3 ist,
— einen Einfachstein.

Zeichnen Sie sich selbst die sechs verschiedenen Blumen auf, ohne die nachstehenden Sechsecke zu betrachten. Sind Sie mit der zugehörigen Erläuterung einverstanden?
Die sechs Blumen der Mitte „3" mit einem einzigen Einfachstein.

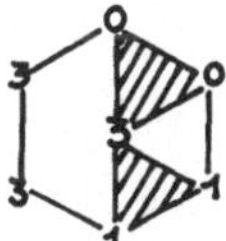 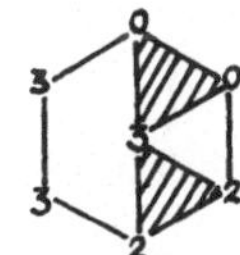 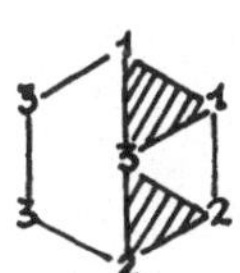 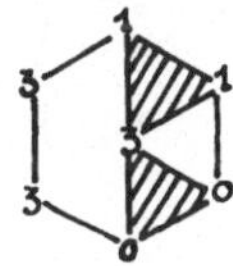  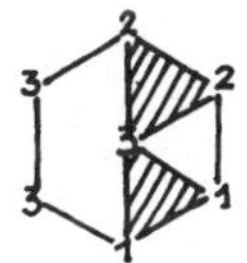

B. Einen einzigen Doppelstein (Doppelwert $\neq 3$) aufweisen. Dieser Doppelstein kann eines der drei Felder 12, 13 oder 14 einnehmen.

a. Beispielsweise Feld 12:
Vom Wert „Z" wird gefordert, daß er nicht gleich 3, weder gleich X noch gleich Y ist. Folglich gibt es sechs verschiedene Lösungen zu folgender Steinkombination:

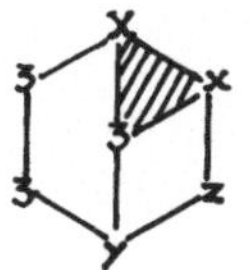 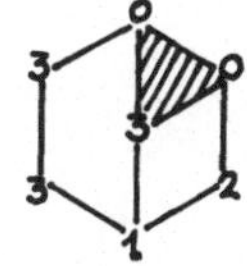

— das Dreiertripel und zwei seiner Doppelsteine
— einen Doppelstein (der Doppelwert ist ungleich 3) im Feld 12
— zwei Einfachsteine.

b. Symmetrisch dazu liefert ein Doppelstein in Feld 14 ebenfalls 6 Lösungen.

c. Ein einziger Doppelstein in Feld 13:

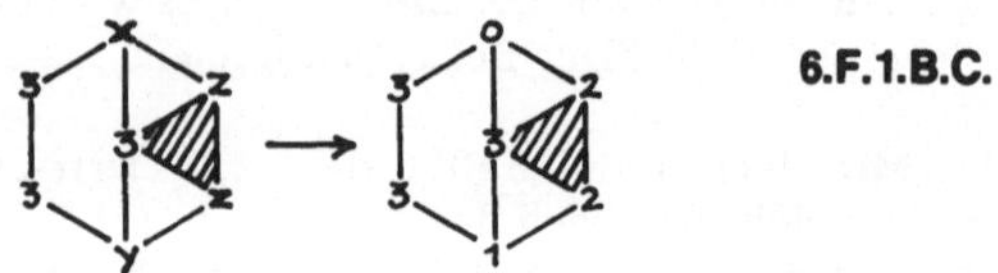

6.F.1.B.C.

Hier gilt wieder $Z \neq 3$, $Z \neq X$, $Z \neq Y$, folglich gibt es auch 6 Lösungen.

Fassen wir unser bisheriges Ergebnis zusammen, so erhalten wir:

bei zwei Doppelsteinen, ungleich 3 $\longrightarrow$ Sechs Blumen.

bei einem Doppelstein, ungleich 3 $\longrightarrow$ Achtzehn Blumen.

C. Ohne Doppelstein erzeugt werden.

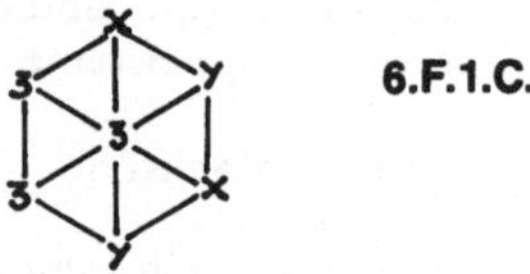

6.F.1.C.

Die Struktur ist unmöglich, da zwei Steine „X3Y" notwendig wären. *Eine* Ecke X (oder auch eine Ecke Y) und *eine* Ecke Z müssen folgendermaßen zusammengefügt werden:

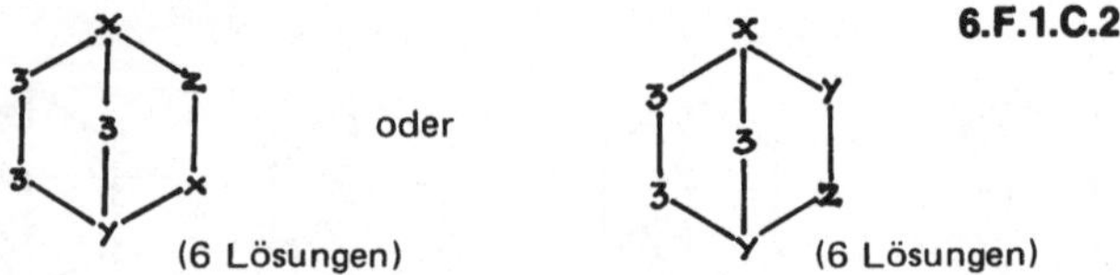

6.F.1.C.2

oder

(6 Lösungen)   (6 Lösungen)

Schlußfolgerung zu 1:

mit dem „Dreierstein" sind:

sechs	Blumen mit 2 Doppelsteinen, ungleich 3	6
achtzehn	Blumen mit 1 Doppelstein, ungleich 3	18
zwölf	Blumen mit keinem Doppelstein	<u>12</u>
also insgesamt		36

Blumen mit der Mitte „3" möglich.

2 Ohne das „Dreiertripel", den Stein 333 und ohne den Wert 3 am Rand

Es handelt sich hier nun um die „Blumen mit roter Mitte und ohne Rot am Rand". Bei diesen Sechsecken kann keiner der Steine „Dreierdoppel" (330, 331, 332) verwendet werden. Es müssen folglich sechs Steine be-

nützt werden, die alle eine einzige Ecke mit dem Wert
„3" haben.
Es gibt 9 Steine mit einem einzigen Eckenwert 3:

— 3 Einfachsteine A
— 3 Einfachsteine B
— 3 Doppelsteine, ungleich 3 (003, 113, 223).

Welche Sechsecke sind möglich?

A. Mit drei Doppelsteinen: sofort erhält man zwei
spiegelbildliche Lösungen

B. Mit zwei Doppelsteinen: beispielsweise den Steinen
003 und 113, sie können relativ zueinander auf drei
verschiedene Arten plaziert werden:

6.F.2.A.

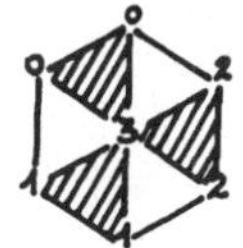

6.F.2.B.

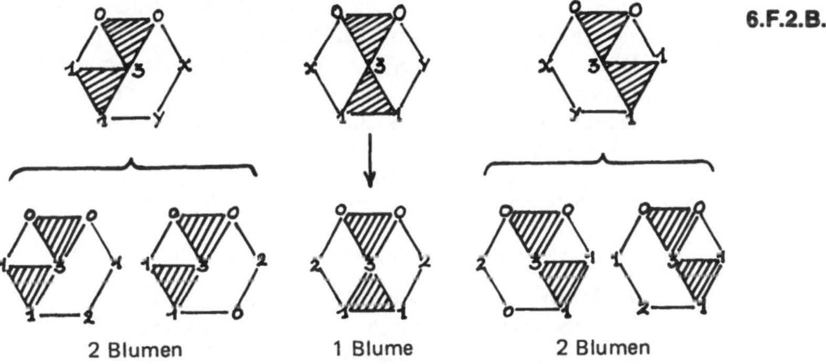

| 2 Blumen | 1 Blume | 2 Blumen |

Folglich gibt es 5 verschiedene Blumen mit den Doppelsteinen 003 und 113; als weitere Folgerung ergeben sich
15 verschiedene Blumen mit 2 der 3 Doppelsteine, ungleich 3.

C. Mit einem einzigen Doppelstein, zum Beispiel dem
Stein 003, gibt es keine Lösung. Beweisen Sie es selbst:
es gibt hierfür mehrere Methoden. Versuchen Sie eine
besonders elegante zu finden!

D. Mit keinem Doppelstein: die sechs Einfachsteine sind
so zusammenzufügen, daß die Ecken mit dem Wert „3"
in der Mitte sind. Am Rand sind die nebenstehenden
Eckenwerte zu verteilen:

4 Ecken mit 0
4 Ecken mit 1
4 Ecken mit 2

Eine einzige Diagonale des Sechseckes kann durch zwei
identische Werte begrenzt sein, somit ergeben sich 3 und
nur 3 verschiedene Lösungen:

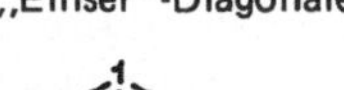

„Null"-Diagonale   „Einser"-Diagonale   „Zweier"-Diagonale

6.F.2.D.

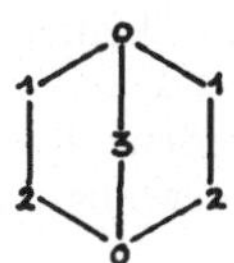
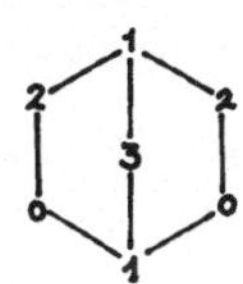
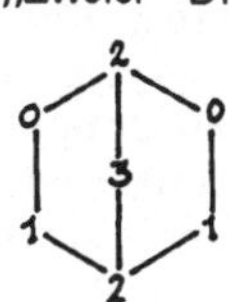

Schlußfolgerung zu 2:

Ohne den Dreierstein und ohne den Wert „3" am Rand
sind:

mit 3 Doppelsteinen   2 verschiedene Blumen
mit 2 Doppelsteinen   15 verschiedene Blumen
mit 1 Doppelstein   0 Blumen
mit keinem Doppelstein   <u>3</u> verschiedene Blumen

also insgesamt   20 verschiedene Blumen

mit „roter Mitte" und „ohne Rot am Rand" möglich.

3 Ohne den Dreierstein, 333, aber mit dem Wert 3 am Rand

Dies sind die Blumen mit „roter Mitte" und „Rot auf
zwei vereinigten Ecken" am Rand.
Diese Blumen verfügen über zwei zusammengesetzte
Dreier-Doppelsteine. Um sich orientieren zu können,
vereinbaren wir, daß der „Doppelrand-3" stets links
waagerecht liegen soll.

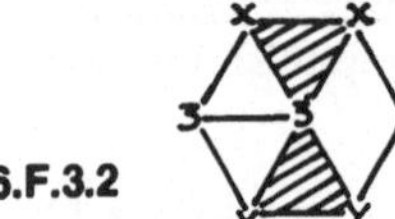

6 verschiedene „Blumendrittel"

Der ergänzende Teil umfaßt 4 Steine. Können dies:

a. 4 Doppelsteine, ungleich 3, sein? Unmöglich.
b. 3 Doppelsteine, ungleich 3, sein? Unmöglich.
c. 2 Doppelsteine, ungleich 3, sein? Ja; 3 Konfigurationen sind möglich:

6.F.3.2 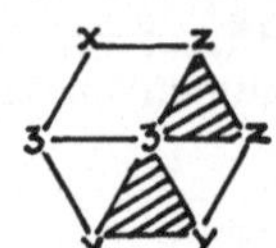 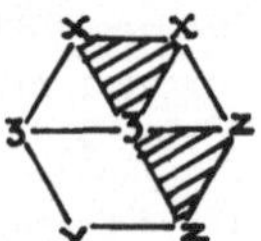

folglich gibt es 18 Blumen mit jeweils

— 2 Doppelsteinen, gleich 3,
— 2 Doppelsteinen, ungleich 3.

d. Einen einzigen Doppelstein, ungleich 3? Ja; dieser
Stein kann beliebig in eines der 4 zu ergänzenden Felder plaziert werden, zu jeder Konfiguration gibt es
zwei Lösungen. Daraus folgt, es gibt $6 \times 4 \times 2 = 48$
verschiedene Blumen, die aus zwei Doppelsteinen,
gleich 3, und einem Doppelstein, ungleich 3, bestehen.

e. Kein Doppelstein, ungleich 3? Ja, und zwar in zwei
möglichen Konfigurationen — also gibt es 12 verschiedene Blumen mit zwei Dreierdoppelsteinen und keinem
anderen Doppelstein.
Insgesamt sind es: $18 + 48 + 12 = 78$ verschiedene Blumen mit „roter Mitte" und zwei roten, vereinigten
Ecken am Rand.

Zusammenfassung aller Blumen mit roter Mitte

1. Mit **333**	: 36 Blumen mit roter Mitte
2. Ohne **333**, ohne „3" am Rand	: 20 Blumen mit roter Mitte
3. Ohne **333**, aber mit „3" am Rand	: 78 Blumen mit roter Mitte
Gesamtsumme	: 134 Blumen mit roter Mitte

Es gibt genau 134 Blumen mit der Mitte „2" usw. Die
Triokermenge der 24 Steine bietet somit $(134 \times 4) = 536$
verschiedene Möglichkeiten, ein regelmäßiges Sechseck
zu konstruieren. Im Vergleich dazu: wie groß ist die Anzahl der Möglichkeiten eine beliebige Untermenge von
6 Steinen herauszugreifen?

6.F.3 Es ist hier der „homogene Block zu dreizehn
Steinen mit der Mitte 3", der auf Seite 63 erläutert
wird, gemeint.

6.F.4 Hier ist eine „Hyperblume" — übrigens befindet
sich eine „Superblume mit der Mitte 3" in ihrer Mitte.

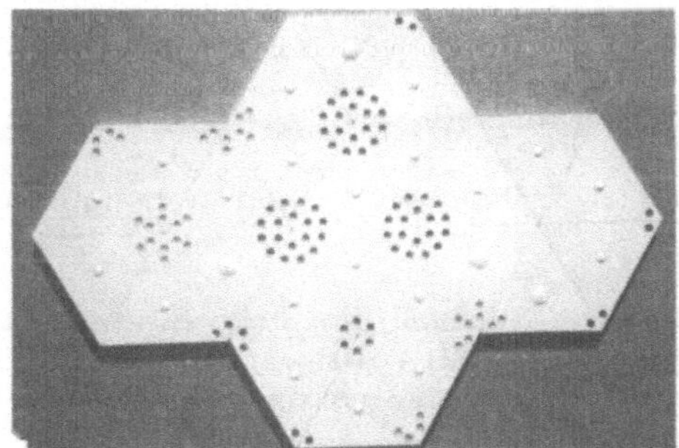

6.F.4

Lösungen zu Kapitel 7

7.E.4 Geben Sie die Lösungen entsprechend der Reihenfolge der Tripelsteine 0, 1, 2, und 3 von links nach
rechts an:

0123	1230	usw.
0132	1203	
0213	usw.	
0231		
0312		
0321		

Das ist alles, denn der Lösungsweg ist bereits in Kapitel 7 angegeben.

Lösungen zu Kapitel 8

8.4.A s. Seite 55

8.4.B Die vier definierten Elemente sind die gleichen wie in 4.A.

8.4.C Eine mögliche Abwandlung: „Eckensumme" gleich oder größer als sieben.

8.4.D Mögliche Abwandlungen: die Eckensumme sei gleich drei (oder vier, oder sechs).

8.4.E Die erste Spalte (mit den Tripelsteinen) erlaubt keine einzige Zusammensetzung.
Eine einzige der drei „Doppel"-Spalten erlaubt *zwei* gesonderte Zusammensetzungen.
Jede „Einfach"-Spalte erlaubt *zwei* gesonderte Zusammensetzungen.

8.4.G
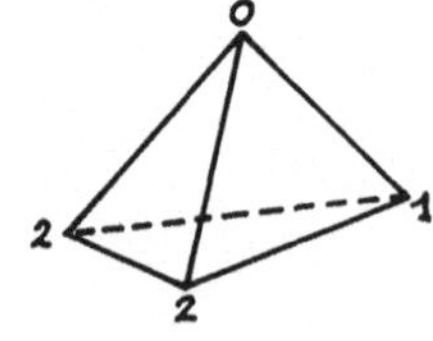

1. Von links: ein Tripelstück mit seinen zwei Doppelsteinen.
2. Von der Mitte: drei Doppelstücke und ein Einfachstein.
3. Von rechts: zwei Doppelstücke und zwei Einfachsteine.

8.4.H Für die Werte Null und Eins beispielsweise sind dies die Elemente: 012 — 021 — 301 — 310.
Wieviele verschiedene lineare Folgen sind möglich?

8.4.I Die Steine: 221 — 223 — 331 — 332.

8.4.J Dies sind zum Beispiel die Steine 220 — 221 — 012 — 021.
Ist eine lineare Folge in der Ebene möglich? Warum?

8.4.K Für die Werte Null und Eins besteht dieses „Micro-Trioker" aus den Elementen 000 — 001 — 110 — 111. (s. a. Seite 89).
Wieviele verschiedene „Micro-Trioker" können mit Ihrem Trioker nacheinander verwirklicht werden?

8.5.A Siehe auch Übung, Seite 38. Wieviele lineare Folgen sind möglich?

8.5.B Je nach Lage des schrägen Kreuzes ist eine lineare Folge möglich oder unmöglich. Beispiel:

170

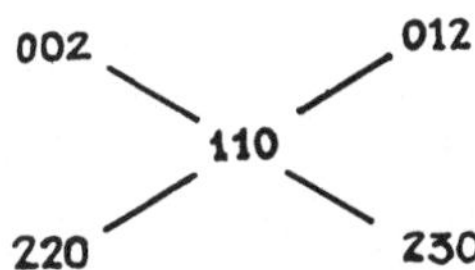
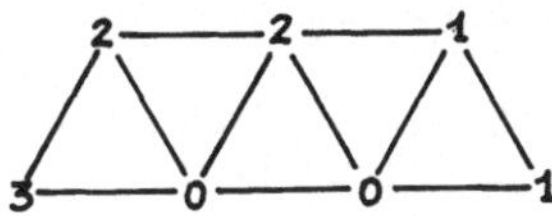

8.5.C Je nach An- oder Abwesenheit eines Tripels handelt es sich um sehr unterschiedliche Fälle.

8.6.A Für die Werte Null und Eins sind dies die Steine:
001 — 012 — 021 — 110 — 301 — 310
Wieviele verschiedene lineare Folgen und wieviele Sechsecke sind möglich?

8.6.B Lineare Folgen und Sechsecke sind möglich.

8.6.C Oder: „auf Grund ihrer größten Eckensumme".

8.6.D 110 — 112 — 301   310 — 123 — 132

8.6.E Wieviele lineare Folgen gibt es?

8.6.F Die Auswahl der sechs Elemente notieren Sie sich in Form eines Diagramms:

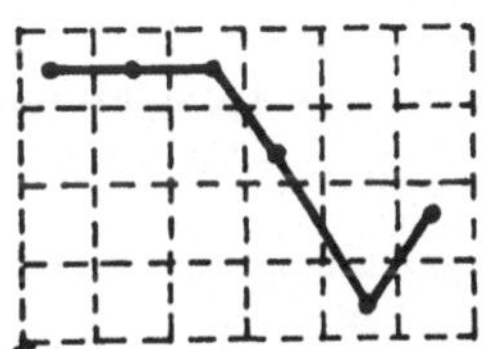
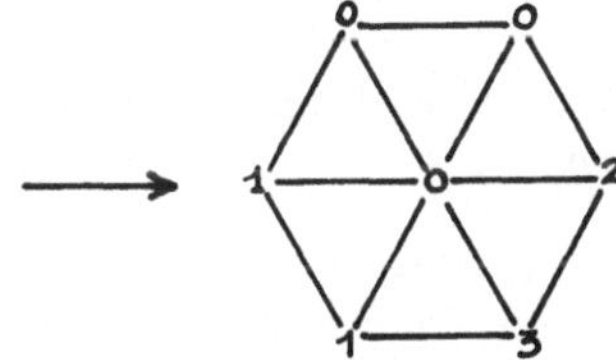

8.6.G Siehe Seite 33

8.7.A Die 7 Steine können linear zusammengesetzt werden, aber es können keine Sechsecke gebildet werden. Warum?

8.8.A Beachten Sie die dazugehörige symmetrische Überlegung für „zwei gerade Eckenwerte".

8.8.C Beachten Sie, daß die lineare Folge durch eine ebensolche fortgesetzt werden kann und zwar von jener, die durch die 8 Steine gebildet wird, deren Eckenwertsumme höchstens 5 beträgt und die keinen Eckenwert 2 haben.

8.8.D Je nach Wahl der beiden Spalten ... (Siehe auch 7 D).

8.8.E Beispielsweise wie in nebenstehendem Bild.

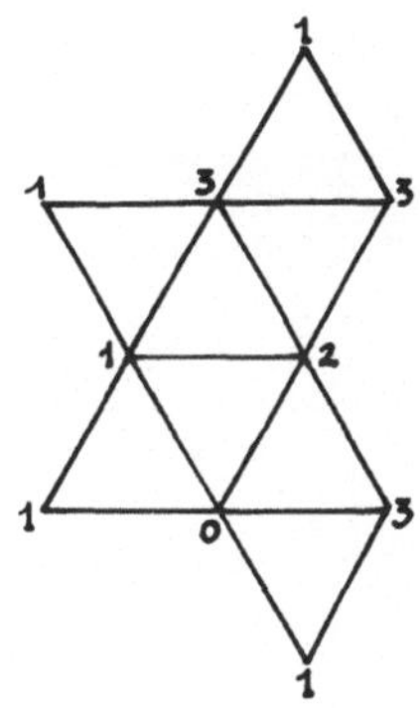

8.8.F s. a. Seite 38

8.8.G Die Steine: $112 - 113 - 123 - 132 - 223 - 221 - 331 - 332$.

8.8.H Überprüfen Sie beispielsweise die Zahl der verschiedenen, möglichen Rhomben: es gibt 36 (s. Seite 56).

8.9.A Lineare Folgen, Sechsecke, Riesendreiecke ...; fast alles ist möglich.

8.9.B Im Unterschied dazu, warum sind hier nur so wenige Zusammensetzungen möglich?

8.9.C Siehe 8 G – Vergleichen Sie diese Menge mit der Untermenge von 9 A.

8.10.C Beispiele:

8.11.A s. a. Seite 89, das „Mini-Trioker".

8.11.B Ein Tripelstein, vier Doppelsteine, sechs Monosteine.

8.12.A Verwechseln Sie diese Untermenge nicht mit der „geraden Partei" vom symmetrischen Duell.

8.12.B Achten Sie auf die bemerkenswerte Symmetrie zur Komplementärmenge, deren Elemente jeweils mindestens fünf Punkte aufweisen. Die Reihe mit 12 Elementen, das Parallelogramm, der Köter, der Großbuchstabe V usf. (s. Tafel 6.15) sind möglich. Der Stern allerdings ist unmöglich.

8.12.C Selbstverständlich hängt alles von der Wahl der beiden Zeilen ab: nehmen Sie die 1. und die 3. Zeile, anschließend probieren Sie es mit der Komplementärmenge.

8.12.D Achten Sie auf die Bedeutung der Spalten T, D_1 und D_3.

8.12.G Ein Tripelstein, fünf Doppelsteine, sechs Einfachsteine.

8.12.H Beweisen Sie die Unmöglichkeit des Parallelogramms.

8.13 Schauen Sie auf S. 63 nach! „Der homogene Block mit dreizehn Elementen".

8.16.A Die Verteilung

$$002 \longrightarrow 021$$
$$| \qquad\qquad\qquad |$$
$$331 \longrightarrow 310 \qquad \text{führt}$$

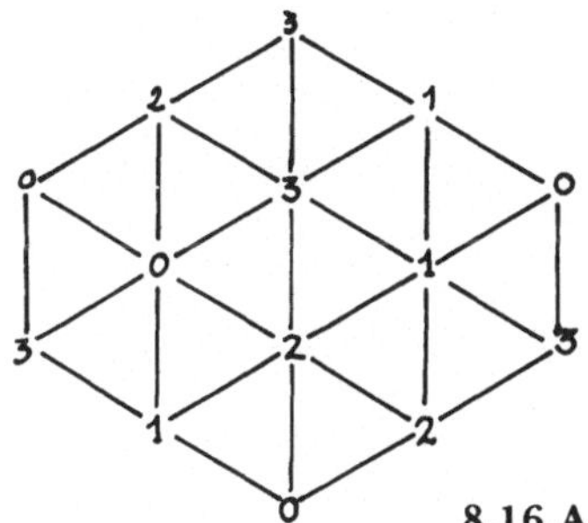

8.16.A

zu einer beachtenswerten, geschlossenen Zusammensetzung ohne Freiheitsgrad; s. Bild.

8.16.B Sechzehn Tripel- und Doppelsteine, die zu vier Dreiecken zusammengesetzt werden können; s. Bild.

8.17 Tripel-Null, acht Doppelsteine und alle Monosteine.

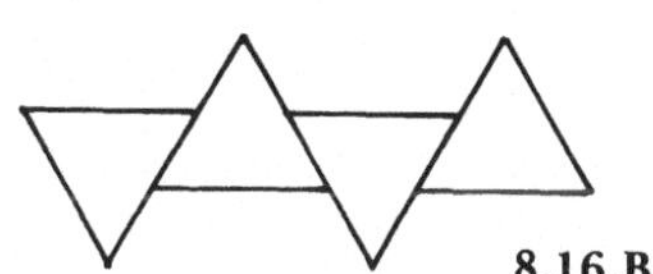

8.16.B

8.20 s. Bild 10.4 und in Bild 10.5 das zugehörige Netz.

Lösungen zu Kapitel 9

9.1 T = Tripel, D = Doppel ...

9.2 T: Drei Ecken mit 3; H: mindestens zwei Ecken mit 3; F: mindestens eine Ecke mit 3 ...

9.3 L = elf Steine ohne den Wert 1
H = elf Steine ohne den Wert 2.

9.4 X = Stücke, von denen ein jedes eine einzige „Dreierecke" hat.
Y = Stücke, von denen ein jedes eine einzige „Zweierecke" hat.

9.5 L = Steine ohne Eckenwert 3
T = Steine mit gerader Gesamtsumme
F = „Monosteine"
Aufgepaßt, es gibt keine Monosteine mit gerader Gesamtsumme und ohne Eckenwert 3.

9.6 Es sind die dreizehn Steine mit dem Wert 3 abgebildet und zwar so, wie sie in der logischen Anordnung auf Seite 9 vorkommen.

9.7 Achten Sie in jeder senkrechten Kolonne auf die Punktsumme ...

9.8 p = in Pfeilrichtung wird ein Punkt hinzugefügt,
q = an beiden Pfeilenden gleiche Punktezahl.
Das ?-Element muß durch das Element 123 ersetzt werden mit dem Wert 1 an der oberen Spitze.

9.9 Der „Triokerabbildung", einer richtigen Zusammensetzung entspricht von X nach Y eine Bijektion, und von Y nach Z eine bedeutungslose Abbildung. Die Mengen wurden hier so gewählt, um bei Zusammensetzungen die Möglichkeit oder Unmöglichkeit der Wahl anzuzeigen.
X = Tripel mit ungeraden Eckenwerten, Y = …

9.10 A = Elemente mit mindestens zwei geraden Eckenwerten.
B = Elemente mit mindestens einer Null.
C = Elemente, deren Gesamtwert mindestens gleich 4 ist.
D = Elemente mit zwei gleichen Werten.

9.11.

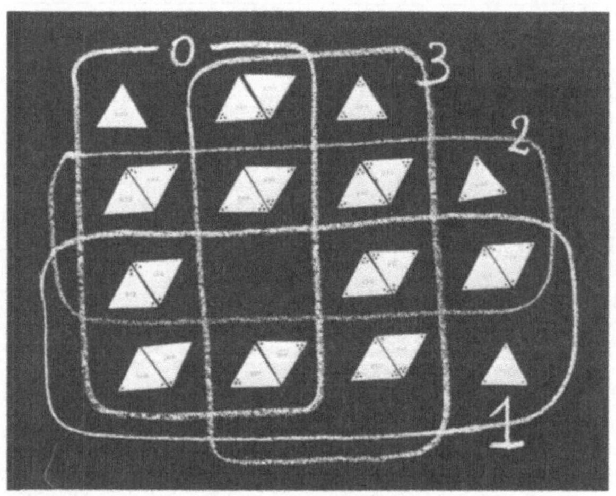

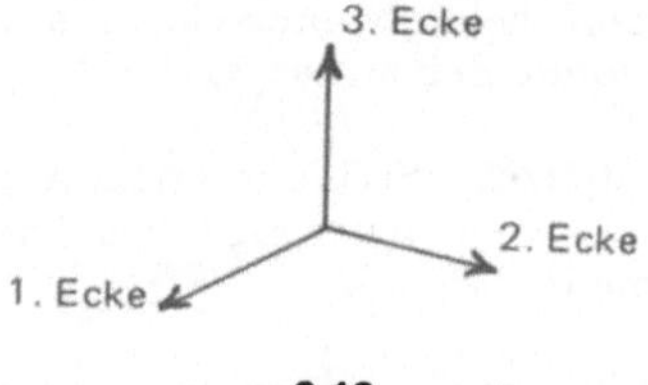

9.12.

174

Lösungen zu Kapitel 10

10.D2 Zum Beispiel

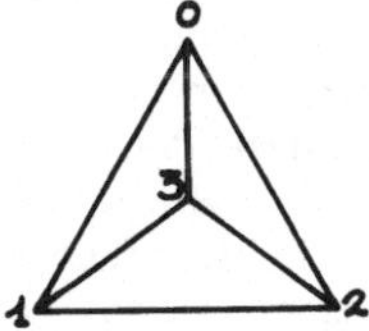

10.D3 Vier, wie hier:

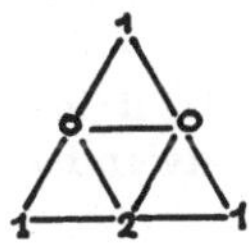 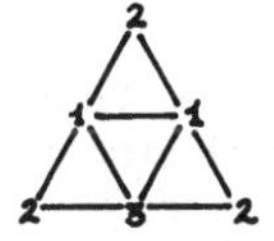 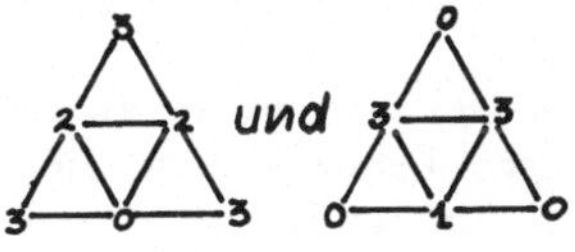

10.E1 Diese

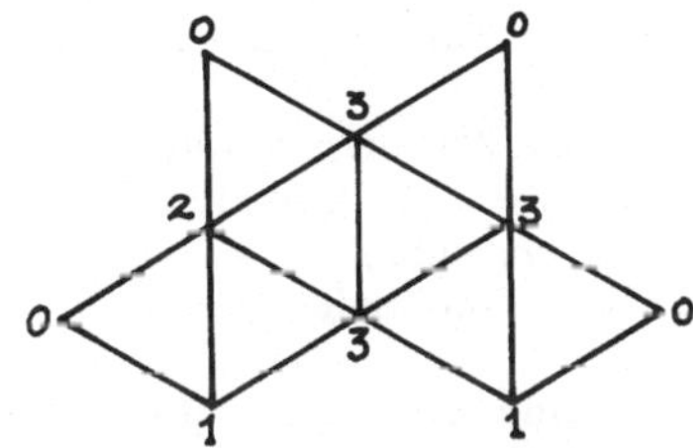

10.E2 Der vorangehende und ein zweiter ...

10.E3 Ja.

10.F1

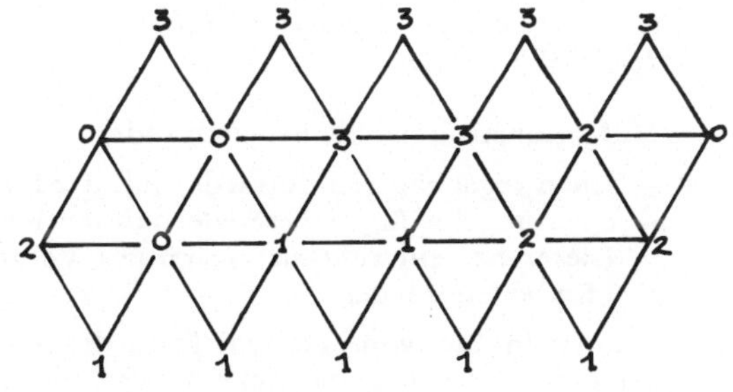

10.F2 Ja, vier.

10.F3 Ja.

10.G3 Nein.

10.I.1 Es gibt keinen Deltaeder mit achtzehn Flächen [20], obwohl es zu allen übrigen geraden Zahlen, von 4 bis 20, Deltaeder gibt.

10.K.1 Nein.

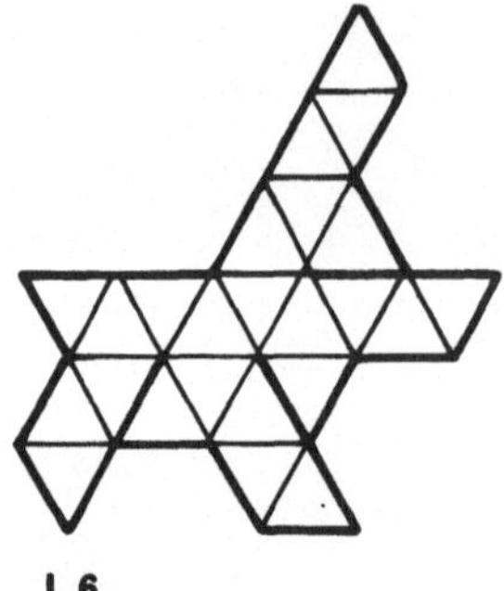

L.6

10.L.6 Hexatraeder (oder Würfelpyramide)
In Bild L.6 können zusammengehörige Ecken numeriert werden. Man erkennt, es gibt 6 Knoten mit 4 Ecken und 8 Knoten mit 6 Ecken. Da wir über *vier* verschiedene Werte verfügen, zu denen jeweils 18 Ecken gehören, kann man von mindestens einem Wert, zum Beispiel 3 behaupten, daß er mehr als einen Sechser-Knoten hat. Er kann aber auch nicht zwei haben, sondern genau *drei*, die die achtzehn Ecken mit dem Wert 3 zusammenfassen. Doch gibt es in der Abwicklung kein Feld, dessen drei Ecken an 3 Sechserknoten teilhaben.
Der Stein 333 kann nicht gesetzt werden und auch kein anderer Tripelstein. Es gibt hier überhaupt keine Lösung.
Die drei verstärkten Strecken vom Rand der Figur ins Innere kennzeichnen die Einschnitte, die notwendig sind, um den Körper zu konstruieren.

10.L.11 Es besteht kein Unterschied in der Anzahl der Flächen, der Kanten und der Ecken.

10.M.1 Ja: ein Antiprisma mit regelmäßigem Fünfeck als Grundfläche (10 Einheitsflächen) weiteres zwei fünfseitige Pyramiden (2 × 5 Flächen): so entsteht ein regelmäßiger Ikosaeder.

10.M.2 Ja: eine der beiden Pyramiden kann konvex sein und die andere hohl.

10.M.5 $X = 1$.
Beachten Sie die periodische Wiederholung der Werte längs einer Geraden: 1010101 ... parallel dazu 23232323 ... usw.

10.N Konstruieren Sie nebeneinander:
— einen regelmäßigen Tetraeder mit der Einheitskante e
— einen regelmäßigen Tetraeder mit der Kantenlänge 2e
  Dieser hat ein acht-mal so großes Volumen wie der „Einheitstetraeder".

Schneiden Sie vom großen Tetraeder einen Einheitstetraeder, auf dem die Ecke A liegt, ab; das Restvolumen ist gleich $\dfrac{7V}{8}$. Verringern Sie das Volumen um weitere Tetraeder, und zwar um einen Einheitstetraeder auf dem die Ecke B liegt, anschließend um einen, auf dem Ecke C liegt und um einen mit der Ecke D. Der verbleibende Rauminhalt ist gleich $\dfrac{4V}{8} = \dfrac{V}{2}$. Dieses Volumen ist genau jenes, das zu dem entstandenen Oktaeder gehört: es ist viermal so groß wie das des Einheitstetraeders.

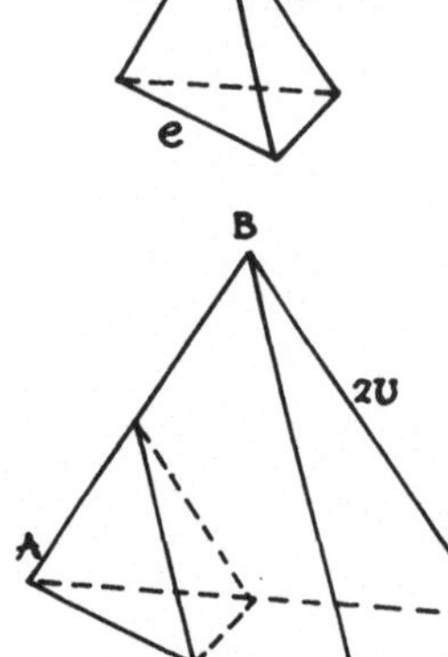

Lösungen zu Kapitel 11

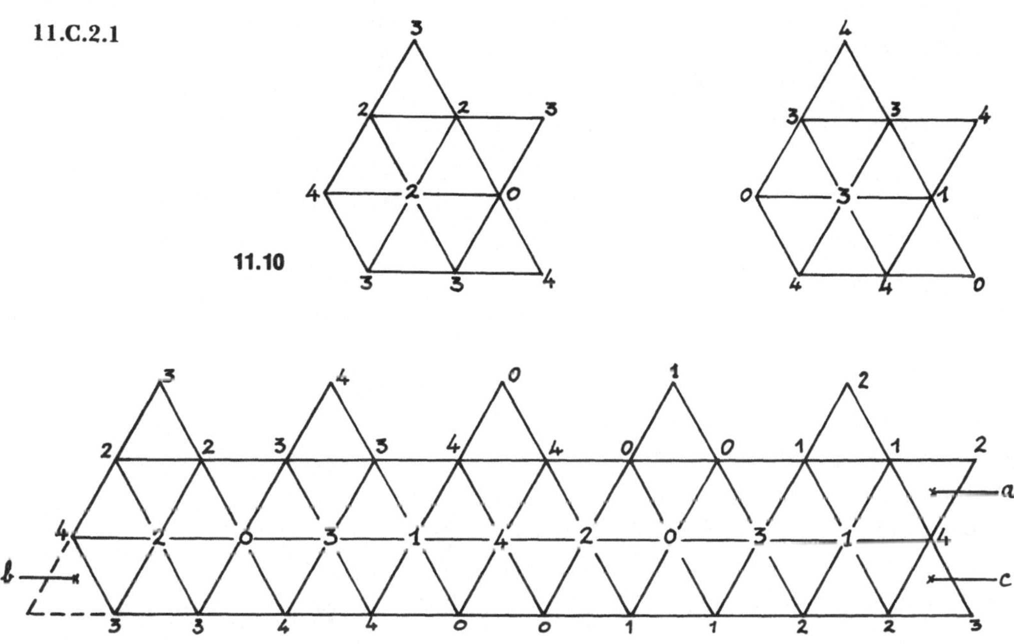

Eine einfache Umformung gestattet es, den Stein „a"
an die Stelle von Stein „c" zu setzen, dieser wird (richtig) nach „b" versetzt. Die Gestalt der „Festungszin-
nen" ist vollständig symmetrisch und verwendet die
Gesamtheit der 45 definierten Elemente.

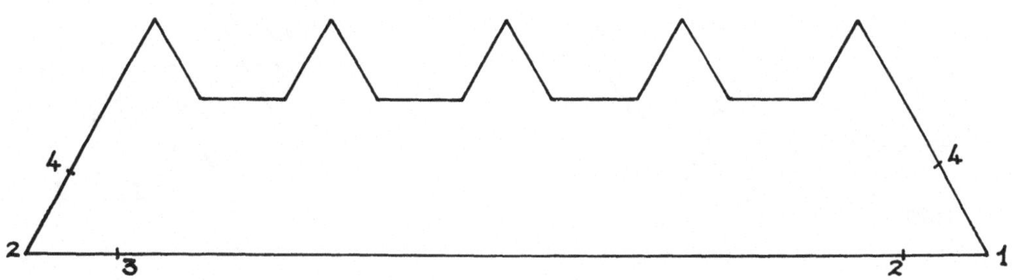

11.C.2.2 Für W = 4 besitzt Ihr Trioker je drei „Doppelelemente" zu einem „Tripel": zum Beispiel 001, 002
und 003 schließen 000 vollständig ab.

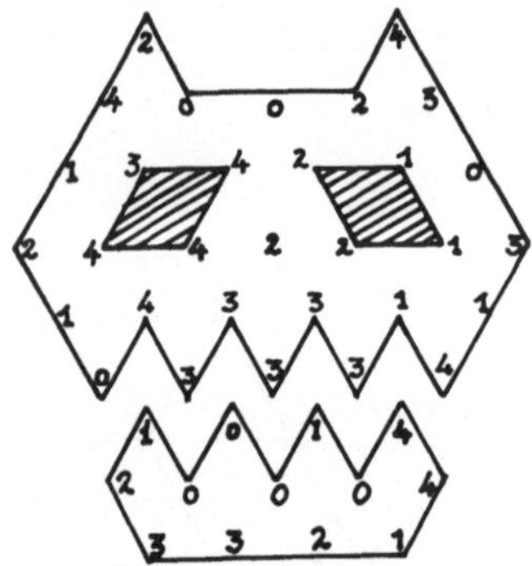

Für W = 5, dem Maxitrioker, gibt es *vier* Doppelelemente zu jedem Tripelstein: Hat man das Tripel **000** rundherum besetzt mit **001**, **002** und **003**, so bleibt der Doppelstein **004** übrig, sein Rand „00" muß notwendigerweise an die Außenkanten des jeweiligen Puzzles gelegt werden.

Dies ist eine Einschränkung, vielleicht sind es auch fünf?

11.9 Der Tiger

11.D.

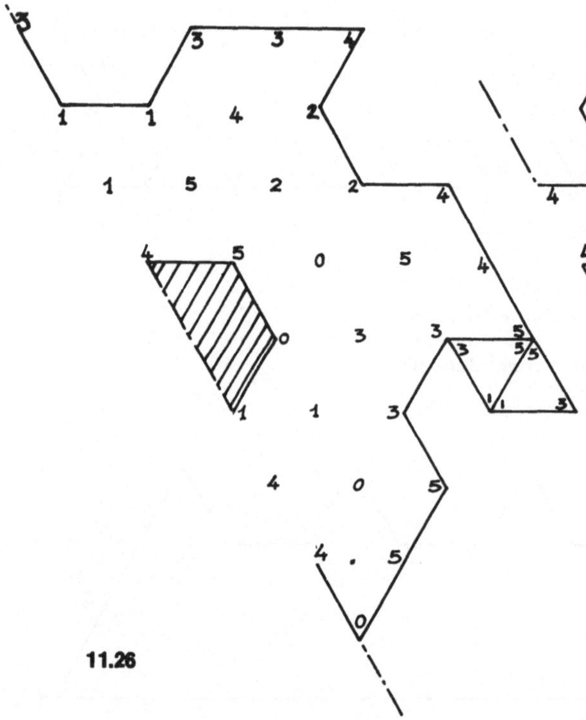

11.26

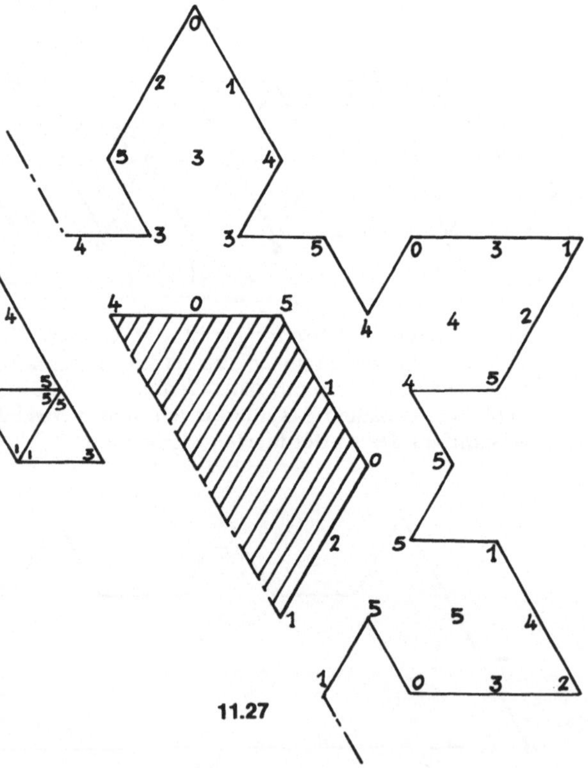

11.27

11.28 Ein großer Erfolg! 72 von 76 Elementen des Super-Trioker

Beachten Sie, daß die Ergänzungselemente links symmetrisch angefügt werden können!

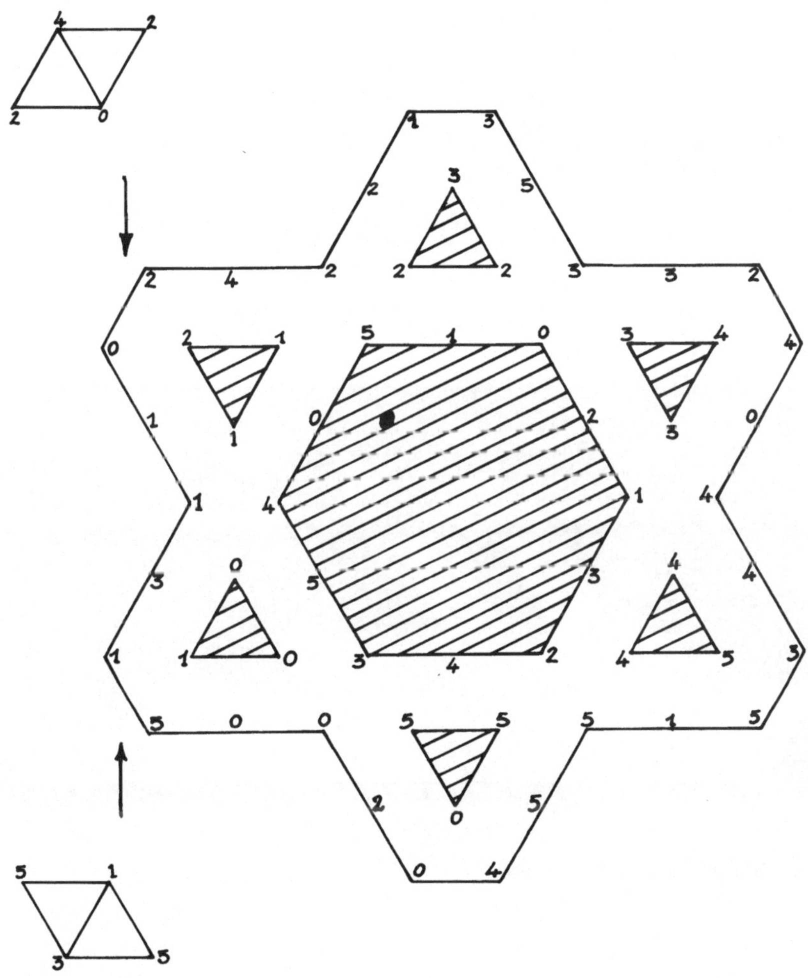

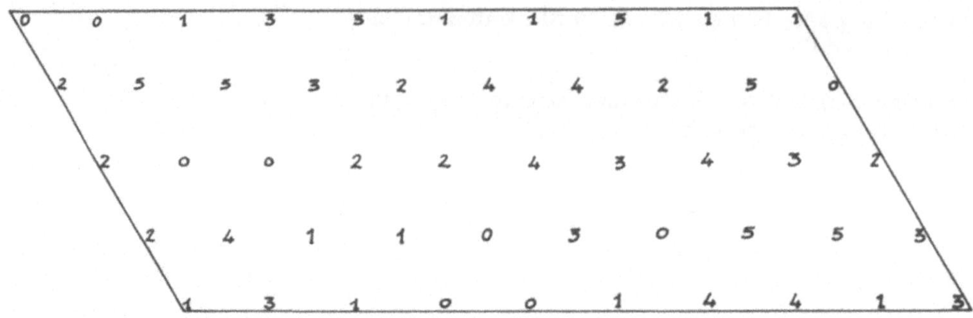

11.30 Das Parallelogramm (72 Elemente)

11.31 Die „Transatlantik" (76 Elemente)

180

Lösungen zu Kapitel 12

Zur Lösung von Bild 12.1: beachten Sie, daß die beiden
abgestumpften Dreiecke, unter Beibehaltung der triokergemäßen Zusammensetzung aufeinander abrollen könnten.

12.1

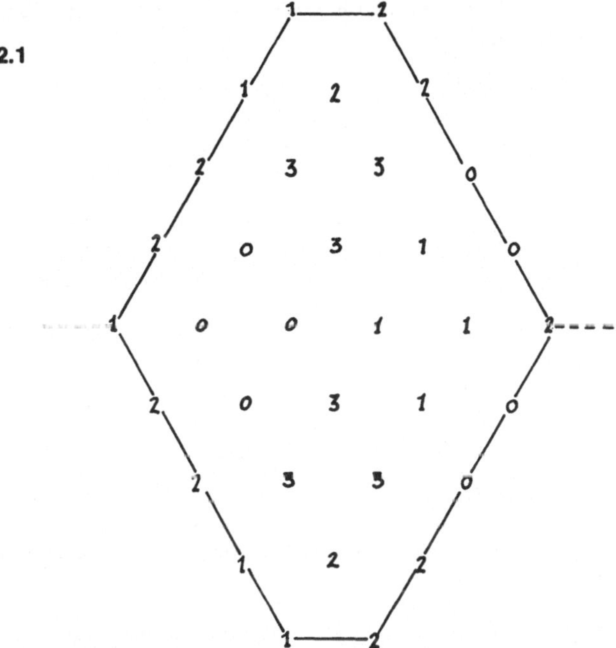

12.B3 Die Unmöglichkeit des Riesensechsecks.
Wir nehmen an, daß es mit den 24 logischen Elementen
des Trioker zu verwirklichen sei. Dieses Sechseck besitzt
19 Knoten

die: 7-mal 6 Ecken zusammenfassen	42	
6-mal 3 Ecken zusammenfassen	18	
6-mal 2 Ecken zusammenfassen	12	
19 Knoten	72 Ecken =	
	24 × 3	

Jeder der 4 Werte „3, 2, 1, 0" kommt auf je 18 Ecken
vor. Zu jedem der 4 Werte gibt es ein Tripelstück. Folgende Plazierungen sind dafür möglich:
— vom Typ „x", im Mittelfeld; alle Ecken dieses Wertes
sind in 3 Knoten mit je 6 Ecken vereinigt: 6 × 3 = 18.
— vom Typ „y", im Seitenfeld; dann sind (6 + 6 + 3) =
15 Ecken dieses Wertes vereinigt; der gleiche Wert muß
einen ergänzenden Knoten mit 3 Ecken in der y gegenüberliegenden Hälfte des Sechsecks haben; insgesamt
gibt es 4 Knoten zu diesem Wert.

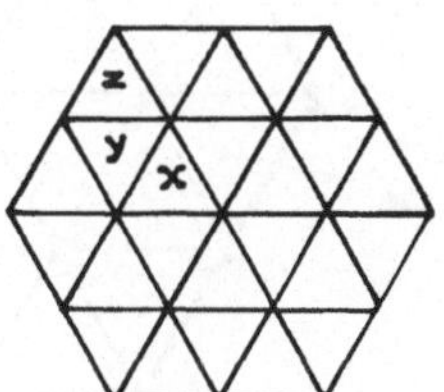

— vom Typ „z", im Eckfeld; dann sind (6 + 3 + 2) = 11 Ecken dieses Wertes vereinigt; der gleiche Wert muß einen ergänzenden Knoten mit 3 Ecken in der „z" gegenüberliegenden Hälfte des Sechsecks haben, und 2 ergänzende Knoten mit je 2 Ecken.

Die 19 Eck-Knoten müssen auf 6, 4 oder 3 entsprechend den 4 Werten aufgeteilt werden. Als Summe von 4 Werten wird 19 eindeutig in (6 + 6 + 4 + 3) zerlegt. Dann muß folgendes gelten:

1 Tripel in Position x (z. B. der Wert „3")
1 Tripel in Position y (z. B. der Wert „2")
1 Tripel in Position z (z. B. der Wert „1")
1 Tripel in Position z' (vergleichbar z) für „0".

Das Tripel 333 in Position „x" vereinigt alle Ecken mit dem Wert 3 in einem homogenen Block zu 13 Elementen (auf Seite 63 wurde er bereits besprochen). Die übrigen 11 Steine bilden das Mini-Trioker der Elemente „ohne den Wert 3", die bereits auf den Seiten 57 und 89 untersucht wurden. Diese 11 Steine müssen das „V" formen, das den schraffierten Block eingrenzt. Nun ist zu zeigen:

1. daß der Buchstabe „V" mit den 11 Steinen nicht so verwirklicht werden kann, daß sich an den Innenrändern Doppelelemente befinden;

2. daß der schraffierte Block mit den 13 Steinen an jeder großen Kante Doppelelemente erfordert (s. a. Seite 63).

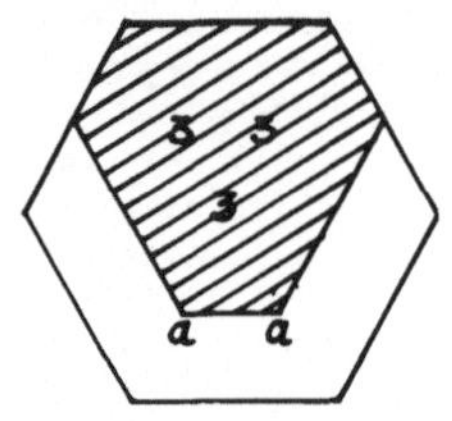

12.B.4

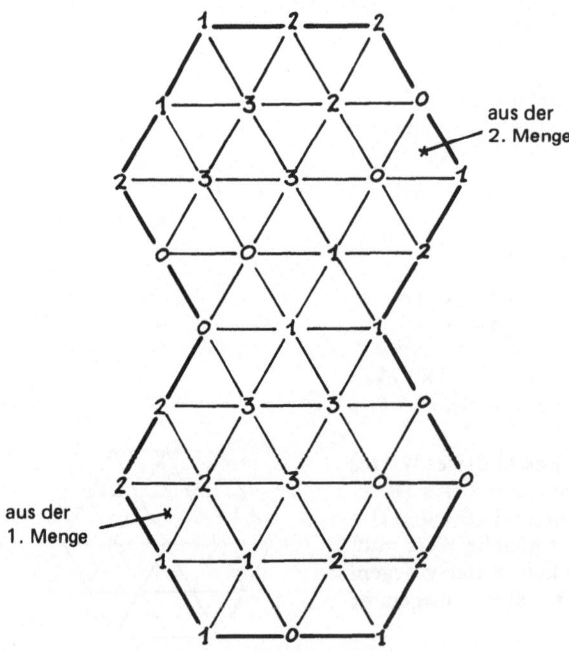

12.B.5 Was tun, wenn es mit der Zuckerdose auf dem Tisch (Bild 12.5) Schwierigkeiten gibt?

Sie können sich ja die Lösung der Zuckerdose notieren und kurz überlegen ... Können Sie Ihre Zuckerdose zerlegen, um eine neue mit vertauschten Werten zu bilden?

Jeder Wert 0 der Dose von Bild 12.5 wird eine „2"; jeder Wert 1 wird zu „0"; und was geschieht mit den anderen Werten? Die Vertauschung läßt sich übersichtlich zusammenfassen:

vorhandener Wert	gesuchter Wert
0	2
1	0
2	„X"
3	„Y"

Es versteht sich von selbst, daß die Werte „X" und „Y": 1 und 3 (oder auch 3 und 1) sein müssen. Der Boden Ihrer Zuckerdose 0110 wird durch „2002" ersetzt werden, und sie läßt sich dann richtig auf den Tisch stellen.

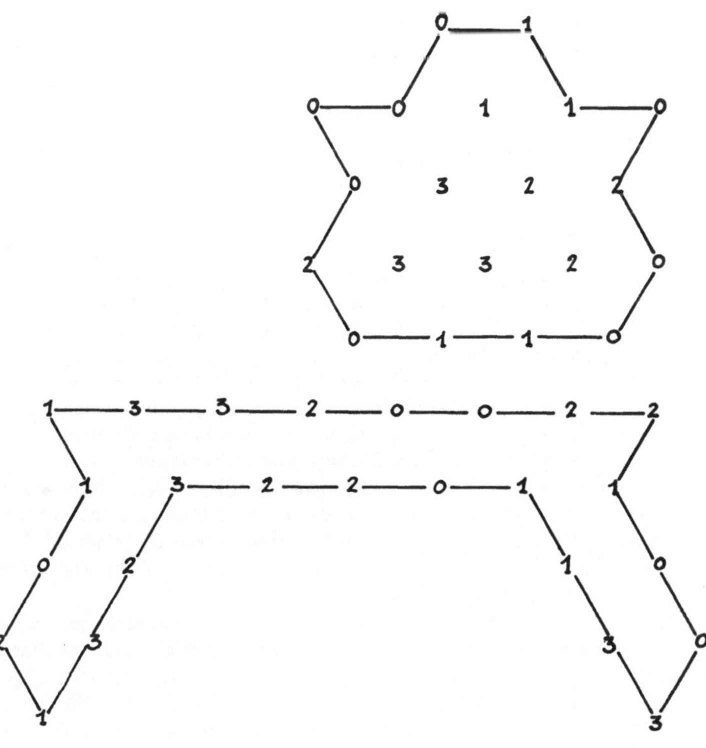

12.5

Diese ganze Geschichte der Zuckerdose läßt sich kurz zusammenfassen: Wenn Sie eine befriedigende Lösung eines Puzzles gefunden haben, wieviele verschiedene können Sie dann daraus durch einfaches Permutieren der Werte ableiten? Achtung: die Antwort muß auch die Symmetrien der jeweiligen Puzzleform berücksichtigen ...

12.C.1 Achten Sie darauf, daß Sie mit drei identischen Mengen zu je 24 Steinen eine Form mit dreifacher Symmetrie (wie Bild 12.6) zu bilden haben.
Haben Sie eine lineare Folge, deren Werte am linken unteren Ende A, B gleich sind jenen am rechten oberen, so wird es Ihnen mit drei solchen Folgen sicherlich möglich sein, diese so anzuordnen, daß ein eindrucksvoller Dreieckring mit 72 Steinen entsteht.
Vielleicht müssen Sie die Steine der drei Spiele untereinander wie in 12.B.4 austauschen?

12.C.4 Die Figuren, die zu verdoppeln sind, haben die Nummern: 2 — 3 — 6 — 7 — 10 — 11 — 12. Folglich gibt es zu nicht-umkehrbaren Sechser-Puzzles 19 verschiedene Blöcke. 19 ist allerdings eine Primzahl, die wenig Möglichkeiten in sich birgt.
Die 19 × 6 = 114 Dreiecksteine bringen keine Erleichterung; dies ist auch der Grund, warum man vorzugsweise zwölf Sechser-Puzzle verwendet, die man umdrehen darf [18].

12.D Erste Lösung:

Die Dreiecke von A.M.M. [23]

Sie sind schon seit langem bekannt — am Beginn des 20. Jahrhunderts wurden sie von dem großen britischen Logiker Alexander Mc. Mahon vorgeschlagen. Stellen Sie sich nun vor, daß Sie die Werte nicht den Ecken, sondern den Kanten zuordnen. Man kann zeigen, daß man zu vier möglichen Werten 24 verschiedene Steine erhält. Durch in drei „Sektoren" geteilte Dreiecke ist die Wertzuweisung durch entsprechende Färbung leicht zu veranschaulichen. Bei vier möglichen Farben gibt es beispielsweise einen ganz weißen Stein, den wir als „Nullertripel" bezeichnen, einen blauen Stein, dem das „Einsertripel" entspricht; der Stein **001** wird dann durch einen Stein mit zwei weißen Feldern und einem blauen dargestellt usw.
Die Tafel von Seite 9 mit ihrer Bezeichnungsweise und Anordnung ist auch hier gültig, obwohl dieses Spiel von Trioker ganz verschieden ist. Mit der Eigentümlichkeit der Dreiecke von A.M.M. ist auch ihr bedeutender Nachteil verbunden: alle Puzzleformen sind einfach herzustellen und meistens schon zu einfach. Warum?

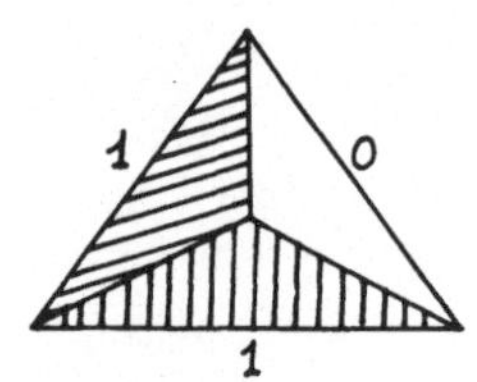

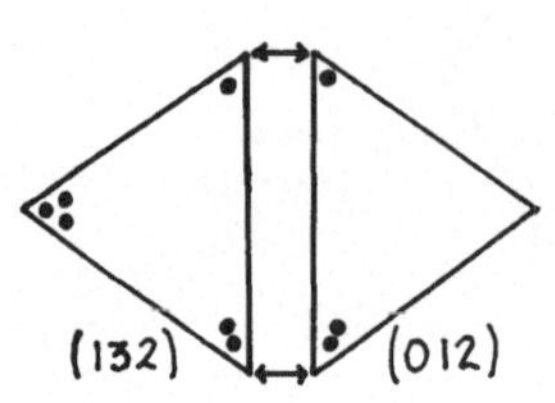

Die Zusammensetzung zweier Dreiecksteine erfolgt
stets längs einer Kante, und folglich über zwei Ecken.
Beim Trioker müssen jeweils die zwei Ecken, die eine
Kante begrenzen, mit den beiden Endpunkten der
Kante eines anderen Steines übereinstimmen. Denken
Sie darüber nach: bei Ihren Triokersteinen gibt es 16
verschiedene Kantentypen; doch bei den Dreiecken
von A.M.M., für die wir uns hier interessieren, gibt
es nur 4 mögliche Kantentypen. Die Zusammensetzungen werden dadurch wesentlich vereinfacht — und das
Riesensechseck mit den 24 Steinen (Seite 24) wird mit
den McMahon'schen Dreiecken zu einem Kinderspiel
[23].

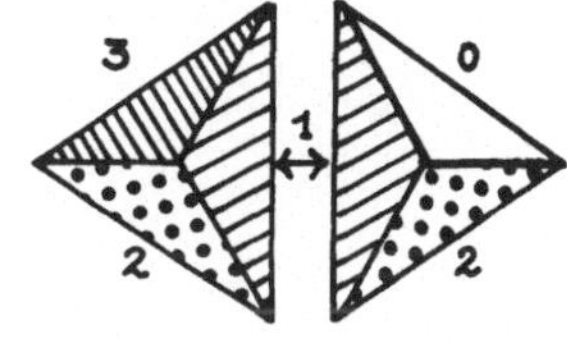

12.D Zweite Lösung

Dreiecke mit drei Halbierungspunkten

Sie sind wesentlich jüngeren Datums und auch eigen-
williger. Bei dieser Lösung werden jedem gleichseitigen
Dreieck drei zusätzliche Bewertungsplätze zugeordnet
und zwar die Halbierungspunkte der Seiten. Es sind
somit sechs Stellen zu bewerten:

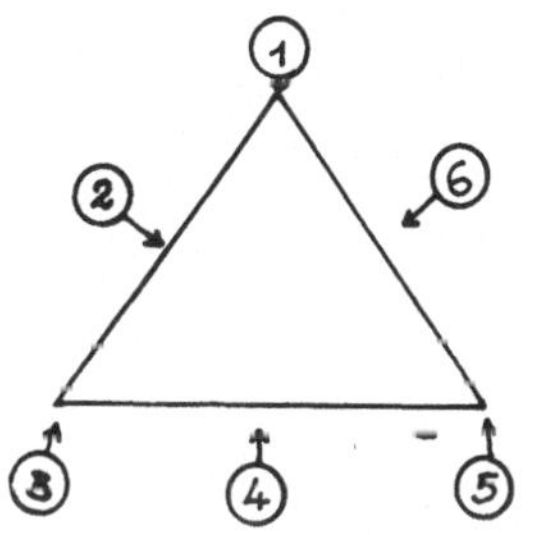

die drei Ecken
die drei Halbierungspunkte

Bei zwei möglichen Werten, 0 und 1, kann man den
Wert 0 jedem der „sechs" Punkte eines Dreiecks zuordnen, es entsteht der Stein 000 000.
Den sechs Punkten kann fünfmal der Wert 0 zugewie-
sen werden, wobei zwei verschiedene Steine entstehen,
wie die nebenstehende Abbildung zeigt:

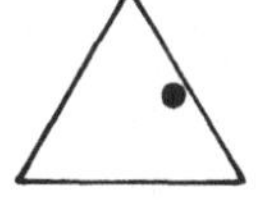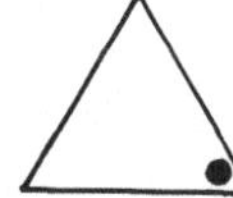

— ein einziger Punkt mit dem Wert 1 befindet sich
  einmal auf einer Kante und einmal auf einer Ecke.
— Es ist zu zeigen, daß es 5 und nur 5 verschiedene
  Steine gibt, von denen jeder viermal den Wert 0
  hat und zweimal den Wert 1.
— Wieviele verschiedene Steine gibt es, die dreimal den
  Wert 0 haben?

Es ist leicht zu zeigen [28], daß es insgesamt 24 verschiedene Steine gibt, für die die Bezeichnungen von 000 000
bis 111 111 verwendet werden. Auch hier ist die Anzahl
der verschiedenen Dreiecksränder für die Zusammensetzmöglichkeiten entscheidend, also ist es sinnvoll, die
„Kantentypen" genauer zu betrachten. Wir gehen davon
aus, daß alle Dreiecke gleich, mit einer Spitze nach oben,

angeordnet sind. Wir lesen die drei Werte von der Grundlinie ausgehend von links nach rechts. Es gibt hier acht verschiedene Kantenarten:

000 001 010 011 100 101 110 111

Zusammenfassung:

— Die 24 Triokersteine haben 6 verschiedene Randtypen.
— Die 24 Steine mit halbierten Seiten haben 8 verschiedene Randtypen.
— Die 24 Steine von A.M.M. haben 4 verschiedene Randtypen.

Seien Sie nicht überrascht, wenn die 24 sechsfach bewerteten Dreiecke schwieriger zusammenzusetzen sind als die von A.M.M. und weniger schwierig als die Triokersteine. Die Vielfalt der Zusammensetzmöglichkeiten ist eindrucksvoll! Schauen Sie Bild 19.9 an; die 24 „sechsfach bewerteten Dreiecke" lassen sich zu einem Riesensechseck zusammenfügen, (es gibt sogar viele verschiedene Lösungen).
Folglich können Sie mit den 24 gleichseitigen Dreiecken, die eine bestimmte Menge bilden, ein viel einfacheres Spiel als Trioker erzeugen und mit diesen neuen Steinen alle Einzel- und Gesellschaftsspiele erneuern!

19.9

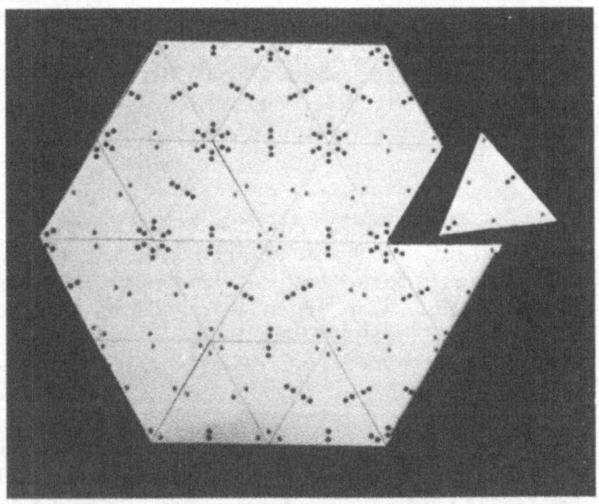

Achten Sie darauf, daß die zwei möglichen Werte, die den sechs Bewertungsstellen zugeordnet werden, hier durch *einen* oder *zwei* Punkte repräsentiert werden. Der Einzelstein rechts kann mit der Folge „112112" bezeichnet werden.

Lösungen zu Kapitel 13

13.1 Die einzigen Kombinationsmöglichkeiten für *drei* Ecken mit der Gesamtsumme 4 sind:

0 + 1 + 3
0 + 2 + 2
1 + 1 + 2

Die Steine mit der Ecke „3" werden sich bald häufen ...

13.4

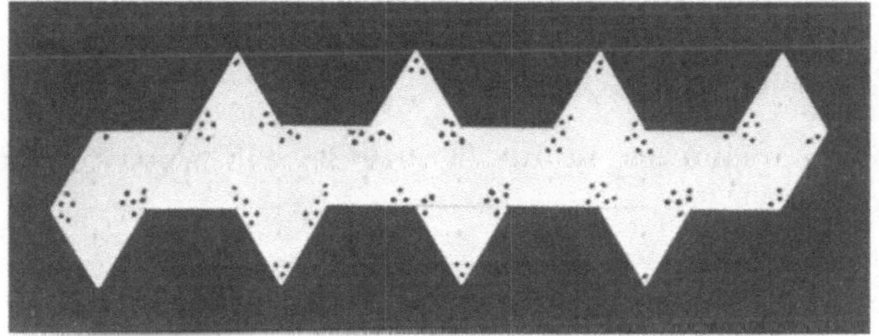

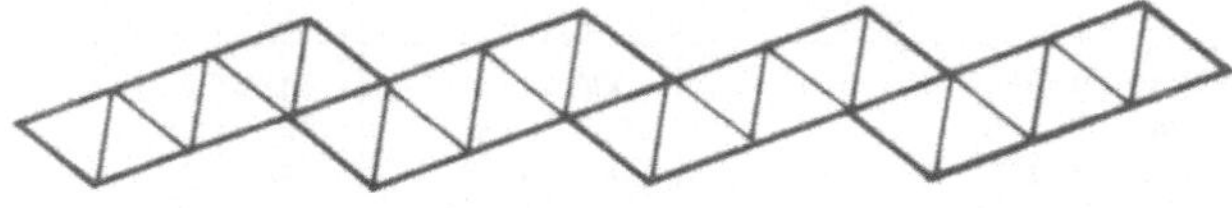

Lösungen zu Kapitel 14

14.A.1.1 Für die Steine 123 und 132 gilt gleichermaßen $S = 6, P = 6$.

14.A.2.1 193.

14.A.2.2 Zu nichts, denn für Trioker mit 24 Steinen sind die Werte auf 0, 1, 2 und 3 beschränkt.

14.A.3.1 Dies ist der größte numerische Wert, der durch 6 Binärzahlen erzeugt werden kann.

14.A.3.3 203 → 35
      230 → 44

Zwischen die „Namen" 203 und 230 sind die Steine 220, 221, 222 und 223 eingefügt.

14.A.3.4 Es ist zu vermuten, daß die Steine um $\frac{2}{3}\pi$ gedreht worden sind; 001 wird dadurch zu 010, binär interpretiert ist dies 000100 und entspricht der Zahl 4 in der Spalte „x".
Dasselbe gilt für die Kolonne „y" mit einer Drehung um $\frac{4}{3}\pi$. Der Stein 012 wird

in der Spalte „x" zu 120 → 011000 → 24
in der Spalte „y" zu 201 → 100001 → 33

14.A.5 Dem Stein 333.

14.A.6 Sie ist der Binärtabelle auf Seite 113 sehr ähnlich!

Bezeichnung		Dezimalwert	Ordnungsnummer
000	$2^0\,3^0\,5^0$	000 → 1	(1)
001	$2^0\,3^0\,5^1$	001 → 5	(2)
002	$2^0\,3^0\,5^2$	002 → 25	(5)
003	$2^0\,3^0\,5^3$	003 → 125	(12)
012	$2^0\,3^1\,5^2 = 3 \times 25$	012 → 75	(10)
021	$2^0\,3^2\,5^1 = 9 \times 5$	021 → 45	(9)
111	$2^1\,3^1\,5^1 = 30$	111 → 30	(6)
112	$2^1\,3^1\,5^2 = 150$	112 → 150	(13)
113	$2^1\,3^1\,5^3 = 6 \times 125$	113 → 750	(17)
110	$2^1\,3^1\,5^0 = 6$	110 → 6	(3)
123	$2^1\,3^2\,5^3 = 18 \times 125$	123 → 2250	(21)
132	$2^1\,3^3\,5^2 = 54 \times 25$	132 → 1350	(20)
222	$2^2\,3^2\,5^2 = 36 \times 25$	222 → 900	(18)
223	$2^2\,3^2\,5^3 = 36 \times 125$	223 → 4500	(22)
220	$2^2\,3^2\,5^0 = 36$	220 → 36	(7)
221	$2^2\,3^2\,5^1 = 180$	221 → 180	(14)
230	$2^2\,3^3\,5^0 = 4 \times 27$	230 → 108	(11)
203	$2^2\,3^0\,5^3 = 4 \times 125$	203 → 500	(16)
333	$2^3\,3^3\,5^3 = 8 \times 27 \times 125$	333 → 27000	(24)
330	$2^3\,3^3\,5^0 = 8 \times 27 \times 1$	330 → 216	(15)
331	$2^3\,3^3\,5^1 = 216 \times 5$	331 → 1080	(19)
332	$2^3\,3^3\,5^2 = 216 \times 25$	332 → 5400	(23)
301	$2^3\,3^0\,5^1 = 40$	301 → 40	(8)
310	$2^3\,3^1\,5^0 = 24$	310 → 24	(4)

14.A.7.1
Totalordnung

000	001	110	310	002	111	220	301
1	5	6	24	25	30	36	40

021	012	230	003	112	221	330	203
45	75	108	125	150	180	216	500

113	222	331	132	123	223	332	333
750	900	1080	1350	2250	4500	5400	27000

14.A.7.2 Es wird die Folge der Primzahlen verwendet: 2—3—5—7 ...

14.C.2.0 Durch eine Drehung eines jeden Steines B wird besonders deutlich, daß jeder Stein B Spiegelbild jedes benachbarten Steines A ist.

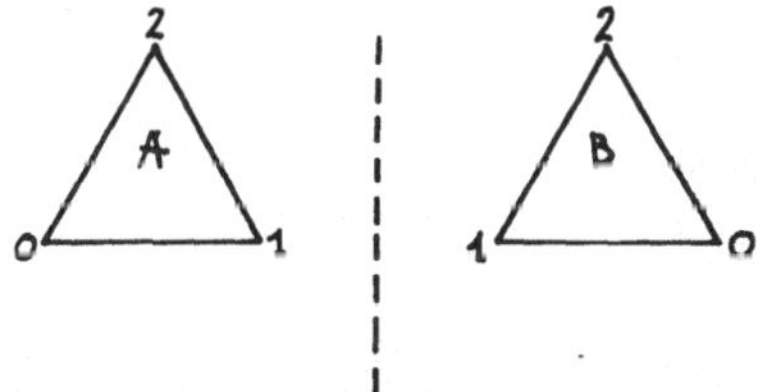

14.C.3.3 Aber sicher! Gleich anschließend ...

14.C.3.4 Hier ein Beispiel für zwei quasi-symmetrische Zweier-Puzzles: Verändern Sie — symmetrisch — diese beiden Puzzles, um dadurch die zwei Figuren (Bild 14.12) zu erhalten.

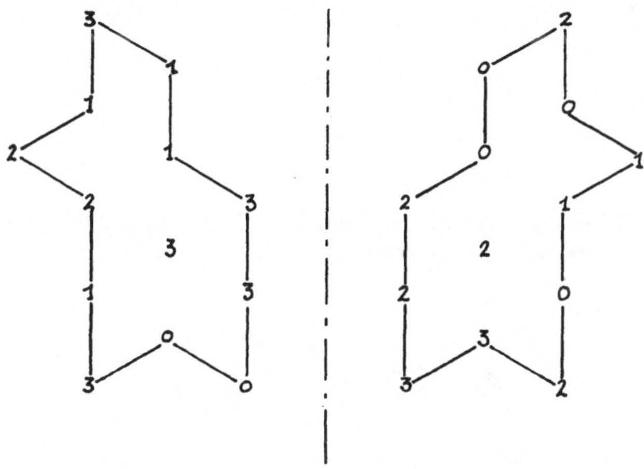

14.D.5 4 umkehrbare Penta-Dreiecksflächen oder 6 nicht-umkehrbare Penta-Dreiecksflächen.

14.D.6 Schauen Sie auf Seite 106 bei den zwölf umkehrbaren Sechser-Puzzles nach. Suchen Sie selbst die neunzehn nicht-umkehrbaren Sechser-Puzzles.

14.D.7 Ja, alle *umkehrbaren* 7-Puzzles. Aber wenn sie nicht umkehrbar sind, wieviele sind es dann?

14.D.8.1.1

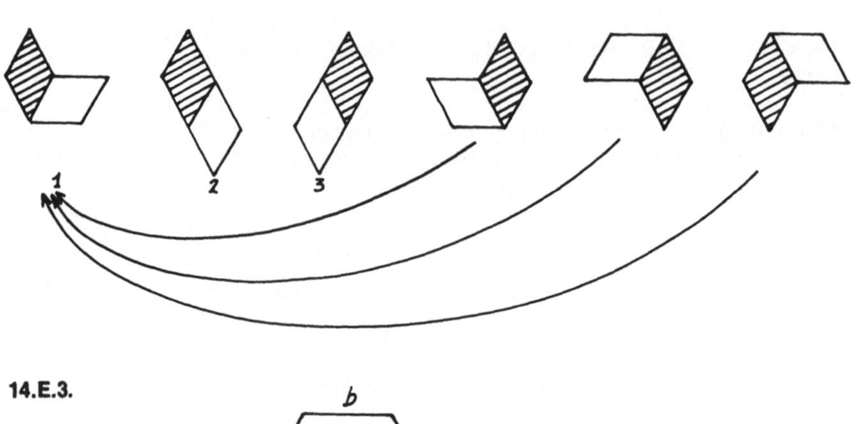

14.E.3.

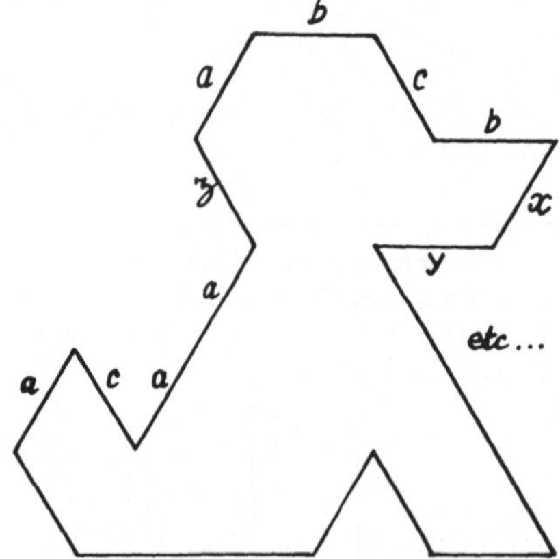

14.E.4.4 Beispiele zu Puzzles mit 22 Steinen, demselben Umriß und der gleichen Anzahl freier Felder.

Lösungen zu Kapitel 15

15.A.1 Der Winkel γ entspricht 40°, weil 9 zusammengesetzte Steine ein Rad bilden; mit den 27 verschiedenen
krummlinigen Dreiecksteinen, deren Ecken drei mögliche Werte (0, 1, 2) annehmen können, lassen sich drei
Räder mit 0, 1 und 2 als Mittelpunkt zusammensetzen.

15.B.1.1 Ja.

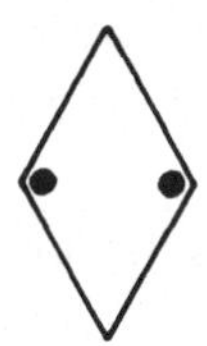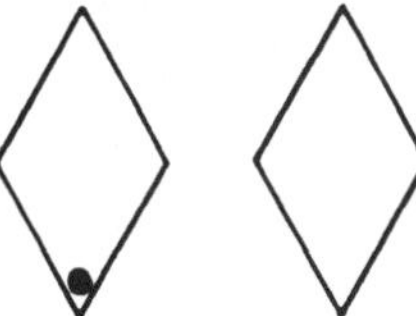

15.B.3.3 $3^4 = 81$

15.C.2 Die Winkel (im Uhrzeigersinn angegeben) haben
folgende Werte: $90° - 131°24' - 90° - 114°18' - 114°$
$18'$.

15.C.5 Auf Seite 193 ist die Zusammensetzung der 32
beschriebenen Fünfecksteine (jede Ecke trägt den Wert
„1" oder den Wert „2") abgebildet.

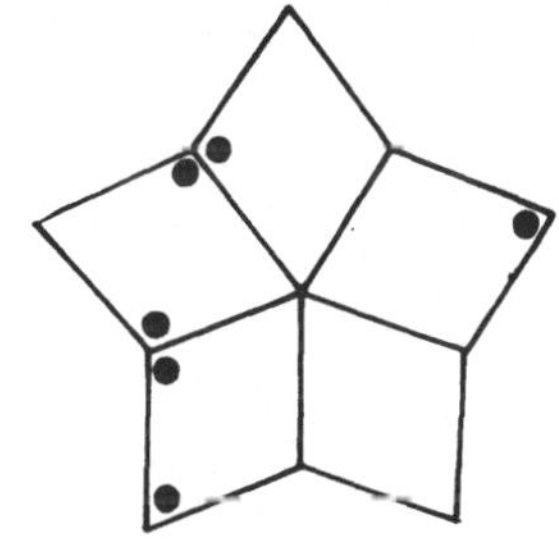

15.C.7 2 Halbierungspunkte oder
einer und 120°, 60° oder auch nur
einer und 60°, 60°, 60°.
120°, 120°, 120° oder
120°, 120°, 60°, 60° ... usf.

15.C.9 $\sin \alpha/2 = 0{,}25$; α liegt sehr nahe bei 29°.

15.D.1 bis 15.D.4
Betrachten Sie die Abbildungen auf Seite 136 genau:
— links haben die „14 regelmäßigen Sechsecke" die
Eckenwerte 1 oder 2;
— rechts haben die „24 krummlinigen Sechsecke" die
Eckenwerte 1 oder 0.
Ein Vorschlag: Können Sie die Symmetrien Ihrer 24
Triokersteine mit jenen der 24 krummlinigen Sechsecke
(jedes hat an jeder der 6 Ecken einen der beiden Werte 0
oder 1) vergleichen?

15.D.5 bis 15.D.8 s. Seite 185 und 186.
Beachten Sie, daß in Bild 19.9 die möglichen Werte
für die Ecken und die Halbierungspunkte „ein" oder
„zwei" Punkte sind.

15.E Wir kennen kein Siebeneck, das interessant wäre;
auch die Einführung von einem oder mehreren Halbierungspunkten führt zu keinen interessanten Ergebnissen
— wie dem auch sei, die Anzahl der Steine wird bereits
bei zwei möglichen Werten für die Bewertungsstellen
beträchtlich sein.

15.F.1 Zwanzig, denn jeder Einfachstein A übernimmt zusätzlich die Rolle seines Spiegelbildes „Einfach B".

15.F.3 Für W = 3 sind 21 umkehrbare Steine notwendig.

15.F.5 Für W = 3 mögliche Werte sind 36 umkehrbare Rhomben erforderlich.

15.F.6 Die Symmetrien der „Rechtecksteine" und jene der rhombenförmigen sind nicht identisch. Erläutern Sie dies genauer!

15.F.7 20 umkehrbare Steine. Betrachten Sie zum Beispiel:

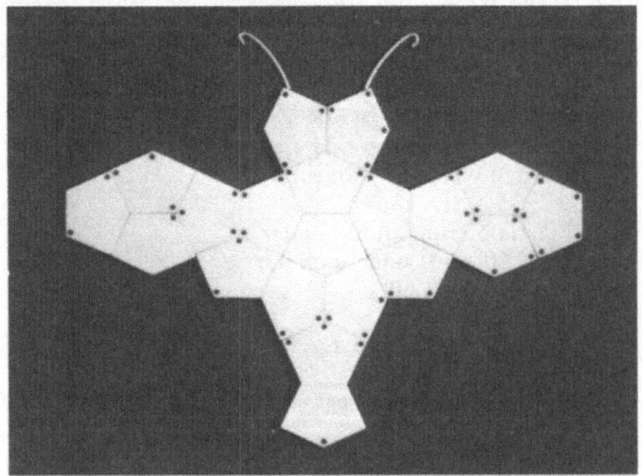

Auf Seite 194 finden Sie den Spielplan für ein Gesellschaftsspiel, bei welchem 20 oder 32 Fünfecksteine verwendet werden.

15.G.1 Der Würfel ist der einzige der regelmäßigen Polyeder, der es ermöglicht, einen Raum auszufüllen.

15.G.2 Alle Parallelepipede, rechtwinkelig oder auch nicht; die Prismen; bestimmte besondere Polyeder wie der „Oktaederwürfel", der 6 Quadratflächen und 8 gleichseitige Dreiecksflächen aufweist; er wird durch acht „Bremsklötze" (nach Matila Ghyka) gebildet, jeder dieser Klötze besteht aus einer regelmäßigen Pyramide mit quadratischer Grundfläche und einem Tetraeder.

Der „Granatflächner" wird durch acht gleichgroße Rhomben begrenzt. Der Vierzehnflächner, der von Lord Kelvin untersucht wurde, ist ein Körper mit 6 Quadraten und 8 Sechsecken [08] und [38].

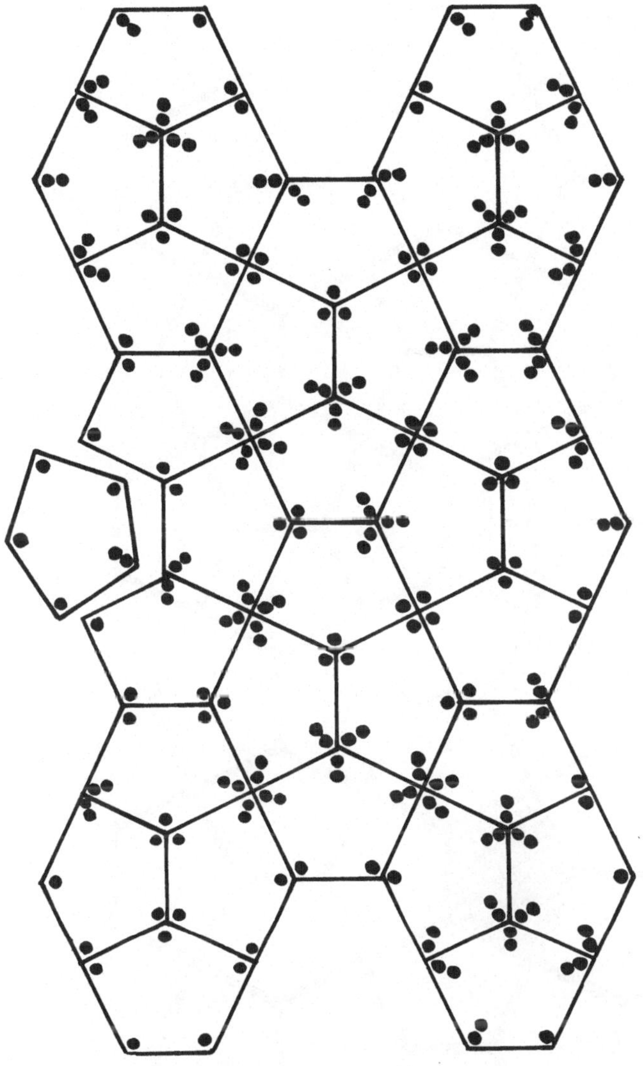

Hier ein Puzzle, bei dem die 32 Fünfecke von Kapitel
15.C [28] zusammengesetzt sind; diese Spielsteine
können gemeinsam mit dem nachfolgend abgebildeten
Spielplan für ein Gesellschaftsspiel verwendet werden.

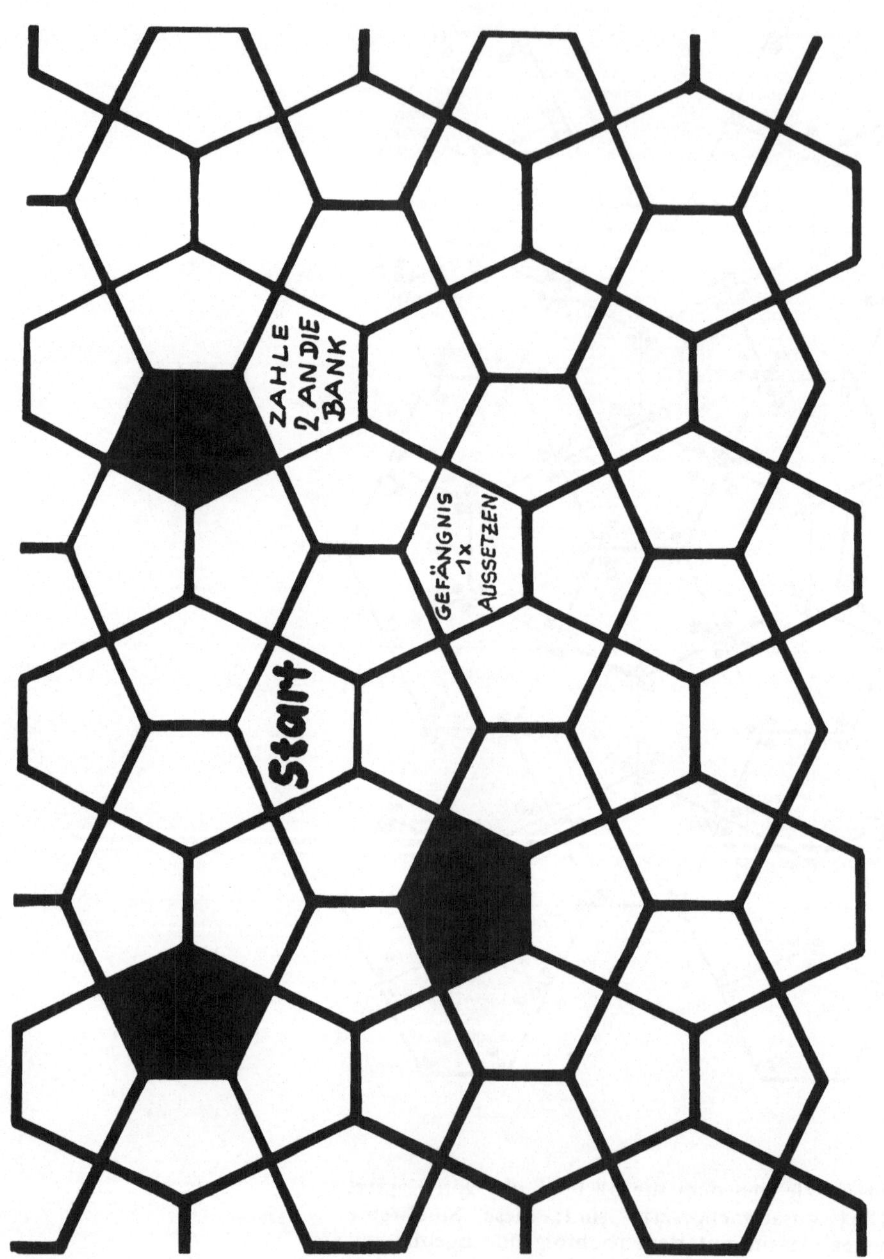

194

Lösungen zu Kapitel 16

Kreuzworträtsel

Die drei Forderungen, die ein Trioker-Kreuzworträtsel erfüllen muß, sind die folgenden:

1. Die Einschränkungen der deutschen Sprache,
2. Die Einschränkungen der triokergemäßen Zusammensetzung,
3. Die Einschränkung, daß jeder Buchstabe nur ein einziges Mal verwendet werden darf, weil jeder Triokerstein nur ein einziges Mal vorkommt.

Zahlentheorie

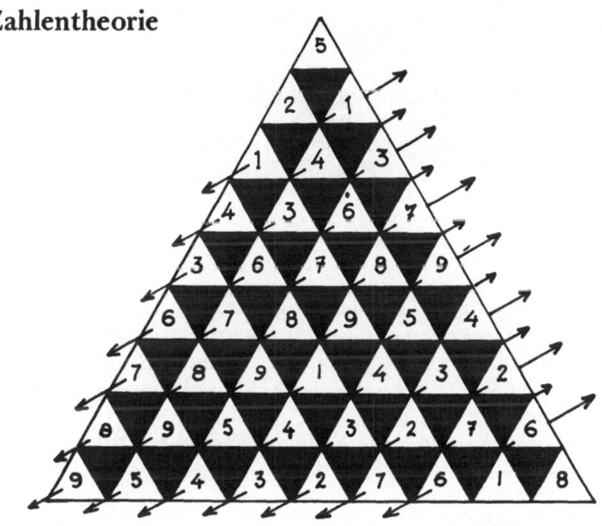

Virologie

Die Polyeder von Caspar und Klug werden durch die Zahl T, dem Abstandsquadrat zweier benachbarter Ecken der Ordnung 5 charakterisiert: $T = H^2 + HK + K^2$. H und K sind die Koordinaten eines Eckpunktes der Ordnung 5 entsprechend den Axen OH und OK eines Sechsecknetzes, dessen Ursprung in einer zweiten Ecke der Ordnung 5 liegt.
H und K sind ganze Zahlen, $T = 1, 3, 4, 7, 9, \ldots$
Die Anordnung für $T = n^2$ und $T = 3\,n^2$ ist symmetrisch.
Die anderen Ecken sind durch d oder l charakterisiert, je nachdem ob sich die betreffende Ecke rechts oder links der inneren Winkelhalbierenden der Axen OH und OK befindet.

Die Zahl T ist gleichzeitig ein Maß für die Fläche, die
durch drei Ecken der Ordnung fünf, die sich nicht auf
einer Geraden befinden, eingeschlossen wird, d.h. die
Massenmenge aus der sich ein Kapsid aufbaut: jedem
gleichseitigen Dreieck entsprechen drei asymmetrische
Einheiten (Proteinmoleküle); jeder der zwanzig Flächen
des Ikosaeders entsprechen T kleine Dreiecke. Ein Kapsid mit der Triangulationszahl T setzt sich folglich aus
3 × 20 T = 60 Einheiten zusammen.
Aus "La Recherche", November 1972.

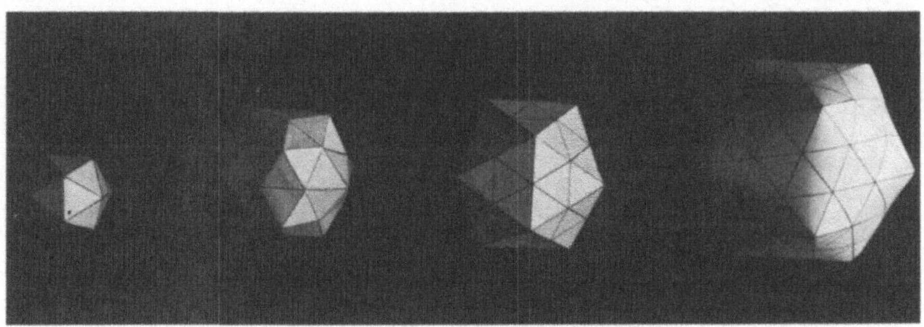

Arithmetik

Linke Spalte = Zahl der möglichen Werte, die gleichseitigen Dreiecken in den Ecken zugeordnet werden können.
Mittelspalte = Anzahl der verschiedenen Steine.
Rechte Spalte = Anzahl der Ecken, die jeweils einen Wert
tragen.
Entsprechend der Methode der endlichen Differenzen ...

Geometrie

1. Für ein Polygon, das aus einem einzigen Dreieck besteht, gilt:

$$b = 3, c = 0 \text{ und } A = K \left(\frac{3}{2} + 0 - 1 \right) = 0{,}5\,K$$

Damit man die Dreiecksfläche als Einheit verwenden
kann, wählt man K = 2, also A = 1.
Fügt man ein zweites Dreieck zum ersten hinzu, gilt:

$$b = 4, c = 0,$$
$$A = 2\,(2 - 1) = 2.$$

Fügt man ein drittes zu den beiden ersten hinzu, gilt:

$$b = 5, c = 0,$$
$$A = 2 \left(\frac{5}{2} - 1 \right) = 3.$$

196

Fügt man ein viertes zu den drei ersten hinzu, so erhält man: b = 6, c = 0 usw.

Es ist zu beweisen, daß der Ausdruck $\left(\dfrac{b}{2} + c - 1\right)$ additiv ist. In der Abbildung ist A = 13.

2. Siehe auch O'Beirne, [26]

Lösungen zu den Wahrscheinlichkeitsaufgaben

Berechnung der Wahrscheinlichkeit durch Zufall, zwei zusammenfügbare Steine aus der Menge der 24 Triokersteine herauszugreifen:

1. Ziehung eines beliebigen Tripels:

$$\frac{4}{24} = \frac{1}{6}$$

anschließend Ziehung eines zugehörigen Doppelsteines:

$$\frac{3}{23}$$

$$P = \frac{1}{6} \times \frac{3}{23} = \frac{1}{46} \longrightarrow \frac{3}{138}$$

2. Ziehung eines beliebigen Doppelsteines:

$$\frac{12}{24} = \frac{1}{2}$$

anschließend ist ein zugehöriger Tripelstein zu ziehen:

$$\frac{1}{23}$$

$$P = \frac{1}{2} \times \frac{2}{23} = \frac{1}{46} \longrightarrow \frac{3}{138}$$

3. Ziehung eines beliebigen Doppelsteines:

$$\frac{12}{24} = \frac{1}{2}$$

anschließend ist ein Doppelstein mit entsprechender Seitenkante zu ziehen:

$$\frac{2}{3}$$

$$P = \frac{1}{2} \times \frac{2}{23} = \frac{2}{46} \longrightarrow \frac{6}{138}$$

4. Ziehung eines beliebigen Doppelsteines:

$$\frac{12}{24} = \frac{1}{2}$$

anschließend ist ein Doppelstein zu ziehen, der mit dem ersten längs einer Nicht-Doppelkante zusammengefügt werden kann:

$$\frac{1}{23}$$

$$P = \frac{1}{2} \times \frac{1}{23} = \frac{1}{46} \longrightarrow \frac{3}{138}$$

5. Ziehung eines beliebigen Doppelsteines:

$$\frac{12}{24} = \frac{1}{2}$$

anschließend ist ein Einfachstein zu ziehen,
der zu dem Doppelstein hinzugefügt werden kann:

$$\frac{4}{23}$$

$$P = \frac{1}{2} \times \frac{4}{23} = \frac{4}{46} \longrightarrow \frac{3}{138}$$

6. Ziehung eines Einfachsteines A oder B:

$$\frac{8}{24} = \frac{1}{3}$$

anschließend ist ein Doppelstein zu ziehen,
der längs einer Nicht-Doppelkante angefügt werden
kann:

$$\frac{6}{23}$$

$$P = \frac{1}{3} \times \frac{6}{23} = \frac{4}{46} \longrightarrow \frac{12}{138}$$

7. Ziehung eines Einfachsteines A oder B:

$$\frac{8}{24} = \frac{1}{3}$$

anschließend Ziehung eines dazupassenden
Einfachsteines:

$$\frac{4}{23}$$

$$P = \frac{1}{3} \times \frac{4}{23} = \frac{4}{69} \longrightarrow \frac{8}{138}$$

$$\sum p = \frac{3 + 3 + 6 + 3 + 12 + 12 + 8}{138} = \frac{47}{138} \cong 34\,\%$$

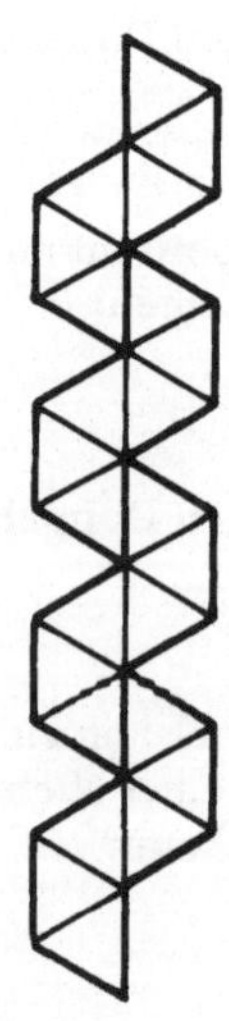

Literaturnachweis

[01] ALEXANDROFF, *Introduction à la théorie des groupes*, Dunod, Paris, 1968.

[02] ANVAR, Agence Nationale de Valorisation de la Recherche — brevets français et étrangers, 13, rue M. Michelis, 92200 NEUILLY.

[03] ARCHIMÈDE (LE PETIT), CEDIC, Paris.

[04] BERLOQUIN P., *Chroniques mensuelles de Jeux* in Science et Vie (Paris) et Le Monde de l'Éducation, Paris.

[05] BROWN & FORSYTH, The crystal structure of solids — ARNOLD Ed., Londres, 1973.

[06] COXETER H.M.S., *Introduction to geometry* (2nd edition), J. WILEY, 1969.

[07] CROWTHER R.A., *Restitution en trois dimensions et architecture des virus sphériques* Endeavour, 30, 1111, sept. 1971.

[08] CUNDY H. & ROLLETT A., *Mathematical Models*, Oxford University Press, 1961.

[09] DELEDICQ A. & GAUTHERON V., *Mathémachines*, n°1, Décembre 1974, UER Math. Paris VII.

[10] DELEDICQ A., *Mathématiques buissonnières*, CEDIC, Paris, 1975.

[11] FRIEDEL G., *Leçons de cristallographie*, Blanchard Ed., Paris, nouveau tirage 1964.

[12] GALION E., Mathématiques 6ᵉ, OCDL, HATIER (cartonné 1973).

[13] GAMES & PUZZLES, London, 1975.

[14] GARDNER M., *Chroniques mensuelles « jeux mathématiques» de Scientific American*, seit 1956. 1956.

[15] GARDNER M., Mathematische Rätsel und Probleme; Vieweg, Braunschweig 1975. Mathematische Knobeleien; Vieweg, Braunschweig 1972.

[16] GARDNER M., *Sixth Book of Mathematical Games from Scientific American*, Scribner's, New York, 1975 (dt. Ausgabe in Vorbereitung, Vieweg, Braunschweig)

[17] GLAYMANN M., & VARGA T., *Les probalitités à l'École*, CEDIC, Paris, 1974.

[18] GOLOMB Solomon, *Polyominoes*, Scribner's New York, 1966 (adaptation française à paraître, CEDIC, Paris).

[19] HAMON M., *Le cerveau et ses drogues*, S & V, n° H.S. 112, Paris, 1975.

[20] HOLDEN A., *Shapes, Space & symmetry*, Columbia University Press, 1971. Adaptation française à paraître, CEDIC, Paris.

[21] KLEIN F., *The Icosahedron and the solution of equations of the fifth degree* (traduction d'après le texte de 1884) Dover, New York, 1956.

[22] KLUG A. & CASPAR D., *Cold Spring Harbor Symposium on Quantitative Biology*, 27, 1, 1962.

[23] Mc MAHON Alexander, *New Mathematical pastimes*, Cambridge, 1921.

[24] MYX A., *6 thèmes pour 6 semaines*, CEDIC, Paris 1975.

[25] MYX A., *Modèles finis*, CEDIC, Paris 1973.

[26] O'BEIRNE T.H., *Puzzles and Paradoxes*, Oxford University Press, 1965.

[27] ODIER M., *Jeux logiques modernes*, Sciences & Techniques, n° 8 (nov. 1973) et n° 9 (déc. 1973).

[28] ODIER M., Brevets français et étrangers, cf. ANVAR.

[29] ODIER M., *Isoèdres quasi-hélicoïdaux et symétries d'ordre 5* C.R.Ac.Sc. Paris, t.280, page 759, 10 fév. 1975.

[30] PENTOMINO (le), Bulletin de liaison des animateurs de club, IREM de Grenoble n° 1 juillet 1973.

[31] PICARD N., *Mathématique et jeux d'enfants*, Casterman, Paris, 1970.

[32] POLYA G., *The Stanford Mathematics problem book*, Teachers College Press, Columbia University 1974.

[33] ROQUEPLO P., *Le partage du savoir*, Ed. du Seuil, Paris 1975.

[34] SAUVY J & S, *Activité Recherche Pédagogique*, n° 17, nov. 1974.

[35] SCIENCES & TECHNIQUES, Paris, n° 8 (nov. 1973); n° 9 (déc. 1973).

[36] ULAM S. & KAC M., *Mathematics and logic*, Praeger, New York, 1970.

[37] WEBER R.L., *A random walk in Science*, the Institute of Physics, London, 1973. (dt. Ausgabe in Vorbereitung; Vieweg, Braunschweig)

[38] WENNINGER Magnus J., *Polyhedron Models*, Cambridge University Press, USA, 1970.

[39] ZEMAN J., Chimie cristalline, Monographies Dunod, Paris, 1970.

Gitter

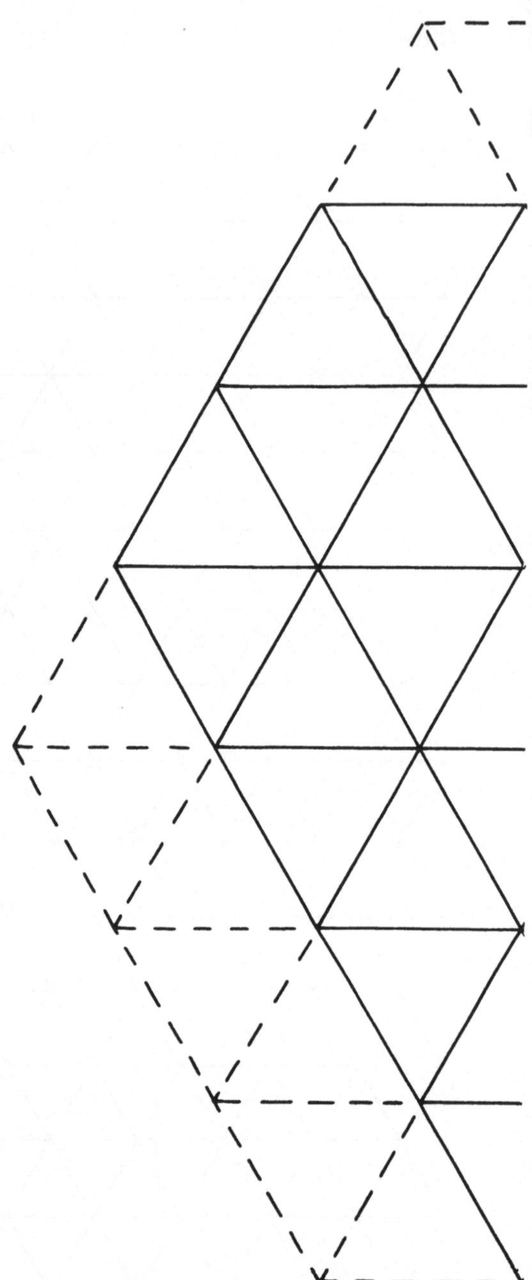

Gerades Feld

000 - 001 - 002
222 - 223 - 220
110 - 332
012 - 132 - 230 - 310

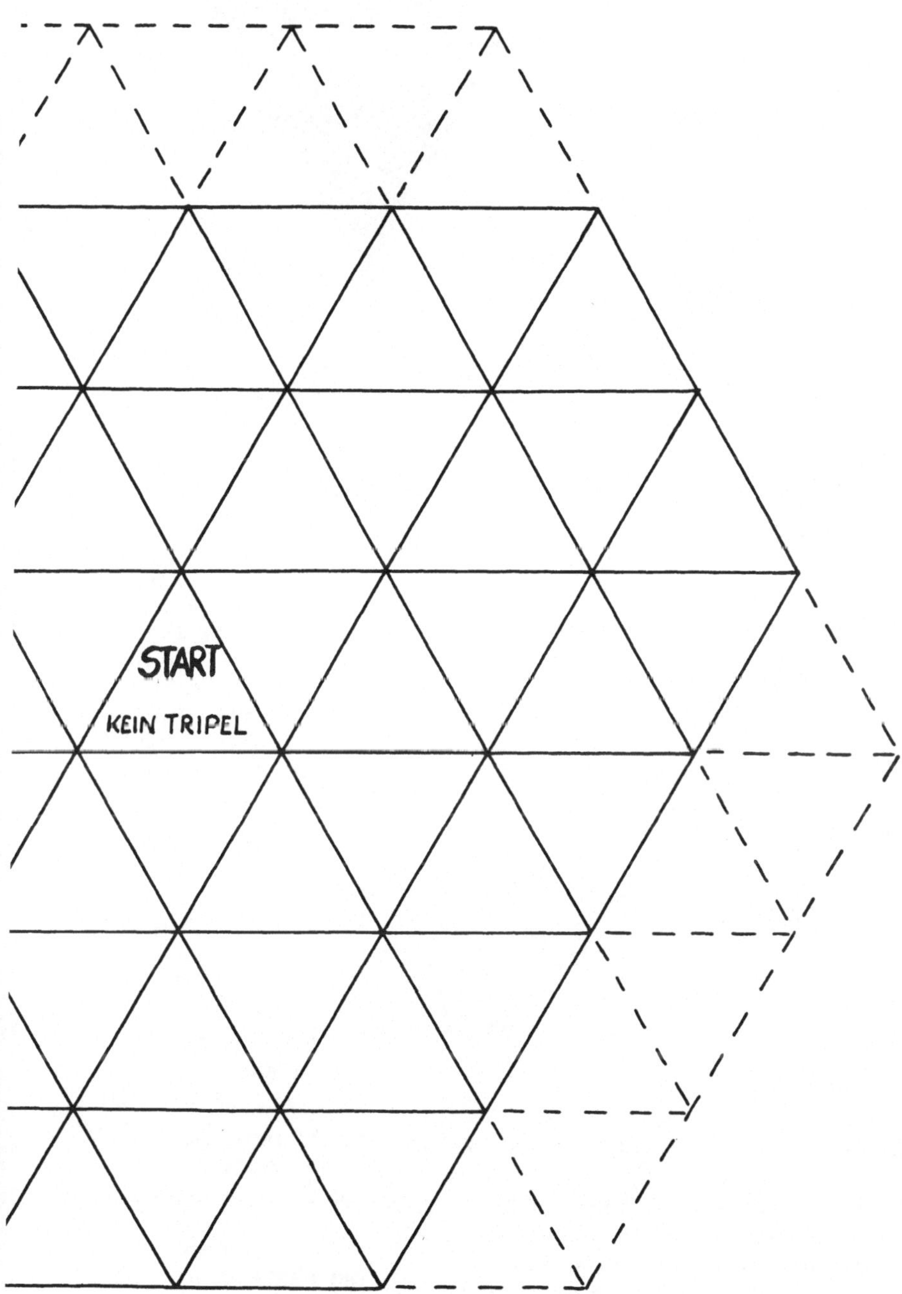

START
KEIN TRIPEL

Mathematicals

Eine wahre Fundgrube für alle Mathematiker und Freizeitknobler. Wer auch in seinen Mußestunden nicht auf geistige Gymnastik verzichten will, sollte unbedingt zu diesen Büchern greifen.

Patrick Hughes und
George Brecht

Die Scheinwelt des Paradoxons

Eine kommentierte Anthologie in Wort und Bild. 1978. VII, 120 S. mit 26 Abb. Gbd.

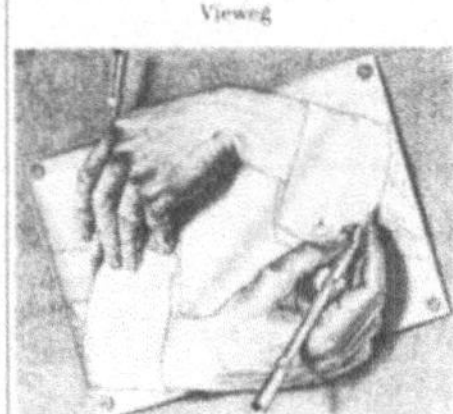

Je intensiver sich der Mensch mit seiner realen Umwelt beschäftigt, desto größer ist die Wahrscheinlichkeit, daß er an die Grenze des Denkbaren stößt und damit beginnt, die Möglichkeiten des Unmöglichen zu ergründen und Paradoxa zu diskutieren. Der Leser findet hier Paradoxa aus dem Bereich der bildenden Kunst, paradoxe Aphorismen der Weltliteratur und paradoxe Philosopheme. Sorgfältige Kommentare, vielschichtige logische Diskussionen und eine ausführliche Bibliographie machen Zusammenhänge und Entwicklungen offenkundig oder ermöglichen ein vertieftes Studium.

Dieses Buch lehrt nichts, führt zu nichts, klärt nichts, beabsichtigt nichts und ist deshalb eines der wenigen wichtigen Bücher.

Kostprobe:
Es gab ein Inserat, in dem jedem, der einen Schilling einsenden würde, das Rezept versprochen wurde, wie er leicht 400 Pfund im Jahr verdienen könnte. Jeder Einsender bekam auch eine Postkarte, und auf der stand ,,Mach's wie ich!'' *(Aleister Crowley)*

Aus ,,Die Scheinwelt des Paradoxons''

Martin Gardner
Logik unterm Galgen
Ein Mathematical in 20 Problemen. 227 S. mit 125 Abb. Kart.

Mathematische Knobeleien
204 S. mit 128 Abb. Gbd.

Mathematische Rätsel und Probleme
158 S. mit 89 Abb. Pb.

C. Stanley Ogilvy
Mathematische Leckerbissen
Über 150 noch ungelöste Probleme. 110 S. mit 39 Abb. Pb.

Unterhaltsame Geometrie
110 S. mit 132 Abb. Kart.